"十四五"高等职业教育计算机基础系列教材

信息技术应用基础

黄洪标　熊国华◎主　编
沈燕芬　曾粤威◎副主编

中国铁道出版社有限公司
CHINA RAILWAY PUBLISHING HOUSE CO., LTD.

内 容 简 介

本书根据教育部《高等职业教育专科信息技术课程标准》（2021年版）基础模块部分和教育部教育考试院制定的《全国计算机等级考试一级计算机基础及WPS Office应用考试大纲》（2023年版）进行编写。

全书分为办公环境配置、文档处理、数据处理、演示文稿制作、数据共享与通信、信息检索、信息新技术七个模块，选取典型工作场景中的典型工作任务，选用WPS Office等国产软件作为教学软件，内容符合高等职业院校学生的认知特点，是集教、学、练一体化的教材。

本书适合作为高等职业院校计算机应用基础课程教材，也可作为WPS Office办公软件应用的自学参考书。

图书在版编目（CIP）数据

信息技术应用基础 / 黄洪标，熊国华主编 . 北京：中国铁道出版社有限公司，2024.8. --（"十四五"高等职业教育计算机基础系列教材）. -- ISBN 978-7-113-31338-8

Ⅰ.TP3

中国国家版本馆CIP数据核字第20243Y88B1号

书　　名：信息技术应用基础	
作　　者：黄洪标　熊国华	

策　　划：唐　旭	编辑部电话：（010）51873202
责任编辑：刘丽丽	
封面设计：刘　颖	
责任校对：安海燕	
责任印制：樊启鹏	

出版发行：中国铁道出版社有限公司（100054，北京市西城区右安门西街8号）
网　　址：https://www.tdpress.com/51eds/
印　　刷：天津嘉恒印务有限公司
版　　次：2024年8月第1版　2024年8月第1次印刷
开　　本：850 mm×1 168 mm　1/16　印张：20　字数：525千
书　　号：ISBN 978-7-113-31338-8
定　　价：59.00元

版权所有　侵权必究

凡购买铁道版图书，如有印制质量问题，请与本社教材图书营销部联系调换。电话：（010）63550836
打击盗版举报电话：（010）63549461

前 言

本书全面贯彻党的教育方针，落实立德树人根本任务，以提升学生应用信息技术解决问题的综合能力，帮助学生成为德智体美劳全面发展的高素质技术技能人才为本书编写根本目标，是按照教育部《高等职业教育专科信息技术课程标准》（2021年版，简称课程标准）基础模块部分和教育部教育考试院制定的《全国计算机考试一级计算机基础及WPS office应用考试大纲》（2023年版）的相关要求编写的新形态一体化教材。具体特色如下：

一、全方位融入课程思政，将立德树人贯穿始终

本书以显性和隐性两种思路融入课程思政元素，精心选取典型工作场景中的典型任务，以润物细无声的方式将"法治精神""工匠精神""信息伦理""信息安全"等思政内容有机融入。每个模块结合知识目标和能力目标确定素质目标，在考核环节设计素质目标考核表，以"画龙点睛"的方式引导学生在信息意识、计算思维、数字化创新与发展、信息社会价值观和责任感等方面进行反思和总结，强调科学性与思想性相统一。软件选用国产办公软件WPS Office，介绍信息新技术时，侧重介绍该领域我国的发展历史和发展规划，始终把培养中国特色社会主义事业建设者、劳动者的信息能力和信息素养作为教材内容的第一价值诉求和选择依据，将价值教育、能力教育、知识教育融为一体，将立德树人的任务要求贯穿始终。

二、创新教材形式和编写体例，满足学生学习需求

本书以模块化的方式组织教学内容，每个模块选取与学生学习、生活、工作密切相关的工作任务为载体组织教学单元，每个教学单元采用"任务描述""知识准备""任务实现""技巧与提高""测评""拓展训练"任务驱动六步教学法，循序渐进、图文并茂地对内容进行介绍。

三、全面贯彻教育部课标要求

本书围绕教育部信息技术课程标准要求及高等职业教育专科各专业对信息技术核心素养的培养需求，吸纳信息技术领域的前沿技术，遵循职业教育教学规律和人才成长规律设计教材内容和编写实例，从而满足高等职业院校学生在信息素养方面的成长需求。

四、书证融通，深化职业素养培养

本书在贯彻教育部《高等职业教育专科信息技术课程标准》的同时，兼顾计算机等级考试和计算机职业资格鉴定考试的要求，全书内容基本覆盖全国计算机等级考试（一级）考试标准

中的知识点，力求做到能力培养和考级考证相结合。

本书由黄洪标、熊国华任主编，沈燕芬、曾粤威任副主编。其中模块一由曾粤威编写，模块二由沈燕芬编写，模块三、六、七由黄洪标编写，模块四、五由熊国华编写。本书在编写过程得到了从事课程教学的一线老师、教学专家，以及北京金芥子国际教育咨询有限公司的指导和帮助，在此向所有单位和个人表示衷心的感谢。

限于编者水平，书中难免存在疏漏与不足之处，恳请广大读者批评指正。

编　者

2024 年 5 月

目 录

模块 1　办公环境配置 1
　任务 1　配置与查看个人计算机——计算机软件、硬件组成 1
　任务 2　文件管理和设备管理——Windows 10 应用 14

模块 2　文档处理 28
　任务 1　通知类短文档制作——WPS 文字基础应用 29
　任务 2　宣传海报制作——WPS 文字图文混排 41
　任务 3　成绩单批量文档制作——WPS 文字邮件合并 60
　任务 4　毕业论文排版——WPS 文字长文档排版 68

模块 3　数据处理 108
　任务 1　房产销售基础数据表制作——WPS 表格数据输入与格式设置 109
　任务 2　房产销售扩展数据表制作——WPS 表格公式与函数 125
　任务 3　房产销售汇总数据表制作——WPS 表格数据分析与统计 155

模块 4　演示文稿制作 176
　任务 1　演示文稿框架搭建——WPS 演示基础知识 177
　任务 2　演示文稿内容页制作——WPS 演示进阶应用 193
　任务 3　演示文稿放映设置——WPS 演示动画设计与放映设置 209

模块 5　数据共享与通信 226
　任务 1　设置网络共享——配置局域网 226
　任务 2　数据收集与整理——Internet 应用 241

模块 6　信息检索 251
　任务 1　笔记本计算机配置清单检索 252
　任务 2　专利检索 258
　任务 3　论文检索 265

模块 7　信息新技术 277
任务 1　信息技术发展史——推动人类文明进步的信息技术 277
任务 2　寻找生活中的人工智能——引领未来的人工智能 284
任务 3　寻找生活中的量子科技——改变世界的量子科技 290
任务 4　寻找生活中的移动通信——改变生活的移动通信 295
任务 5　寻找生活中的物联网技术——万物相联的物联网 302
任务 6　寻找生活中的区块链技术——打造信任共同体的区块链技术 308

模块 1　办公环境配置

本模块的主要内容包括计算机软件、硬件的组成，主流台式机、笔记本计算机的基本配置；个人计算机系统的查看；个性化设置桌面和文件管理的方法和思路。

知识目标
1. 了解计算机的硬件、软件组成相关知识；
2. 掌握 Windows 10 资源管理器的文件管理相关知识。

能力目标
1. 能查看个人计算机系统；
2. 能熟练使用 Windows 10 控制面板进行环境的个性化设置。

素质目标
1. 具备信息意识，主动地寻求恰当的方式捕获、提取和分析、分享信息；
2. 具有团队协作精神，善于与他人合作、共享信息，实现信息的更大价值。

任务 1　配置与查看个人计算机——计算机软件、硬件组成

任务描述

了解笔记本计算机配置的基本原则，了解计算机软件、硬件构成的相关知识。完成个人办公用品的配备和采购，观察个人计算机的系统。

知识准备

一、计算机硬件系统

计算机的硬件系统由主机和外设组成，包括输入设备、输出设备、运算器、控制器和存储器五大部分。具体来说，有主板、中央处理器、存储器及输入/输出设备等。

从外观上看，微型计算机有卧式、立式等台式机类型。图 1-1 所示为台式计算机，图 1-2 所示为笔记本计算机。

（一）主机

主机是微型计算机系统的核心，主要由 CPU、内存、输入/输出设备接口（简称 I/O 接口）、总线和扩展槽等构成，通常被封装在主机箱内。其中输入/输出设备接口、总线和扩展槽等制作成一块印制电路板，称为主板，又称系统板。

1

图 1-1　台式计算机机外观

图 1-2　笔记本计算机外观

1. 主板

主板是计算机系统中最大的电路板，主板上分布着芯片组、CPU 插座、内存插槽、总线扩展槽、输入/输出接口等。主板按结构分为 AT 主板和 ATX 主板；按其大小分为标准板、Baby 板和 Micro 板等几种。主板是微型计算机系统的主体和控制中心，它几乎集合了系统的全部功能，控制着各部分之间协调工作。典型的主板外观如图 1-3 所示。

2. 中央处理器（CPU）

中央处理器（central processor unit, CPU）是计算机的核心部件，在微型机中称为微处理器。它是一个超大规模集成电路器件，控制整个计算机的工作。

CPU 是计算机的核心，代表着计算机的档次。CPU 型号不同的微型计算机，其性能差别很大。但无论哪种微处理器，其内部结构基本相同，主要由运算器、控制器及寄存器等组成。其中运算器主要用于对数据进行算术运算和逻辑运算，即数据的加工处理；控制器用于分析指令、协调 I/O 操作和内存访问；寄存器用于临时存储指令、地址、数据和计算结果。CPU 外观如图 1-4 所示。

图 1-3　主板外观

图 1-4　CPU 外观

3. 内存储器

内存储器直接与 CPU 相连，是计算机工作必不可少的设备。通常，内存储器分为只读存储器和随机存取存储器两类。

1）只读存储器（read only memory, ROM）

只读存储器 ROM 中的数据是由设计者和制造商事先编制好固化在其中的一些程序，使用者只能读取，不能随意更改。个人计算机中的只读存储器（ROM），最常见的就是主板上的 BIOS 芯片，主要用于检查计算机系统的配置情况并提供最基本的输入/输出（I/O）控制程序。ROM 的特点是断电后数据仍然存在。

2）随机存取存储器（random access memory，RAM）

随机存取存取器 RAM 中的数据可读也可写，它是计算机工作的存储区，一切要执行的程序和数据都要先装入 RAM 内。CPU 在工作时将频繁与 RAM 交换数据，而 RAM 又与外存频繁交换数据。

RAM 的特点主要有两个：一是存储器中的数据可以反复使用，只有向存储器写入新数据时存储器中的内容才被更新；二是 RAM 中的信息随着计算机的断电自然消失，所以说 RAM 是计算机处理数据的临时存储区，要想使数据长期保存起来，必须将数据保存在外存中。

目前微型计算机中的 RAM 大多采用半导体存储器，基本上是以内存条的形式进行组织，其优点是扩展方便，用户可根据需要随时增加内存。使用时只要将内存条插在主板的内存插槽上即可。常见的内存条如图 1-5 所示。

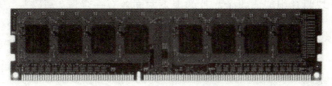

图 1-5　内存条外观

4．高速缓冲存储器（Cache）

Cache 是高速缓冲存储器，简称高速缓存。内存的速度比硬盘要快几十倍或上百倍，但 CPU 的速度更快，为提高 CPU 访问数据的速度，在内存和 CPU 之间增加了可预读的高速缓冲区 Cache，这样当 CPU 需要指令或数据时，首先在缓存中查找，能找到就无须每次都去访问内存。Cache 的访问速度介于 CPU 和 RAM 速度之间，从而提高了计算机的整体性能。

5．总线

所谓总线，是一组连接各个部件的公共通信线，即系统各部件之间传送信息的公共通道。按其传送的信息可分为数据总线、地址总线和控制总线三类。

1）数据总线（data bus，DB）

用来传送数据信号，它是 CPU 同各部件交换数据信息的通路。数据总线都是双向的，而具体传送信息的方向，则由 CPU 控制。

2）地址总线（address bus，AB）

用来传送地址信号，CPU 通过地址总线把需要访问的内存单元地址或外围设备地址传送出去，通常地址总线是单向的。地址总线的宽度决定了寻址的范围，如寻址 1 MB 地址空间就需要有 20 条地址线。

3）控制总线（control bus，CB）

用来传送控制信号，以协调各部件之间的操作，它包括 CPU 对内存储器和接口电路的读写信号、中断响应信号等，也包括其他部件送给 CPU 的信号，如中断申请信号、准备就绪信号等。

当前的计算机均采用总线结构将各部件连接起来组成为一个完整的系统。总线结构有很多优点，如可简化各部件的连线，并适应当前模块化结构设计的需要。但采用总线也有不足之处，如总线负担较重，需分时处理信息发送，有时会影响速度。

主板与外围设备的连接是通过主板上的各种 I/O 总线插槽实现的，典型的 I/O 总线有 ISA 总线（主要用于 286 和部分 386 机，为 PC 总线扩展并兼容 PC 总线）、EISA 总线（主要用于 386 和 486，为 ISA 总线扩展并兼容 ISA 总线）、PCI 总线（主要用于 Pentium 及以后的各机型）、AGP 总线（用于支持显卡）。

（二）外存储器

外存储器即外存，又称辅存，其作用是存放计算机工作所需要的系统文件、应用程序、用户程序、文档和数据等。外存储器常见的有硬盘、光盘、U盘和软盘四种，由于软盘和光盘的存储能力差，已经退出了消费市场。

1. 硬盘

硬盘是计算机中非常重要的存储设备，它对计算机的整体性能有很大的影响。硬盘一般安装在主机箱内。现在市面上的硬盘主要有两种类型：机械硬盘（hard disk drive, HDD）和固态硬盘（solid state drive, SSD），它们在性能、价格、使用寿命等方面都有各自的特点。传统的机械硬盘盘片由硬质合金制造，表面被涂上了磁性物质，用于存放数据。根据容量不同，一个硬盘一般由2至4块盘片组成，每个盘片的上下两面各有一个读/写磁头，与软盘磁头不同，读写时硬盘磁头不与盘片表面接触，它们"浮"在离盘面 0.1～0.3 μm 处。硬盘是一个非常精密的机械装置，磁道间只有百万分之几英寸的间隙，磁头传动装置必须把磁头快速而准确地移动到指定的磁道上。目前硬盘的主流转速是 7 200 r/min，也有 10 000 r/min 的，转速越高的硬盘读写速度也就越快。

机械硬盘具有存储容量大、读写速度快和稳定性好等特点。2024 年希捷公司推出 30 TB ExosXMozaic3+ 机械硬盘，它包含十个 3 TB 盘片，采用先进技术实现每平方英寸 1.742 TB 的密度。希捷利用尖端的磁场读取传感器来读取硬盘盘片上的数据。该传感器是同类产品中最小且最灵敏的。此外，该驱动器还采用 12 nm 集成控制器，与旧型号传感器相比，其效率提高了三倍。未来希捷计划推出 5 TB 盘片，以满足不断增长的数据存储需求。

固态硬盘采用闪存技术，没有机械运动部分，因此读写速度远超机械硬盘。在启动系统、运行软件或游戏时，固态硬盘能迅速加载数据，极大提升了系统的整体性能。此外，固态硬盘还具有更低的功耗和发热量，使得计算机运行更加稳定。固态硬盘的寿命主要受写入次数限制，每次写入操作都会导致闪存单元的磨损。然而，随着技术的不断进步，现代固态硬盘的寿命已大大提高，足以满足大多数用户的需求。此外，固态硬盘的抗震性能较好，不易因物理冲击而导致数据丢失。相比之下，机械硬盘的寿命主要受机械部件磨损的影响。长时间使用或不良的物理环境（如振动、冲击）都可能导致机械硬盘损坏。但机械硬盘在数据恢复方面具有一定优势，即使硬盘损坏，也有可能通过专业手段恢复其中的部分数据。

在使用硬盘时，应保持良好的工作环境，如适宜的温度和湿度，特别要注意防尘和防震，并避免随意拆卸。硬盘外观和内部构成如图1-6和图1-7所示。

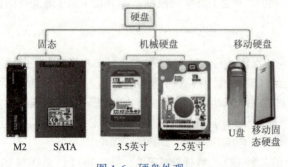

图1-6 硬盘外观

图1-7 硬盘内部构成

2. U 盘

U 盘是采用闪存芯片作为存储介质的一种新型移动存储设备，因其采用标准的 USB 接口与计算机连接而得名。

和传统的存储盘不一样的是，U 盘具有存储容量大、体积小、质量小、数据保存期长、可靠性好和便于携带等优点。且 U 盘是一种无驱动器、即插即用的电子存储盘，是移动办公及文件交换的理想存储产品。

U 盘在 Windows 7/10/11、Mac OS X、Linux Kernel 2.4 下均不需要驱动程序，即可直接使用。

U 盘在使用中应注意：

（1）拔除时，必须等指示灯停止闪烁（停止读写数据）时方可进行。

（2）拔除前，应先单击任务栏右边的"安全删除硬件"图标，然后单击安全删除 USB Mass Storage Device，在计算机显示"安全地移除硬件"时才能拔下 U 盘。

（3）U 盘拔下后才能进行写保护的关闭和打开。

（4）不使用 U 盘时，应该用盖子把 U 盘盖好，放在干燥阴凉的地方，避免阳光直射 U 盘。

（5）使用 U 盘时要注意小心轻放，防止跌落造成外壳松动。

不要触摸 U 盘的 USB 接口，以免汗水氧化导致接触不良，引起计算机识别不到 U 盘。

（三）输入设备

输入设备用于将各种信息输入到计算机的存储设备中以备使用。常用的输入设备有键盘、鼠标、扫描仪、光笔等。

1. 键盘

键盘是微型计算机的主要输入设备，是实现人机对话的重要工具。通过它可以输入程序、数据、操作命令，也可以对计算机进行控制。

1）键盘的结构

键盘中有一个微处理器，用来对按键进行扫描、生成键盘扫描码并对数据进行转换。微型计算机的键盘已标准化，多数为 104 键。用户使用的键盘是组装在一起的一组按键矩阵，不同种类的键盘分布基本一致，一般分为四区：功能键区、打字键区、编辑键区和数字键区等。

2）键盘接口

键盘通过一个有五芯电缆的插头与主板上的 DIN 插座相连，使用串行数据传输方式。现在的键盘多使用 USB 接口，或无线键盘。

2. 鼠标

鼠标也是重要的输入设备，其主要功能用于移动显示器上的光标并通过菜单或按钮向系统发出各种操作命令。

1）鼠标的结构

鼠标的类型、型号很多，按结构可分为机械式和光电式两类。机械式鼠标内有一滚动球，在普通桌面上移动即可使用。光电式鼠标内有一个光电探测器，是通过光学原理实现移动和操作的。

鼠标有两键与三键之分。通常，左键用作确定操作；右键用作打开快捷菜单。

2）鼠标接口

鼠标有串口、PS/2 和 USB 三种接口类型，串口鼠标已不多见，现在采用的是 PS/2 和 USB 接口的鼠标。常用的还有无线鼠标。

3. 扫描仪

扫描仪是文字和图片输入的重要设备之一。它可以将大量的文字和图片信息用扫描方式输入计算机，以便于计算机对这些信息进行识别、编辑、显示或输出。扫描仪有黑白和彩色两种。扫描仪的主要性能指标是扫描分辨率dpi（每英寸的点数）和色彩位数。分辨率越高，扫描质量也就越好，一般的分辨率为1 200×2 400dpi或2 400×4 800dpi等。

4. 光笔

光笔又称光电笔，用光线和光电管将特殊形式的数据（如条形码记录单等）读入计算机系统的一种装置，其外形类似钢笔，故通称光笔。

（四）输出设备

输出设备用于将计算机处理的结果、用户文档、程序及数据等信息进行输出。这些信息可以通过打印机打印在纸上，或显示在显示器屏幕上。常用的输出设备有显示器、打印机、绘图仪等。

1. 显示器

显示器是计算机的主要输出设备，用来将系统信息、计算机处理结果、用户程序及文档等信息显示在屏幕上。

1）显示器的分类

显示器有多种类型和规格。按工作原理可分为CRT显示器、液晶显示器等。按显示效果可以分为单色显示器和彩色显示器。按分辨率可分为低分辨率、中分辨率和高分辨率显示器。分辨率是显示器的一项重要性能指标，分辨率指屏幕上可显示的像素个数，如分辨率1 024×768像素，表示屏幕上每行有1 024个像素，有768行。

2）显示卡

显示器与主机相连必须配置适当的显示适配器，即显卡（其外观如图1-8所示）。显卡的功能主要有两个，一个是用于主机与显示器数据格式的转换，另外，显卡不仅把显示器与主机连接起来，同时还起到处理图形数据、加速图形显示等作用，当前的显示卡都带有显存（显示存储器），它对于处理大量的图形数据等很有好处。显示卡插在主板的AGP插槽上，为了适应不同类型的显示器，并使其显示出各种效果，显示卡也有多种类型。

2. 打印机

打印机也是计算机的基本输出设备之一。在显示器上输出的内容可当场查看，但不能脱机保存。为了将计算机输出的内容长期保存，可以用打印机打印出来。

目前常用的打印机按打印方式可分为点阵打印机、喷墨打印机与激光打印机。

1）点阵打印机

点阵打印机是目前最常用的打印机，又称针式打印机，归属于击打式打印机类。其打印头由若干枚针组成，因针数的不同可分为9针、24针等规格。针式打印机外观如图1-9所示。

2）喷墨打印机

喷墨打印机使用很细的喷嘴把油墨喷射在纸上而实现字符或图形的输出。喷墨打印机与点阵打印机相比，具有打印速度快、打印质量好、噪声小、打印机便宜等特点，但其耗材（墨盒）比较贵。喷墨打印机外观如图1-10所示。

图 1-8　显卡　　　　　　　　　图 1-9　针式打印机

3）激光打印机

激光打印机是一种新型的打印机，它是激光技术与复印技术相结合的产物。它属于非击打式的页式打印机。它打印速度快，打印质量高，但打印机价格比较贵。

打印机与计算机的连接均以并口或 USB 为标准接口，将打印机与计算机连接后，必须要安装相应的打印机驱动程序才可以使用打印机。图 1-11 所示为 brother DCP-7080D 黑白激光一体机，可以实现自动双面打印、复印、扫描等操作，打印速度可以达到 30 页 /min。

图 1-10　喷墨打印机　　　　　　图 1-11　激光打印机

3. 绘图仪

能按照人们要求自动绘制图形的设备。它可将计算机的输出信息以图形的形式输出。主要可绘制各种管理图表和统计图、大地测量图、建筑设计图、电路布线图、各种机械图与计算机辅助设计图等。图 1-12 所示为惠普（HP）A1A0 绘图仪。

（五）其他设备

随着计算机系统的功能不断扩大，所连接的外围设备个数也越来越多，外围设备的种类也越来越多。

图 1-12　绘图仪

1. 声卡

声卡是处理声音信息的设备，也是多媒体计算机的核心设备。声卡可分为两种，一种是独立声卡，必须通过接口才能接入计算机中；另一种是集成声卡，它集成在主板上。声卡的主要作用是对各种声音信息进行解码，并将解码后的结果送入音箱中播放。

安装声卡只要将其插到计算机主板的任何一个 PCI 总线插槽即可，然后通过 CD 音频线和 CD-ROM 音频接口相连。当然，现在的声卡很多都是 USB 接口的。在完成了声卡的硬件连接后，还需要安装相应的声卡驱动程序。

2. 视频卡

视频卡是多媒体计算机中的主要设备之一，其主要功能是将各种制式的模拟信号数字化，并将这种信号压缩和解压缩后与 VGA 信号叠加显示；也可以把电视、摄像机等外界的动态图像以数字形式捕获到计算机的存储设备上，对其进行编辑或与其他多媒体信号合成后，再转换成模拟信号播放出来。

将视频卡插入计算机中的任何一个 PCI 总线插槽，即完成视频卡的硬件连接，然后安装相应的视频卡驱动程序即可。

3. 调制解调器

调制解调器（Modem）是用来将数字信号与模拟信号进行转换的设备。由于计算机处理的是数字信号，而电话线传输的是模拟信号。当通过拨号入网时在计算机和电话之间需要连接一台调制解调器，通过调制解调器可以将计算机输出的数字信号转换为适合电话线传输的模拟信号，在接收端再将接收到的模拟信号转换为数字信号交计算机处理。

调制解调器通常分为内置式与外置式两种。内置 Modem 是指插在计算机扩展槽中的 Modem 卡；外置 Modem 是指通过串行口或 USB 接口连接到计算机的 Modem。Modem 的外观如图 1-13 所示。

图 1-13 ADSL-Modem 外观

二、计算机软件系统

软件内容丰富、种类繁多，通常根据软件用途可将其分为系统软件和应用软件两类，这些软件都是用程序设计语言编写的程序。

（一）系统软件

系统软件是指管理、控制和维护计算机系统的硬件资源与软件资源。例如，对 CPU、内存、打印机的分配与管理；对磁盘的维护与管理；对系统程序文件与应用程序文件的组织和管理等。常用的系统软件有：操作系统、各种语言处理程序和一些服务性程序等，其核心是操作系统。

系统软件是计算机正常运行不可缺少的，一般由计算机生产厂家研制，或软件人员开发。其中一些系统软件程序，在计算机出厂时直接写入 ROM 芯片，例如，系统引导程序，基本输入/输出系统（BIOS）、诊断程序等。有些直接安装在计算机的硬盘中，如操作系统。也有一些保存在活动介质上供用户购买，如语言处理程序。

1. 操作系统

操作系统（operating system, OS）用于管理和控制计算机硬件和软件资源，是由一系列程序组成的。操作系统是直接运行在裸机上的最基本的系统软件，是系统软件的核心，任何其他软件必须在操作系统的支持下才能运行。如 Windows、Linux、UNIX 等操作系统。

2. 语言处理程序

程序是计算机语言的具体体现，是用计算机程序设计语言为解决问题而编的。对于用高级语言编写的程序，计算机是不能直接识别和执行的。要执行高级语言编写的程序，首先要将高级语言编写的程序翻译成计算机能识别和执行的二进制机器指令，然后才能供计算机执行。

要让计算机工作，就必须使用计算机能够"识别"和"接受"的计算机语言。计算机语言可以分为三个层次：机器语言、汇编语言和高级语言。

1）机器语言

机器语言是以二进制代码"0"和"1"组成的机器指令的集合，是计算机能够直接识别和执行的语言。机器语言占用内存最少，执行速度最快。但机器语言是面向机器的语言，指令代码不易阅读和记忆，编制程序十分麻烦，而且不同类型的计算机具有不同的机器语言（指令的集合），使用的局限性很大。

2）汇编语言

汇编语言是用助记符表示指令功能的计算机语言。汇编语言将操作内容和操作对象用人们容易记忆的符号来表示，使程序的编制、阅读简便了许多。例如，"相加"操作用 ADD 表示，"相减"操作用 SUB 表示。

由于计算机只能识别机器语言，所以，使用汇编语言编制的程序（源程序）必须经过"汇编"（由汇编语言源程序转换成机器语言表示的目标程序）才能被计算机识别和执行。

汇编语言也是面向机器的语言，只不过用助记符将机器语言符号化而已。因此，汇编语言仍然缺乏通用性。

3）高级语言

高级语言是更接近人类语言和数学语言的计算机语言。高级语言是面向用户和对象的语言，它直观、易学、便于交流，并且不受机型的限制。

使用高级语言编制的源程序不能直接执行，必须采用"编译"或"解释"方式转换成目标程序，才能由计算机识别和执行。

高级语言的种类很多，目前常见的有 Java、C、Python 等语言。

3. 数据库管理系统

数据库管理系统的作用就是管理数据库，具有建立、编辑、维护和访问数据库的功能，并提供数据独立、完整和安全的保障。按数据模型的不同，数据库管理系统可分为层次模型、网络模型和关系模型等类型。如 Visual FoxPro、Oracle、SQL Server、MySQL 都是典型的关系型数据库管理系统。

（二）应用软件

除了系统软件以外的所有软件都称为应用软件，它们是由计算机生产厂家或软件公司为支持某一应用领域、解决某个实际问题而专门研制的应用程序。例如，办公软件 WPS Office、计算机辅助设计软件 AutoCAD、图形处理软件 Photoshop、压缩解压缩软件 WinRAR、反病毒软件瑞星等。用户通过这些应用程序完成自己的任务。例如，利用 WPS Office 创建文档，利用反病毒软件清除计算机病毒，利用压缩解压缩软件解压缩文件，利用 Outlook 收发电子邮件，利用图形处理软件绘制图形等。

在使用应用软件时一定要注意系统环境，也就是说运行应用软件需要系统软件的支持。在不同的系统软件下开发的应用程序只有在相应的系统软件下才能运行。例如，ARJ 解压缩程序是运行在 DOS 环境下；Office 套件和 WinZip 解压缩程序运行在 Windows 环境下。

1. 字处理软件

用来编辑各类文稿，并对其进行排版、存储、传送及打印等的软件称为字处理程序，在日常生活中起着巨大的作用。典型的字处理软件有 Microsoft（微软）公司的 Word、金山公司的 WPS 等。

2. 表处理软件

表处理软件即电子表格软件，可以用来快速、动态地建立表格数据，并对其进行各类统计、汇总。这些电子表格软件还提供了丰富的函数和公式演算能力、灵活多样的绘制统计图表的能力和存储数据库中数据的能力等。常用的电子表格软件有 Excel 等。

3. 其他应用软件

近些年来，随着计算机应用领域越来越广，辅助各行各业的应用软件如百花争艳，层出不穷，如多媒体制作软件、财务管理软件、大型工程设计、服装裁剪、网络服务工具以及各种各样的管理信息系统等。这些应用软件不需要用户学习计算机编程，直接拿来使用即可得心应手地解决本行业中的各种问题。

任务实现

子任务一：台式个人计算机配置

台式个人计算机主要由 CPU、主板、内存、硬盘、固态硬盘、显卡、机箱、电源等组成，个人可以根据实际情况查找资料即可选择配置。

子任务二：笔记本计算机配置

笔记本计算机主要由外壳、显示器和主机三大部分组成。主机由主板、接口、键盘、触摸屏、硬盘驱动器、光盘驱动器和电池等组成。这里只对重要部件进行简单介绍。

1. 外壳

笔记本计算机外壳有塑料和金属外壳两大类。塑料外壳成本低、质量小，但机械性能差，容易损坏。金属外壳散热效果和机械性能较好，不易损坏，但成本高。笔记本计算机外壳主要起到保护和固定作用，同时起到美观效果。

2. 液晶屏

液晶屏用于显示指令是否执行完成以及执行的结果，是笔记本计算机最贵、最大的部件。

3. 主板

笔记本计算机主板是笔记本计算机的核心部分。笔记本计算机的重要组件都依附在主板上，笔记本主板是笔记本计算机中各种硬件传输数据、信息的"立交桥"，它连接整合了显卡、内存、CPU 等各种硬件，使其相互独立又有机地结合在一起，各司其职，共同维持计算机的正常运行。

4. 接口

笔记本计算机的接口很多，常见的有 USB 接口、VGA 接口、光驱接口、读卡器口、电源接口、音频口和 RJ-45 网线接口等。

5. 触摸板

触摸板相当于台式机的鼠标，用来移动指针。

现在的笔记本计算机一般采用触摸板，分为手指移动区、左键和右键三部分。

6. 硬盘

笔记本计算机硬盘的体积比台式机小很多，由于笔记本计算机需要移动，甚至户外使用，因此要求它具有较强的防震能力。虽然笔记本计算机硬盘比台式机硬盘防振能力强，但毕竟有限度，况且硬盘盘片处于高速旋转状态，当振动太强时很容易损坏硬盘，所以要特别注意保护硬盘。

子任务三：查看计算机的软件系统

（1）双击计算机桌面上的"此电脑"图标，在打开窗口的功能区单击"系统属性"按钮，打开计算机系统属性窗口，如图1-14所示。可以看到该计算机的操作系统是 Windows 10。

图 1-14 计算机系统属性窗口

（2）单击"开始"菜单旁边的"在这里输入你要搜索的内容"按钮，在出现的搜索框中输入"控制面板"，结果如图1-15所示，然后单击"控制面板"按钮，即可打开"控制面板"窗口，如图1-16所示。

图 1-15 搜索"控制面板"

图 1-16 "控制面板"窗口

（3）在"控制面板"窗口中单击"程序"超链接，打开"程序"窗口，如图 1-17 所示。

图 1-17 "程序"窗口

（4）在"程序"窗口中单击"程序和功能"图标，打开"程序和功能"窗口，可以看到该计算机安装了 96 个程序，如图 1-18 所示。

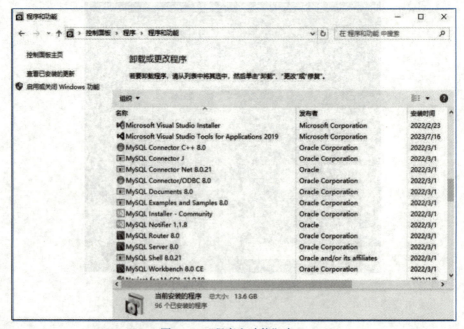

图 1-18 "程序和功能"窗口

子任务四：查看计算机的硬件系统

1. 主板

打开主机箱，可以看到一块矩形电路板，即主板。主板上通常有微处理器插槽、内存插槽、输入/输出控制电路、扩展插槽、键盘接口、面板控制开关和与指示灯相连的接插件等，还有一些扩展插槽或 I/O 通道，不同的主板所含的扩展槽个数不同。扩展槽可以根据需要插入相应的扩展卡，如显卡、声卡、网卡和视频解压卡等。拔出内存条，注意金手指的防插反缺口，仔细观察再插入。

2. 输入设备

输入设备包括键盘和鼠标，如图 1-19 所示。

3. 输出设备

输出设备包括显示器和打印机等，如图 1-20 所示。

图 1-19　键盘和鼠标　　　　　图 1-20　显示器和打印机

技巧与提高

1. 机箱散热及 CPU 散热的问题

首先建议大家在购买机箱时尽量选择尺寸大一点的，这样利于整个系统的散热。其次，机箱散热主要讲究的是一个风道，一般是前进后出。关于机箱的散热应注意以下几个问题。

有些人购买的机箱没有自带风扇，有时商家为了节省装机时间一般不推荐用户安装风扇。其实安装机箱风扇是很有必要的。首先，能起到很好的散热效果，其次，还能有效地避免灰尘沉积造成一些接口接触不良。

CPU 的散热问题。一定要避免 CPU 的表面和散热器底部没有完全接触，也就是俗话说的"假安装"。在安装完之后，要留心看一下散热器底部与 CPU 插槽是否平行，核心是与散热器底部是否完全贴紧。同时注意硅胶的涂抹问题，适量即可，否则导热将变成阻热。

2. 静音问题

电源的选择。电源一定要选择静音电源。

机箱风扇及 CPU 散热器的选择。机箱风扇选用 12 英寸风扇（建议在进风口装滤网），CPU 散热器也要选择好一些的。

机箱的选择。机箱其实就是计算机整机中十分重要的部件。在机箱的选择上，首先，尺寸最好能大一点，能前后装上 12 英寸风扇。其次，尽量选择品牌机箱，如永阳、酷冷、TT 等，好机箱不仅提供了一个良好的散热环境，同时也能有效避免共振问题。

测 评

1. 下列软件中，属于应用软件的是（　　）。
   A．Windows 10　　　B．WPS Office　　　C．UNIX　　　D．Linux
2. 下列各组设备中，全部属于输入设备的一组是（　　）。
   A．键盘、磁盘和打印机　　　　　　　B．键盘、扫描仪和鼠标
   C．键盘、鼠标和显示器　　　　　　　D．硬盘、打印机和键盘

拓展训练

通过网络搜索，配置一台 5 000 元左右的笔记本计算机。要求理解配置清单中各参数的意义，货比三家，确定符合个人需要的笔记本计算机配置清单。

任务 2　文件管理和设备管理——Windows 10 应用

任务描述

熟悉 Windows 10 的桌面环境，并尝试完成桌面环境的个性化设置，学会文件管理的基本方法和正确理念。

知识准备

一、操作系统相关常识

1．操作系统的概念

操作系统是管理计算机硬件与软件资源的程序，同时也是计算机系统的内核与基石。操作系统身负诸如管理与配置内存、决定系统资源供需的优先次序、控制输入与输出设备、操作网络与管理文件系统等基本事务。操作系统管理计算机系统的全部硬件资源，包括软件资源及数据资源，控制程序运行，改善人机界面，为其他应用软件提供支持等，使计算机系统所有资源最大限度地发挥作用，为用户提供方便的、有效的、友善的服务界面。操作系统是一个庞大的管理控制程序，大致包括五方面的管理功能：进程与处理机管理、作业管理、存储管理、设备管理、文件管理。

2．操作系统的类型

操作系统可分为六种类型。

1）简单操作系统

简单操作系统是计算机初期所配置的操作系统，如 IBM 公司的磁盘操作系统 DOS/360 和微型计算机的操作系统 CP/M 等。这类操作系统的功能主要是操作命令的执行、文件服务、支持高级程序设计语言编译程序和控制外围设备等。

2）分时系统

分时系统支持位于不同终端的多个用户同时使用一台计算机，彼此独立互不干扰，用户感到好像一台计算机全为他所用。

3）实时操作系统

实时操作系统是为实时计算机系统配置的操作系统。其主要特点是资源的分配和调度首先要考虑实时性然后才是效率。此外，实时操作系统应有较强的容错能力。

4）网络操作系统

网络操作系统是为计算机网络配置的操作系统。在其支持下，网络中的各台计算机能互相通信和共享资源。其主要特点是与网络的硬件相结合来完成网络的通信任务。

5）分布操作系统

分布操作系统是为分布计算系统配置的操作系统。它在资源管理、通信控制和操作系统的结构等方面都与其他操作系统有较大的区别。由于分布计算机系统的资源分布于系统的不同计算机上，操作系统对用户的资源需求不能像一般的操作系统那样等待有资源时直接分配的简单做法，而是要在系统的各台计算机上搜索，找到所需资源后才可进行分配。对于有些资源，如具有多个副本的文件，还必须考虑一致性。所谓一致性是指若干个用户对同一个文件所同时读出的数据是一致的。为了保证一致性，操作系统须控制文件的读、写操作，使得多个用户可同时读一个文件，而任一时刻最多只能有一个用户在修改文件。分布操作系统的通信功能类似于网络操作系统。由于分布计算机系统不像网络分布得很广，同时分布操作系统还要支持并行处理，因此它提供的通信机制和网络操作系统提供的有所不同，它要求通信速度高。分布操作系统的结构也不同于其他操作系统，它分布于系统的各台计算机上，能并行地处理用户的各种需求，有较强的容错能力。

6）智能操作系统

智能手机操作系统是一种运算能力及功能比传统功能手机系统更强的手机系统。使用较多的智能操作系统有：Android、iOS、HarmonyOS（鸿蒙）。它们之间的应用软件互不兼容。因为可以像个人计算机一样安装第三方软件，所以智能手机有丰富的功能。智能手机能够显示与个人计算机所显示出来一致的正常网页，它具有独立的操作系统以及良好的用户界面，它拥有很强的应用扩展性、能方便随意地安装和删除应用程序。

3. 主流操作系统

1）桌面操作系统

桌面操作系统主要用于个人计算机上。个人计算机市场从硬件架构上来说主要分为两大阵营，即 PC 与 Mac 机；从软件上主要分为两大类，即类 UNIX 操作系统和 Windows 操作系统。

UNIX 和类 UNIX 操作系统：Mac OS X、Linux 发行版（如 Debian、Ubuntu、Linux Mint、OpenSUSE、Fedora 等）。

微软公司 Windows 操作系统：Windows 7、Windows 10、Windows 11 等。

2）服务器操作系统

服务器操作系统一般指的是安装在大型计算机上的操作系统，比如 Web 服务器、应用服务器和数据库服务器等。服务器操作系统主要集中在三大类：

UNIX 系列：SUN Solaris、IBM-AIX、HP-UX、FreeBSD 等。

Linux 系列：Red Hat Linux、CentOS、Debian、Ubuntu 等。

Windows 系列：Windows Server 2008、Windows Server 2016、Windows Server 2019、Windows Serner 2022 等。

3）嵌入式操作系统

嵌入式操作系统是应用在嵌入式系统的操作系统。嵌入式系统广泛应用在生活的各个方面，涵盖范围从便携设备到大型固定设施，如数码照相机、手机、平板电脑、家用电器、医疗设备、交通灯、航空电子设备和工厂控制设备等，越来越多嵌入式系统安装有实时操作系统。

在嵌入式领域常用的操作系统有嵌入式 Linux、Windows Embedded、VxWorks 等，以及广泛使用在智能手机或平板电脑等消费电子产品的操作系统，如 Android、iOS、HarmonyOS 等。

二、文件及文件夹的管理

在计算机系统中，信息是以文件的形式来处理和管理的，所谓文件是指一组相关信息的集合，要掌握文件或文件夹的创建、选定、删除、打开、重命名、移动、查找等操作。

1. 文件扩展名的含义及显示

文件扩展名是文件名重要组成部分，一般由特定的字符组成，表示特定的含义，用户可以从扩展名直接区别文件的类型或格式，表 1-1 中列出了一些常用扩展名及文件类型。

表 1-1 常用扩展名及文件类型

扩 展 名	文 件 类 型	扩 展 名	文 件 类 型
.txt、.doc、.docx、.wps、.rtf	文本文件	.htm、.html	超文本文件
.wav、.mid、.mp3、.wma	音频文件	.xls、.xlsx	电子表格文件
.bmp、.gif、.jpeg、.png	图像文件	.obj	目标代码文件
.avi、.swf、.mp4、.mov、.wmv	视频文件	.drv	设备驱动程序文件
.rar、.zip、.jar	压缩文件	.exe、.com、.bat	可执行文件

显示文件扩展名：在"此电脑"窗口的"查看"选项卡"显示/隐藏"组中勾选"文件扩展名"复选框。

2. 文件资源管理器

文件管理主要是在"文件资源管理器"窗口中实现的。"文件资源管理器"是指"此电脑"窗口左侧的导航窗格。它将计算机资源分为快速访问、OneDrive、此电脑和网络四个类别，可以方便用户更好、更快地组织、管理及应用资源。使用资源管理器可以显示文件夹的结构和文件详细信息、启动应用程序、打开文件、查找文件、复制和移动文件等。

1) 启动"文件资源管理器"

启动文件资源管理器的方法有多种。操作步骤如下：

（1）右击"开始"按钮，在弹出的快捷菜单中选择"文件资源管理器"命令。

（2）打开"开始"菜单，选择"Windows 系统"→"文件资源管理器"命令。

（3）打开搜索框，在搜索框中输入"资源管理器"，然后单击搜索结果中的"文件资源管理器"菜单项。

2) "文件资源管理器"窗口

"文件资源管理器"窗口如图 1-21 所示。窗口左部窗格是导航窗格。单击左部窗格的对象，在右部的内容窗格会显示出相应对象的下级内容。在右部窗格双击对象名称可以打开相应文件或文件夹。

单击顶部"查看"菜单，会出现"查看"工具栏，包括"窗格""布局""当前视图""显示/隐藏"等功能组，如图 1-22 所示。在"窗格"功能组中，"导航窗格"按钮可以设置窗口左侧"导航窗格"是否显示；"预览窗格"按钮可以在窗口右侧增加一个"预览"窗格，当选中某个特定类型的文件时，可以通过它预览文件的内容。"布局"功能组用于设置资源的显示方式。

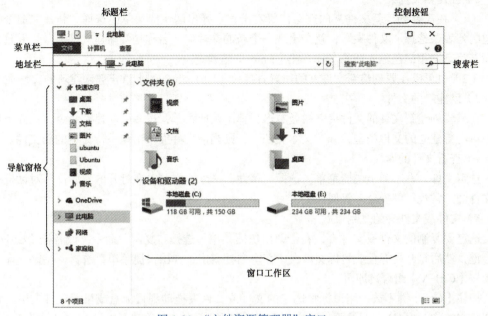

图 1-21 "文件资源管理器"窗口

图 1-22 "查看"工具栏

当选中放有"图片"的文件夹时，选项卡上方会出现"图片工具"菜单，如果选中的是图片，可以将图片进行旋转，设置为背景或播放到设备，如果选中放有图片的文件夹，可以单击"放映幻灯片"功能按钮，放映文件夹中的所有图片。当选中放有"视频"的文件夹时，选项卡上方会出现"视频工具"菜单，对应着"播放"选项卡，可以将文件夹中的视频选择单个播放，或全部播放，同样也可以添加到播放设备或播放列表中。

3．管理文件和文件夹

在"资源管理器"中对文件和文件夹的主要操作有创建文件夹、复制或移动文件或文件夹、删除文件或文件夹、恢复文件或文件夹和文件或文件夹的重命名。

1）选择文件或文件夹

Windows 10 的操作风格是先选定后操作，因此选定工作在操作过程中非常重要。选定方式有以下几种：

（1）选择单个对象：单击要选定的文件或文件夹即可。

（2）选择连续多个对象：单击要选定的第一个对象，按住【Shift】键不放，然后单击最后一个对象，则选定一个连续区域的文件。

（3）选择不连续的多个对象：单击要选择的第一个对象，按住【Ctrl】键，单击其他要选择的对象，则选定不连续的若干文件。

（4）全部选定：按【Ctrl+A】组合键即可选定当前文件夹中的所有内容。

2）创建新文件夹

（1）在需要创建新文件夹的空白位置右击，在弹出的快捷菜单中选择"新建"命令，在新建的列表中选择"文件夹"，就会出现一个新的文件夹，名称是"新建文件夹"，并且处于重命名状态，用键盘输入新的名称，按【Enter】键确定。

（2）也可以在要创建新文件夹的位置直接按【Ctrl+Shift+N】组合键创建新的文件夹。

3）创建新的文件

在需要创建新文件的文件夹空白处右击，弹出快捷菜单，选择"新建"命令，在其下级菜单中单击待建立的文件类型，如"文本文档"，则当前文件夹中出现一待命名的新文件。

4）查看文件的属性

选定文件，右击弹出快捷菜单，选择"属性"命令，则可以在打开的"属性"对话框中浏览文件的"常规""安全"等属性。

5）文件或文件夹的复制

选定要复制的文件或文件夹，右击弹出快捷菜单，选择"复制"命令，或者按【Ctrl+C】组合键，然后打开目标盘或目标文件夹，在空白处右击，弹出快捷菜单，选择"粘贴"命令，或者按【Ctrl+V】组合键即可。

按住【Ctrl】键不放，用鼠标将选定的文件或文件夹拖动到目标盘或目标文件夹中，也可实现复制操作。如果在不同的驱动器之间复制，只用鼠标拖动对象就可以了，不必使用【Ctrl】键。

6）文件或文件夹的移动

选定要移动的文件或文件夹，右击弹出快捷菜单，选择"剪切"命令，或者按【Ctrl+X】组合键，然后打开目标盘或目标文件夹，在空白处右击，弹出快捷菜单，选择"粘贴"命令，或者按【Ctrl+V】组合键即可。

按住【Shift】键不放，用鼠标将选定的文件或文件夹拖动到目标盘或目标文件中，也可实现剪切操作。如果同一驱动器中剪切，只用鼠标拖动对象就可以了，不必使用【Shift】键。

7）文件或文件夹的重命名

选择需要重命名的文件或文件夹，右击弹出快捷菜单，选择"重命名"命令，输入新的名字后按【Enter】键。

8）文件及文件夹的删除

选定要删除的文件或文件夹，右击弹出快捷菜单，选择"删除"命令，文件或文件夹将会被放置到"回收站"中。

可以直接用鼠标把要删除的文件或文件夹拖到"回收站"实现删除操作。如果在拖动时按住【Shift】键，则文件和文件夹将直接从计算机中删除，不保留在回收站中。

9）恢复被删除的文件或文件夹

可以借助回收站恢复被删除的文件或文件夹，在桌面上双击"回收站"图标打开该窗口，在要恢复的文件上右击，在弹出的快捷菜单中选择"还原"命令，文件或文件夹将会恢复到原来的位置。

10）文件的搜索

Windows 10 的搜索功能主要在两个地方实现："开始"菜单旁的搜索框和资源管理器。"开始"菜单和资源管理器中的搜索功能有一定区别。"开始"菜单旁的搜索框不能指定要搜索的范围和筛选特定条件的文件；资源管理器可以选择要搜索的位置，也可以设置筛选的条件。

4. 改变文件和文件夹的显示方式

在"查看"选项卡的"布局"组中可以选择八种显示方式：超大图标、大图标、中图标、小图标、列表、详细信息、平铺和内容，如图 1-23 所示。一般选择"详细信息"方式查看。

5. 改变文件和文件夹的排序方式

单击"查看"选项卡"当前视图"组中的"排序方式"按钮，可以选择"名称""修改日期""类型""大小"等排序方式，针对每种排序方式，还可以选择"递增"或"递减"规律，如图 1-24 所示。

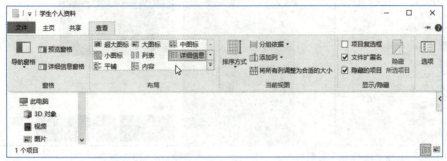

图 1-23　图标显示方式

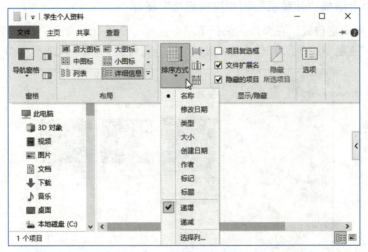

图 1-24　"排序方式"命令

任务实现

子任务一：认识 Windows 10 的桌面

Windows 10 系统启动后看到的屏幕称为"桌面"，桌面是 Windows 10 操作系统的主控窗口。桌面由桌面背景、桌面图标和任务栏组成。

桌面背景是 Windows 10 的背景图片，用户可以根据个人喜好进行设置。桌面图标一般由文字和图片组成，代表某些应用程序或文件，新安装的系统只有一个"回收站"图标。任务栏是位于桌面底部的长条区域，由"开始"菜单、搜索框、快速启动区、任务视图、语言栏、通知区和"显示桌面"按钮组成。

1. 更换桌面背景

（1）右击桌面空白处，在弹出的快捷菜单中选择"个性化"命令，如图 1-25 所示。

（2）打开"个性化"窗口，选择"背景"选项，在其右侧区域选择一张图片，即可更换桌面背景，如图 1-26 所示。

图 1-25 选择"个性化"

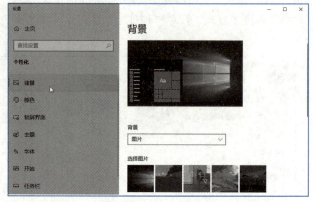

图 1-26 设置背景

2. 在桌面上增加"计算机"和"控制面板"图标

（1）右击桌面空白处，在弹出的快捷菜单中选择"个性化"命令，在打开的"个性化"窗口左侧选择"主题"选项，单击"桌面图标设置"超链接，如图 1-27 所示。

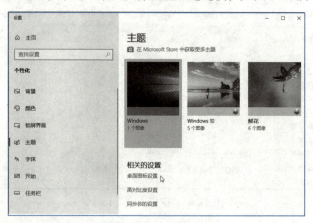

图 1-27 主题窗口

（2）在弹出的"桌面图标设置"对话框中勾选"计算机"和"控制面板"复选框，如图 1-28 所示，最后单击"确定"按钮。

（3）在桌面上增加"计算机"和"控制面板"图标后，如图 1-29 所示。

图 1-28 "桌面图标设置"对话框　　　图 1-29 桌面上添加"计算机""控制面板"图标

3. 开始菜单

单击屏幕左下角的"开始"按钮，或按【Windows】键，即可打开"开始"菜单，如图 1-30 所示。"开始"菜单中间为按照字母索引排序的应用程序列表，通过字母索引可以快速查找应用程序；左下角为用户账户头像、文件资源管理器、"设置"按钮和"电源"按钮；右侧则为"开始"屏幕，可将应用程序固定在其中，这些方块图形称为动态磁贴，其功能和快捷方式类似，但不局限于打开应用程序，有些动态磁贴随时更新显示的信息，如日历应用，在动态磁贴中即时显示当前的日期信息，无须打开应用程序进行查看。因此，动态磁贴能非常方便地呈现用户所需要的信息。

图 1-30　Windows 10 "开始"菜单

在"开始"菜单中，应用程序以名称中的首字母或拼音升序排列，单击排列字母可显示排序索引，如图 1-31 所示，通过字母索引可以快速查找应用程序。

图1-31 应用列表索引

"开始"菜单有两种显示方式,分别是默认的非全屏模式(桌面模式)和全屏模式(平板模式)。如果要全屏显示"开始"菜单,则可以单击"开始"菜单左侧的"设置"按钮打开"Windows设置"窗口,如图1-32所示。在"Windows设置"窗口中单击"个性化"按钮,打开"设置"窗口,选择"开始"选项,在右侧开启"使用全屏'开始'屏幕"选项,如图1-33所示。或者单击任务栏右下角的"通知中心"按钮,打开"操作中心"任务窗格,单击"平板模式"按钮,桌面模式切换成平板模式,平板模式以全屏显示尺寸显示开始屏幕,在该模式下打开的程序窗口会最大化显示,同时会隐藏任务栏的大部分图标,只保留"开始""搜索""任务视图""上一步"。

图1-32 "Windows设置"窗口

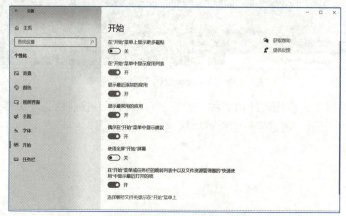

图1-33 开启"使用全屏'开始'屏幕"选项

4. 设置任务栏

任务栏中固定了一些常用的应用程序图标,用户利用任务栏可以快速启动和切换应用程序。用户可以选择在任务栏上固定哪些图标,或者从任务栏中移除不常用的程序图标。

如将"计算器"固定于任务栏。单击"开始"菜单,右击"计算器"程序,在弹出的快捷菜单中选择"更多"→"固定到任务栏"命令。

子任务二:文件和文件夹管理

1. 浏览文件及文件夹

浏览方法有两种:

双击打开"此电脑"窗口,利用它的主界面和导航窗格,可以直接浏览硬盘中的文件及文件夹,如图 1-34 所示。

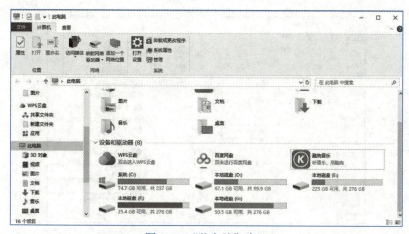

图 1-34 "此电脑"窗口

通过文件资源管理器查看计算机中的文件及文件夹。右击"开始"按钮,在"开始"菜单中选择"文件资源管理器"命令,打开"文件资源管理器"窗口,也可以浏览计算机中的文件及文件夹。

2. 创建文件及文件夹

在计算机系统中,信息的处理和管理都是以文件形式进行的,因此,在处理和管理信息时需要先建立文件,文件建立时必须有文件名,文件名是由文件主名和扩展名构成的,中间用"."来分隔。除了 <>/\|:"*? 不能用作文件的命名字符外,其他字符都可以。

例如,在 D 盘下新建一个名为"学生个人资料"的文件夹,并在"学生个人资料"文件夹下新建一个名为"基本资料"文本文档。操作如下:

方法一:打开"此电脑"窗口,选择 D 盘,单击"主页"选项卡"新建"组中的"新建文件夹"按钮,输入新文件夹的名称"学生个人资料",然后按【Enter】键,如图 1-35 所示。打开"学生个人资料"文件夹,在主页选项卡中选择"新建"→"新建项目"按钮→"文本文档"命令,如图 1-36 所示,输入新文件的名称"基本资料",然后按【Enter】键。

方法二:右击空白区域,在弹出的快捷菜单中选择"新建"→"文本文档"命令,输入新文件的名称"学生个人资料",然后按【Enter】键或选择"新建"→"文本文档"命令,输入新文件的名称"基本资料",然后按【Enter】键,完成文件夹和文本文档的创建。

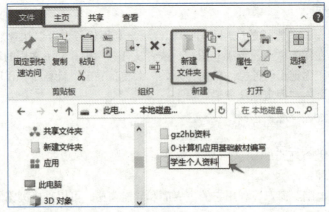

图 1-35 新建文件夹

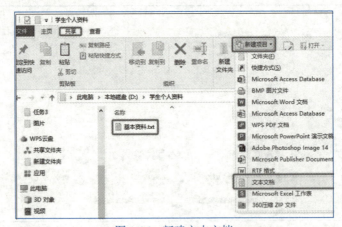

图 1-36 新建文本文档

子任务三：360 压缩软件的使用

在日常生活和工作中，我们经常需要处理大量的文件，特别是当这些文件需要传输或存储时，文件的大小就成为了一个重要的问题。为了解决这个问题，我们可以使用文件压缩技术来减小文件的大小。常见的压缩软件有 WinRAR、7-Zip、360 压缩等。

360 压缩软件是 360 公司推出的一款压缩软件，支持解压主流的 rar、zip、7z、iso 等多达 42 种压缩文件。360 压缩软件内置云安全引擎，可以检测木马。360 压缩软件的主要特点是快速轻巧、兼容性好、更安全、更漂亮，而且永久免费。

360 压缩的主界面干净、整洁，核心功能标注明显，包括添加压缩文件、解压文件、删除文件、图片压缩和工具等功能，如图 1-37 所示。下面介绍如何在计算机上使用 360 压缩软件对文件进行压缩，高效管理文件。

1. 创建压缩文件

例如，利用 360 压缩工具，对前面新建的文本文档"基本资料.txt"进行压缩，生成"基本资料.zip"文件。操作如下：

（1）选择要压缩的文件：在计算机上找到需要压缩的文件或文件夹，右击弹出快捷菜单，选择"添加到压缩文件"选项。

图 1-37 360 压缩工具的主界面

（2）设置压缩参数：在弹出的新窗口中，可以设置压缩文件的名称、格式、压缩级别等参数。根据需要选择合适的参数后单击"立即压缩"按钮，如图 1-38 所示。

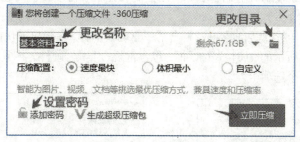

图 1-38 创建压缩文件

（3）完成压缩：360 压缩软件会开始压缩选定的文件或文件夹，并在完成后生成一个压缩文件。在指定的保存位置可以找到这个压缩文件。

注意：360 压缩软件支持两种压缩格式，一种是 zip，一种是 7z，不支持 rar，不过可以解压 rar 类型的压缩包。其中 7z 格式压缩后的文件更小，不过 zip 压缩格式更常见。

2. 使用 360 压缩软件解压

例如，利用 360 压缩工具将"基本资料.zip"文件解压到当前文件夹。操作如下：

选中想要解压缩的文件，双击打开，单击工具栏上的"解压到"按钮；在弹出的窗口中选择文件解压路径，单击"立即解压"按钮即可，如图 1-39 所示。

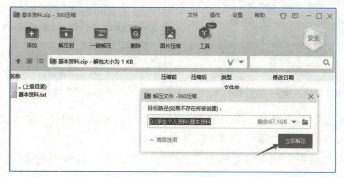

图 1-39 解压文件

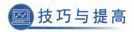 技巧与提高

1. 磁盘格式化

对于新磁盘，必须格式化。磁盘格式化操作是给磁盘划分磁道和扇区，这样才能在磁盘上

存储信息。如果磁盘上已存有信息，那么磁盘格式化则是一种非常危险的操作，因为格式化过的磁盘上的信息会全部丢失，而且可能永远都无法恢复，所以一定要谨慎。

在"计算机"窗口中，选定磁盘图标后右击，在弹出的快捷菜单中选择"格式化"命令，弹出"格式化"对话框，如图 1-40 所示。

在"格式化"对话框中可以进行以下几项设置：

容量：选定要格式化的磁盘容量；文件系统：选择是按 FAT32 格式还是按 NTFS 格式对磁盘进行格式化；分配单元大小：对要格式化的磁盘分配容量；卷标：给格式化的磁盘加一个标识。

2. 磁盘属性

磁盘属性主要用于显示磁盘的容量和可用空间，显示和修改磁盘的卷标，进行磁盘维护操作等。

在"计算机"窗口或资源管理器中，右击某一驱动器图标，在弹出的快捷菜单中选择"属性"命令，将弹出图 1-41 所示的"属性"对话框，包含常规、工具、硬件、共享、安全、以前的版本、配额、自定义、等八个选项卡。

图 1-40 "格式化"对话框

图 1-41 "属性"对话框

常规：查看磁盘的基本信息，如总容量、已用空间、可用空间等。文本框中显示的是磁盘的卷标，用户可以在此修改卷标。

工具：提供磁盘检查、错误修复等工具，可以对磁盘进行检查磁盘错误、整理磁盘、备份磁盘等维护工作。

硬件：查看磁盘的硬件信息。

共享：设置磁盘的共享属性（该功能适用于网络上的磁盘）。

安全：设置磁盘的安全权限。

以前的版本：查看磁盘的以前版本的历史记录（如果系统支持）。

配额：设置磁盘配额，管理磁盘使用情况。

自定义：允许用户自定义磁盘的属性（具体选项可能因系统而异）。

以上选项卡可能会根据操作系统的不同版本和配置有所变化。例如，一些较旧的操作系统可能不包含所有列出的选项卡，而某些特定版本的 Windows 可能添加了额外的选项卡或功能。

测评

1. 在 Windows 安装后，（　　）可启动桌面上的应用程序。
   A．双击图标　　　B．单击图标　　　C．移动鼠标　　　D．指向图标
2. 将回收站中的文件还原时，被还原的文件将回到（　　）。
   A．桌面上　　　B．"我的文档"中　　　C．内存中　　　D．被删除的位置
3. 在 Windows 10 中，按（　　）键可以删除文件或文件夹。
   A．【Shift】　　　B．【Ctrl】　　　C．【Delete】　　　D．【Tab】

拓展训练

实训任务：
Windows 10 操作系统文件管理。

实训目的：
- 熟悉文件和文件夹特性。
- 掌握文件和文件夹的基本操作。

实训环境：
- 硬件环境：微型计算机。
- 软件环境：Windows 10 操作系统。

实训内容：
① 文件和文件夹的浏览、查看和排序。
② 查找文件和文件夹。
③ 创建文件夹。
④ 文件和文件夹重命名。
⑤ 选择文件和文件夹。
⑥ 复制或移动文件和文件夹。
⑦ 删除与恢复文件和文件夹。
⑧ 文件或文件夹属性的改变。
⑨ 搜索计算机中所有扩展名为 .docx 的文件。
⑩ 快速获取文件所在的文件夹的路径信息。
⑪ 撤销对文件的操作。
⑫ 显示文件扩展名。

实训思考：
① 如何搜索特定大小的文件？
② 如何修改回收站的属性、自定义 C 盘回收站的最大空间？

模块 2　文档处理

文档处理是信息化办公的重要组成部分，广泛应用于人们日常生活、学习和工作的方方面面。本模块包含文档的基本编辑、图片的插入和编辑、表格的插入和编辑、样式与模板的创建和使用、多人协同编辑文档等内容。本模块通过四个由浅入深的任务，介绍国产办公软件 WPS Office 在文字处理方面的应用技术。读者通过本模块的学习，可以掌握 WPS 文字处理的基本功能，提升软件的应用能力，提高信息化办公的应用水平。

知识目标

1. 掌握文档的基本操作；
2. 掌握文本编辑、查找与替换、段落格式设置的方法；
3. 掌握图片、图形、艺术字等对象的插入、编辑和美化等操作；
4. 掌握在文档中插入和编辑表格、对表格进行美化、灵活应用公式对表格中数据进行处理等操作；
5. 熟悉分页符和分节符的插入，掌握页眉、页脚、页码的插入和编辑等操作；
6. 掌握样式与模板的创建和使用，掌握目录的制作和编辑操作；
7. 熟悉文档不同视图和导航任务窗格的使用，掌握页面设置操作；
8. 掌握打印预览和打印操作的相关设置；
9. 掌握多人协同编辑文档的方法和技巧。

能力目标

1. 能够进行简单文档的文本编辑与格式设置；
2. 能够使用图片、图形、艺术字、智能图形等对数据进行可视化处理；
3. 能够使用表格等进行简单数据处理；
4. 能够使用分页符、分栏符、分节符等对文档内容进行管理；
5. 能够使用样式和模板提高排版的效率以及规范程度；
6. 能够完成目录的生成与编辑；
7. 能够根据需要进行页面设置；
8. 能够根据不同的需要进行视图选择。

素质目标

1. 具备基本的信息意识，自觉地充分利用信息解决生活、学习和工作中的文档处理问题；
2. 具有团队协作精神，善于与他人合作、共享信息，实现信息的更大价值；
3. 具备数字化创新与发展意识，能够用 WPS 文字处理技术解决工作、学习、生活中的实际问题；
4. 在现实世界和虚拟空间中都能遵守相关法律法规，信守信息社会的道德与伦理准则；

5. 树立建设创新型国家、制造强国、网络强国、数字中国、智慧社会的理想和信念。

任务 1　通知类短文档制作——WPS 文字基础应用

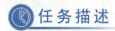任务描述

类似通知、计划等，是在办公中经常需要处理的文档。这类文档的特点是内容与格式都有一定的要求。通过制作会议通知，完成对 WPS 文字窗口的认识、文档建立及保存，字体格式、段落格式、页面布局等基础知识的学习。

本任务将完成"关于举办《大学生网络行为规范》制定方案研讨会议的通知"文档的排版，文档排版后的效果图如图 2-1 所示。

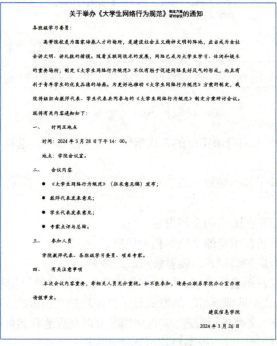

图 2-1　任务效果图

知识准备

一、认识 WPS 文字窗口

启动 WPS 文字窗口，界面如图 2-2 所示。

（1）标签栏：显示正在编辑的文档的文件名及常用按钮，包括标准的"最小化""还原""关闭"按钮。可使用微信、钉钉、QQ、手机短信等方式登录 WPS，登录后将在标题栏中显示用户头像。

（2）快速访问工具栏：常用命令位于此处。如"保存""打印""撤销"等命令。快速启动栏的最右侧为下拉按钮，可添加或者删除常用命令。

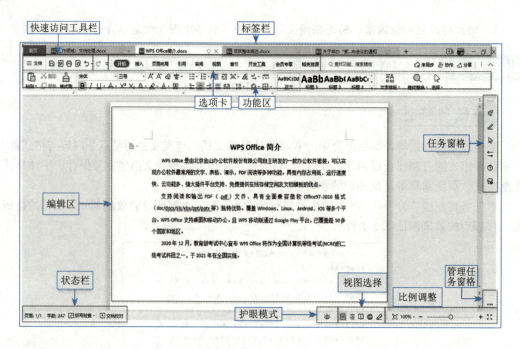

图 2-2　WPS 文字窗口

（3）选项卡：WPS 采用选项菜单的方式组织管理功能选项。选择不同的选项，功能区将出现不同的命令组合。

（4）功能区：承载了各类功能入口。单击选项卡最右侧的"隐藏功能区"按钮 ⌃，可以将功能区隐藏起来。

（5）编辑区：显示正在编辑的文档内容。

（6）状态栏：显示正在编辑的文档的相关信息。

（7）护眼模式：开启护眼模式，能够缓解眼睛疲劳。

（8）视图选择：在视图选择区域，可以根据文档编辑的目的和要求进行视图选择。

① "页面视图"以"所见即所得"的方式显示打印后的文档版式，在这种视图模式下，编辑窗口以"页面"为单位对文档进行管理，编辑文档时可以直观地看到页边距、页眉页脚等内容。"页面视图"是最常用的视图，一般编辑均可选择此视图。

② "大纲"用于显示文档的框架。在整理较长的文档时可以显示各级标题，通过大纲视图模式用户可以方便快速地跳转到所需的章节。当需要对文档的整体框架进行整理时，可以使用"大纲"。

③ "阅读版式"是阅读长文档的理想视图。此视图下允许用户在同一个窗口中单页或者双页显示文档，此视图模式不能对文档进行编辑。

④ "Web 版式"能够显示文档在 Web 浏览器中的外观。文本和表格内容将自动换行以适应显示器窗口的大小。当编辑的文档要发布到网站中时，可以使用这种视图。

⑤ "写作模式"在功能区提供了写作时需要的工具。如"文档校对""导航窗格""统计"等功能。当侧重于文字内容的写作，对格式设置及其他功能没有需求时，可以选择"写作模式"。

（9）比例调整：可以根据个人需要调整窗口显示比例。

（10）任务窗格：任务窗格提供了常用的浮动面板选项。默认的浮动面板有"快捷""样式和格式""选择窗格""属性""帮助中心""稻壳资源"等。单击某个按钮，将显示相应的浮动面板。

（11）管理任务窗格：单击"管理任务窗格"按钮，弹出"任务窗格设置中心"对话框，可以选择在任务窗格中出现的浮动面板图标。

二、新建文档

启动 WPS Office 之后，单击标签栏中的"新建"按钮或 WPS 首页导航栏中的"新建"按钮，进入"新建"窗口，如图 2-3 所示。在该窗口中可以完成文字文档、表格、演示文稿、PDF、流程图、思维导图、表单的创建。

在创建文字文档时，可以选择空白版式，也可以选择 WPS 文字提供的各种类型的模板。有些模板可以免费使用，有些模板需要付费使用。

图 2-3 "新建"窗口

三、保存文档

文档编辑和录入完成以后，一定要保存文档。WPS 文字文档默认的文件类型为 .docx，同时，还可以保存为 .wps 文件格式、模板文件、PDF 文件等。

单击"文件"→"选项"按钮，弹出"选项"对话框，选择"常规与保存"选项卡，如图 2-4 所示，完成对"文件保存默认格式"及其他选项的设置。

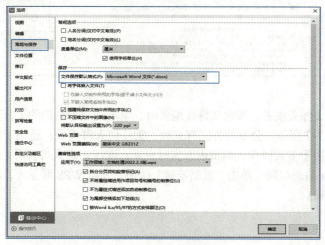

图 2-4 修改文件默认保存类型

四、打开文件

如果文件默认打开程序是 WPS Office 软件，可以直接双击文件打开。也可以通过 WPS 首页导航栏的"打开"按钮进入"打开文件"对话框，如图 2-5 所示。在左侧"打开文件"列表中列出了最近常用的文件夹及"此电脑""我的桌面"等，同时，还可以选择"我的云文档"打开云端文件，通过"共享文件夹"打开与其他成员协同编辑的文件。

"打开文件"不仅可以打开文字文件，也可以打开表格、演示、PDF、OFD 等格式的文件，在默认的文件类型中列出了默认打开的文件类型。

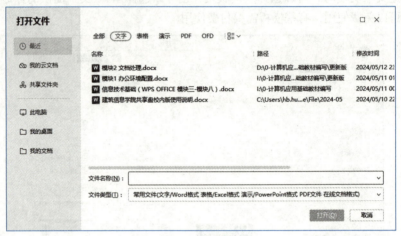

图 2-5 "打开文件"对话框

五、多人协同编辑文件

WPS Office 提供免费的协同编辑文档功能，可实现多人在线同时协同编辑共享文档，实现数据的实时更新与共享。

选择选项卡行右侧的"协作"→"发送至共享文件夹"命令，如图 2-6 所示，将文件发送至共享文件夹。

图 2-6 发送至共享文件夹

上传至共享文件夹或者云端的文件在编辑时，单击选项卡右侧的"分享"按钮，即可进入分享界面，如图 2-7 所示。分享的方式有三种：①任何人可查看：适用于文件公开分享；②任何人可编辑：适用于多人协作，编辑内容实时更新；③仅指定人可查看/编辑：适用于隐私文件，可指定查看/编辑权限。单击"复制链接"按钮，发给 WPS 联系人，对方收到链接之后，可以直接在线编辑。

图 2-7 分享对话框

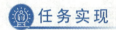

子任务一：文本内容输入

打开 WPS Office，新建空白文档，输入图 2-1 所示的通知内容。

注　意：

当输入汉字时，必须先切换到中文输入法，可按【Ctrl+Space】组合键完成中/英文输入法之间的切换，按【Ctrl+Shift】组合键可以在各种输入法之间切换，也可以单击任务栏输入法图标进行切换。

子任务二：文件保存

按【Ctrl+S】组合键、单击"快速访问工具栏"中的"保存"按钮或选择"文件"→"保存"命令保存新建文档，第一次保存文件时，弹出"另存为"对话框，如图 2-8 所示。

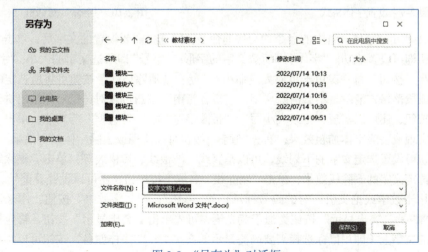

图 2-8 "另存为"对话框

可以选择将文件保存至本地硬盘，也可选择将文件保存至"WPS 网盘"。WPS 文本文件默认的文件类型为"Microsoft Word 文件（.docx）"，也可将文件保存为 .wps、.pdf 等类型的文件。

子任务三：设置字体格式

设置正文字体为"华文楷体"，字号为"小四"，字体颜色为"黑色"。将标题"关于举办《大学生网络行为规范》制定方案研讨会议的通知"设置为"黑体"，字号设置为"小三"。选中标题内容，在"开始"选项卡中的"字体"下拉菜单中选择"黑体"；"字号"下拉菜单中选择"小三"。具体操作步骤如下（见图 2-9）：

若要对某一选定文本段统一进行字体设置，可以打开"字体"对话框，即选择文本后，单击"开始"选项卡中的"字体对话框"按钮┘，弹出"字体"对话框，如图 2-10 所示，可以对所选文本设置中文、西文字体，如字体、字形、字号、文字效果、文字颜色等。

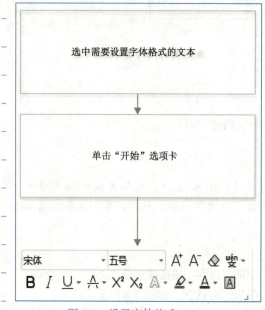

图 2-9 设置字体格式

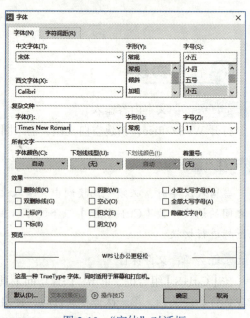

图 2-10 "字体"对话框

图 2-11 所示"字体"组中的命令均为快速命令，即选择需要设置的文字后，单击"字体"组中的按钮即可设置成功。"字体"即所选文字的字形；"字号"即所选文字的大小；"字号放大""字号缩小"按钮，每一次单击可放大或缩小 0.5 磅；"清除格式"按钮可将所选定的文字应用的字体或段落格式清除，不会清除文字；"拼音指南"按钮可以对选定对象给出拼音指南，单击下拉按钮，还可以实现"更改大小写""带圈字符""字符边框"等功能；单击"加粗"按钮可以实现或去除字体**加粗**效果；单击"倾斜"按钮可以实现或去除字体*倾斜*效果；单击"下划线"按钮可设置选定文字的下划线，可以是直线、波浪线、短横线等；单击"删除线"按钮可以设置选定文字的删除线效果；单击"删除线"右侧下拉按钮，还可以设置着重号。"上标、下标"常用于数学或论文引用时的编号标示，如 $y=x^2+z^3$；"文字效果"按钮，用来设置选定文字效果；"突出显示"按钮类似于荧光笔，可先单击"突出显示"按钮，再应用到需要高亮显示的文字上（即用鼠标选择需要高亮显示的文字）；"字体颜色"按钮可以实现字体颜色设置；"字符底纹"按钮可为选中内容添加底纹。每个按钮的名称如图 2-11 所示。

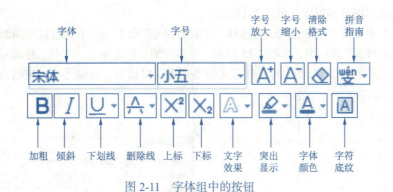

图 2-11　字体组中的按钮

子任务四：设置段落格式

"开始"选项卡"段落"组中所有按钮的功能主要是对文档的一段或多段进行格式设置。如段与段之间的距离，项目符号与编号、缩进等。

1. 段落项目符号

一般用于多个并列段落，但不需要使用数字进行编号，如在"会议通知"中描述会议内容，如图 2-12 所示。

使用方法：先选择需要设置项目符号的各段落，然后单击"开始"选项卡中的"项目符号"下拉按钮，展开项目符号列表，选择一种项目符号，若没有喜欢的项目符号，可在"项目符号"列表中选择"自定义项目符号"命令，打开"自定义项目符号列表"对话框（见图 2-13），在其中可以选择"项目符号字符"列表中的某个字符作为项目符号，如果是会员，还可以选择"稻壳项目符号"作为项目符号，或者用特殊的字体作为项目符号。

图 2-12　项目符号应用效果　　图 2-13　"自定义项目符号列表"对话框

2. 编号

一般用于列出有条理的条目，如在说明某一问题的要点时有"（1）、（2）、（3）"或者在写论文时列出参考文献，如"[1]、[2]、[3]"。一般情况下输入一个有序编号后，按【Enter】键则会出现自动编号，如在第一段中输入"1. 重点问题解说"后按【Enter】键，则自动出现"2."，并且"编号"按钮会自动高亮显示，若不需要自动编辑按【Ctrl+Z】组合键撤销即可。

设置编号的一般方法：先输入一段文字，并选择该段文字，单击"开始"选项卡中的"编号"下拉按钮，展开编号库，如图 2-14 所示。

若编号库中没有合适的编号，可选择"自定义编号"命令，弹出"项目符号和编号"对话框，显示"自定义列表"选项卡，如图 2-15 所示。单击"编号"选项卡，选中一种编号后，单击"自定义"按钮，进入图 2-16 所示的"自定义编号列表"对话框，对编号格式进行自定义。

图 2-14 编号库

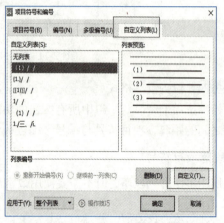

图 2-15 "项目符号和编号"对话框

在"项目符号和编号"对话框中，也可以对"项目符号""编号""多级编号""自定义列表"进行定义。"多级编号"多应用于有关联关系的不同级别文本编号设置，对于"多级编号"的定义和应用，将在任务 4 中进行详细介绍。

3. 减少或增大缩进量

单击"减少缩进量"按钮 可使所选中的段落整体向左边距靠近 1 字符；单击"增加缩进量"按钮 可使所选中的段落整体远离左边距 1 字符。

4. 中文版式

图 2-16 "自定义编号列表"对话框

常用于公文或报纸排版中，包含了"合并字符""双行合一""调整宽度""字符缩放"等。如要将图 2-17 中文字改成图 2-18 所示文字，可选中文字"制定方案研讨会议"，选择"开始"选项卡中的"中文版式" → "双行合一"命令，弹出"双行合一"对话框，还可以根据需要加括号，单击"确定"按钮即可，如图 2-19 所示。

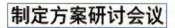

图 2-17 普通文本效果　　图 2-18 双行合一效果

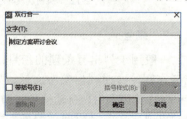

图 2-19 "双行合一"对话框

5. 文本对齐

左对齐即该段中文字不够一行,则先靠左;居中对齐常用于标题段;右对齐常用于文件签名及签日期;两端对齐指同时将文字左右两端对齐,并根据需要增加字间距,但如果文字不够一行,则类似于左对齐,如图 2-20 所示;分散对齐指使段落两端同时对齐,并根据需要增加字符间距,即使该段中最后一行只有 2 个字,则会将这 2 个字左右各放 1 个,如图 2-21 所示。

图 2-20 两端对齐效果

图 2-21 分散对齐效果

6. 排序

可以按字母顺序和数字顺序对所选内容进行排序,对表格中的数字尤其有用。

7. 显示/隐藏段落标记

单击"显示/隐藏段落标记"按钮 ,可以选择显示或隐藏段落标记。

8. 制表

单击"制表位"按钮 ,弹出"制表位"对话框,对文本输入的位置进行定位。

9. 行间距

单击"行距"按钮 ,可设置所选段落的行距。行距以"N 倍行距"计,若设置的行距单位为磅,则在行距列表中选择"其他"选项,弹出"段落"对话框,在其中进行设置。

10. 底纹

"字体"组和"段落"组中有两个类似的"底纹"功能。"字体"组中的"字符底纹" 命令是为选定的字符添加底纹,"段落"组中"底纹颜色"命令 是对选定的段落添加底纹。

图 2-22 展示的是一段文字选中后添加字符底纹的效果,可以看出,只有字符部分添加了底纹。图 2-23 展示的是同一段类似文字选中后添加底纹颜色的效果,除了字符部分添加了底纹,此段落的其余空白部分也添加了底纹。

图 2-22 字符底纹效果

图 2-23 底纹颜色的效果

11. 边框

单击"边框"按钮 ,可对所选段落添加边框。单击"边框"下拉按钮,可以看到 WPS 文字提供了非常丰富多元的边框选项,如果边框不能满足需要,可选择"边框和底纹"选项,弹出图 2-24 所示的"边框和底纹"对话框。

12. "段落"对话框

除"段落"组命令外,还可通过"段落"对话框设置段落格式,单击"段落对话框"按钮⌐,弹出"段落"对话框,进行"缩进和间距""换行和分页"设置,如图 2-25 所示。

图 2-24 "边框和底纹"对话框

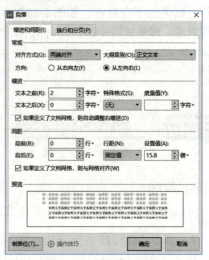

图 2-25 "段落"对话框

子任务五:页面布局

文件打印之前应该对文件进行页面设置和纸张设置。本任务中,将通知文档的页边距设置为"上、下、右各为 2 厘米,左为 2.5 厘米",纸张大小设置为 A4 纸。

单击"页面布局"选项卡中的"页边距"右侧的微调按钮,可直接设置上、下、左、右边距的值,如图 2-26 所示。

也可单击"页边距"下拉按钮,进行默认规格的选择。或者选择"自定义页边距"命令,弹出"页面设置"对话框,在其中进行设置,如图 2-27 所示。

图 2-26 页边距设置

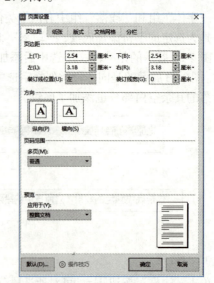

图 2-27 "页面设置"对话框

"页面设置"对话框中包含了页面设置的所有功能选项。此处不再一一介绍。

技巧与提高

1. 格式刷应用

选中需要复制格式的内容,单击"开始"选项卡中的"格式刷"按钮,然后选中目标内容,按住鼠标左键拖动,以复制格式。如果双击"格式刷"按钮,可以多次使用格式刷功能。

2. 文本选择

WPS 文字中,可以通过鼠标与键盘的组合,完成不同范围文本的选择。表 2-1 中列出了常用的几种方式。

表 2-1 文本选择

功能	操作方法	效果示意图
选定任意长度的文本	在要选定的文本开始处单击,然后按住【Shift】键,在要选定的文本末尾处单击	高等院校是为国家培养人才的场所
选定一个段落	在需要选择的段落任意位置,连续单击三次鼠标左键	时间:2024 年 3 月 28 日下午 14:00。
选定一个词	在需要选择的词汇处,连续单击两次鼠标	学生代表共同参与的《大学生网络行为规范》
选定一个矩形框	按下【Alt】键不放,拖动鼠标	操作系统是最重要的计算机系统软件,计算机发展到今天,从微机到高性能计算机,无一例外都配置了一种或多种操作系统。操作系统已经成为现代计算机系统不可分割的重要组成部分。本章主要内容包括:操作系统的基本原理和主要功能,Windows 操作系统的基本操作等。
选定不连续区域	选定第一段文本,按下【Ctrl】键的同时,选择其他文本	重要场所,制定《大学生网络行为规范》不仅有助于促进网络良好风气的形成

3. 常用快捷键的使用

表 2-2 列出了常用快捷键及其作用。

表 2-2 常用快捷键及其作用

快 捷 键	作 用
Ctrl+A	选择本文档所有内容
Ctrl+N	创建新文档
Ctrl+B	使字符变为粗体
Ctrl+I	使字符变为斜体
Ctrl+U	为字符添加下划线
Ctrl+Shift+<	缩小字号
Ctrl+Shift+>	增大字号
Ctrl+C	复制所选文本或对象
Ctrl+X	剪切所选文本或对象
Ctrl+V	粘贴文本或对象
Ctrl+Z	撤销上一操作
Ctrl+S	保存文件

测　评

1. 知识测评

确定任务的关键词，以重要程度进行关键词排序，见表 2-3，每一关键词得分 10 分，总分 100 分。

表 2-3　知识测评表

序　号	关　键　词	序　号	关　键　词
1		6	
2		7	
3		8	
4		9	
5		10	
总　分			

2. 能力测评

按表 2-4 中所列操作要求，对自己完成的文档进行检查，完成得满分，未完成或错误得 0 分。

表 2-4　技能测评表

序号	操作要求	分值	完成情况	自评分
1	标题设置居中、黑体、字号二号，部分内容双行合一	20		
2	正文部分段落设置：首行缩进 2 字符，行距 1.5 倍，字体设置为楷体，4 号	20		
3	序号使用自动编号	20		
4	页面设置：纸张大小 A4，页边距上、下、左边距各 2 厘米，右边距 3 厘米	20		
5	文件命名为学号 + 姓名 .docx，并上传	20		
总　分				

3. 素质测评

针对表 2-5 中所列出的素质与素养观察点，反思任务实现的过程，思考总结相关项目，做到即得分，未做到得 0 分。

表 2-5　素质测评表

序号	素质与素养	分值	总结与反思	得分
1	信息意识——自觉使用 WPS 文字解决生活、学习和工作中的文档编辑与排版问题。具有团队协作精神，善于使用 WPS 文字与他人合作、共享信息，实现信息的更大价值	25		
2	数字化创新与发展——具备使用 WPS 文字对文档进行处理的能力，能根据本专业领域的具体任务需求，具备创新意识和实践能力，能创造性地运用 WPS 文字支持专业任务的完成	25		

续表

序号	素质与素养	分值	总结与反思	得分
3	计算思维——通过 WPS 文字创建、保存文件的过程，理解计算机系统软件和应用软件的运行过程，能够清晰界定使用 WPS 文字解决问题的场景	25		
4	信息社会责任——能够思考大学生网络行为规范	25		
总 分				

拓展训练

以寝室为单位进行分组，在接下来的课程任务中，围绕"我身边的信息新技术"主题短视频设计与制作，完成系列课程任务。

本阶段的任务是完成"我身边的信息新技术"主题短视频设计与制作项目启动的通知。

任务要求：

1. 内容要求

（1）明确会议主题。

（2）明确会议时间、地点、参加人员。

（3）明确会议注意事项。

2. 格式要求（具体参数不做要求）

（1）对通知正文进行字体格式设置。

（2）对通知正文进行段落格式设置。

（3）对通知正文进行页面布局设置。

3. 建议与提示

（1）遵循先输入文字，再进行格式设置的基本顺序。

（2）对于相对正规的文档，建议不要设置不必要的格式。形式上的过度设置，往往会影响内容表达的客观性和庄重性。

（3）在对文档进行打印之前，建议先打印预览。根据预览效果调整文档的内容和格式，再对终稿进行打印。不要过于匆忙，以免浪费纸张。

任务2　宣传海报制作——WPS 文字图文混排

任务描述

本任务将制作一份法制宣传教育的海报。制作宣传海报，可以使用 Photoshop 等工具软件，很多网站如爱设计、FotoJet 等都提供在线宣传海报制作，如果用户是金山公司的超级会员，也可以下载稻壳儿提供的各种宣传海报的模板，快速生成符合用户需求的宣传海报。

本任务介绍在不使用稻壳素材的情况下如何制作宣传海报文档。为了让海报重点突出，图文并茂，文档内容中不仅包含文字，还包括图片、艺术字、形状、智能图形、功能图等多种素材。这类文档的制作大致遵循以下几个步骤：

（1）版面布局：本文档要宣传有关法律知识、预防诈骗等多项内容，既要做到图文并茂，又要做到别出心裁。既然要用到多张图片，多段文字，就需要先对版面进行布局，可以使用 WPS 表格对版面进行布局。

（2）插入图片、文本、二维码、智能图形、艺术字等，并按照版面要求对各元素进行属性设置。宣传海报的最终效果如图 2-28 所示。

图 2-28　任务 2 效果图

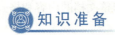

一、表格应用

1. 插入表格

WPS 文字提供了方便、快捷的创建和编辑表格的功能，同时还能够利用表格工具和表格样式，对表格进行美化和数据处理。当需要在文档中用表格对数据进行表达或者简单运算，或者需要对文档版面进行布局时，就可以使用 WPS 文字中的表格功能。

单击"插入"选项卡中的"表格"下拉按钮，可以看到 WPS 提供了五种插入表格的方法，分别是拖动鼠标插入表格、插入表格、绘制表格、文本转换成表格、插入稻壳内容型表格。

（1）拖动鼠标插入表格。这种方式可以通过拖动鼠标来确定行数与列数，快速直观地在当前鼠标位置处插入表格。

（2）插入表格。选择下拉列表中的"插入表格"命令，弹出图 2-29 所示的"插入表格"对话框，输入表格的行数与列数，对列宽进行选择即可完成表格插入。

（3）绘制表格。选择下拉列表中的"绘制表格"命令，鼠标指针变成笔状，拖动鼠标可以绘制多行多列表格、单行单列表格。可以根据需要，用笔自由地在表格上绘制表格线。退出绘制时需单击功能区的"绘制表格"按钮。

（4）文本转换成表格。将具有特定格式的多行多列文本转换成一个表格。这些文本中的各行之间用段落标记符换行，各列之间用逗号、空格、制表符等分隔符隔开。转换的方法是：选中需转换成表格的文本，如选中图 2-30 中的"姓名、性别、年龄"三行文本，单击"表格"下拉按钮，选择"文本转换成表格"命令，弹出图 2-31 所示的"将文字转换成表格"对话框，确定表格行数与列数，文字分隔位置为"空格"，即可将内容生成表。转换前与转换后对比如图 2-30 所示。反之，表格也可以转换成文本，选中表格，单击"表格"下拉按钮，选择"表格转换成文本"命令，弹出"表格转成文本"对话框，选择好文字分隔符后，单击"确定"按钮完成转换。

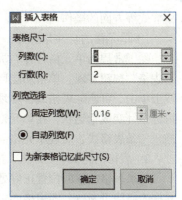

图 2-29 "插入表格"对话框

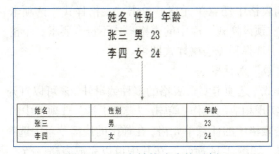

图 2-30 文字转换成表格示例

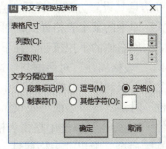

图 2-31 "将文字转换成表格"对话框

（5）插入稻壳内容型表格。WPS 文字提供了免费和付费两种类型的表格模板，可以利用表格模板生成表格。

2．编辑表格

表格插入之后，可以在表格中输入数据，对表格、单元格进行属性设置。将插入点定位到表格中的任意单元格或者选中整个表格，WPS 文字将自动显示"表格工具"和"表格样式"选项卡，如图 2-32 和图 2-33 所示。

图 2-32 "表格工具"选项卡

图 2-33 "表格样式"选项卡

"表格工具"选项卡提供了对表格单元格、行、列及整个表格的编辑命令。主要包括表格的单元格、行、列的插入、删除，行高、列宽调整，表格中数据的字符格式、段落格式设置，数据排序与计算等方面的操作。

"表格样式"选项卡提供了对表格样式进行调整的功能。主要包括表格的边框和底纹，表格样式等方面的操作。

1）单元格的合并与拆分

除了常规的单元格合并与拆分方法外，还可以通过"表格样式"选项卡中的"擦除"和"绘制表格"按钮实现。单击功能区中的"擦除"按钮，鼠标指针变成橡皮擦状，在要擦除的边框线上单击，可删除表格线，实现两个相邻单元格的合并。单击功能区中的"绘制表格"按钮，鼠标指针变成铅笔状，在单元格内按住鼠标左键并拖动，此时将会出现一条虚线，松开鼠标可插入一条表格线，实现单元格的拆分。

2）表格的跨页

如果表格放置的位置正好处于两页交界处，称为表格跨页。有两种处理方法：一种方法是允许表格跨页断行，即表格的一部分位于上一页，另一部分位于下一页，但只有一个标题（适用于较小的表格）；另一种处理方法是在每页的表格上提供一个相同的标题，使之看起来仍然是一个表格（适用于较大的表格）。第二种方法的操作步骤为：选中要设置的表格标题（可以是多行），单击"表格工具"选项卡中的"标题行重复"按钮，系统会自动在因为分页而拆分的表格中重复标题行。

3）设置表格样式

WPS 文字自带丰富的表格样式，表格样式中包含了预先设置好的表格字体、边框和底纹格式等信息。设置方法：将插入点定位到表格中任意单元格，单击"表格样式"选项卡"预设样式"库中的某个表格样式即可。如果"预设样式"库中的表格样式不符合要求，单击"预设样式"库右侧的下拉按钮，在下拉列表中选择稻壳表格样式即可。

4）"表格属性"对话框与"边框和底纹"对话框

除了可以利用"表格工具"和"表格样式"选项卡实现表格的多种编辑外，还可以打开"表格属性"对话框与"边框与底纹"对话框实现相应的操作。单击"表格工具"选项卡中的"表格属性"按钮，也可以选中整张表格或右击表格中的任意单元格，在弹出的快捷菜单中选择"表格属性"命令，弹出"表格属性"对话框，如图 2-34 所示。在其中可以完成表格、行、列、单元格等属性的相关设置。

"边框和底纹"对话框的打开方法有多种。在"表格属性"对话框的"表格"选项卡中单击"边框和底纹"按钮可以打开该对话框，如图 2-35 所示。在"边框和底纹"对话框中，可以完成边框、页面边框、底纹的设置。

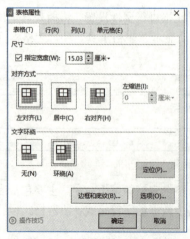

图 2-34 "表格属性"对话框

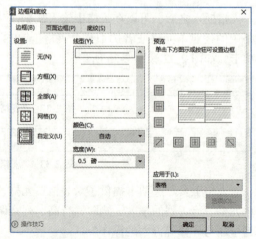

图 2-35 "边框和底纹"对话框

5）表格数据处理

除了前面介绍的表格基本功能以外，WPS 文字还提供了表格的其他功能，如表格的排序和公式计算。

（1）表格排序。在 WPS 文字中，可以按照递增或递减的顺序把表格中每行的数据按照某一列的值以笔画、数字、日期及拼音等方式进行排序，而且可以根据表格多列的值进行复杂排序。表格排序的操作步骤如下：

① 将插入点定位到表格的任意单元格，单击"表格工具"选项卡功能区中的"排序"按钮。

② 整个表格自动被全部选择，同时弹出"排序"对话框，如图 2-36 所示。

③ 在"排序"对话框中，在"主要关键字"区域的下拉列表框中选择用于排序的字段（列号），在"类型"下拉列表中选择用于排序的值的类型，如笔画、数字、日期或拼音等。"升序"或"降序"单选按钮用于选择排序的顺序，默认为升序。

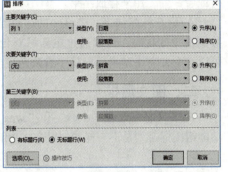

图 2-36 "排序"对话框

④ 若需要多字段排序，可在"次要关键字""第三关键字"等下拉列表框中指定字段、类型及顺序。

注 意：

要进行排序的数据中不能有合并或拆分过的单元格，否则无法进行排序。同时，在"排序"对话框中，选择"无标题行"单选按钮，排序时标题行不参与排序，否则，标题行将参与排序。

（2）表格计算。利用 WPS 文字提供的公式与函数，可以对表格中的数据进行简单计算，下面以表 2-6 中的数据为例，介绍 WPS 文字利用公式进行计算的方法。

表 2-6 学生成绩表

姓名	大学英语	计算机基础	大学物理	政治	总分	平均分
杨帆	89	90	76	89	344	86.00
吕莉	78	68	75	86	307	76.75
黄建国	64	90	68	89	311	77.75

① 总分计算：鼠标定位于"杨过"行的总分单元格，单击"表格工具"选项卡中的"公式"按钮，弹出图 2-37 所示的"公式"对话框。默认公式为 SUM(LEFT)，即左侧数据求和公式。SUM 是求和函数名，LEFT 为求和参数，其他参数有："右侧（RIGHT）\上侧（ABOVE）\下侧（BELOW）"，"数字格式"可对数字的格式进行选择，"粘贴函数"选择 WPS 文字提供的函数，"表格范围"可对函数参数进行范围选择。本例中公式为 SUM(LEFT)，数据格式选择两位小数，使用同样的方法计算其余行。

图 2-37 "公式"对话框

② 平均分计算：平均分的计算方法类似，单击"表格工具"选项卡中的"公式"按钮，弹出"公式"对话框，先删除公式文件框中的默认公式，在"粘贴函数"下拉列表中选择

AVERAGE，参数输入 b2:e2，数字格式选择两位小数，单击"确定"按钮可得到平均分。其他行计算方法类似。

③ 快速计算：WPS 文字提供了表格内数据快速计算功能。其功能是对所选择的行或列的数据自动实现求和、平均值、最大值或最小值的计算。计算结果位于所选择行或列后面的一个单元格中。如果该行或者列不存在，或者该行或者列中已有数据存在，WPS 文字自动创建一行或者一列，用来存放结果。

④ 更新计算结果：表格中的运算结果是以域的形式插入表格中的，当参与运算的单元格数据发生变化时，可以通过更新域对计算结果进行更新。按【F9】键即可更新计算结果。也可以选中并右击结果单元格中有灰色底纹的数据，在弹出的快捷菜单中选择"更新域"命令。

二、图文混排

WPS 文字在处理".docx"和".wps"两种不同类型的文件时，"插入"选项卡中的"图片"功能组图标排列是不一样的，如图2-38和图2-39所示。虽然排列不同，但是基本功能都是一样的。

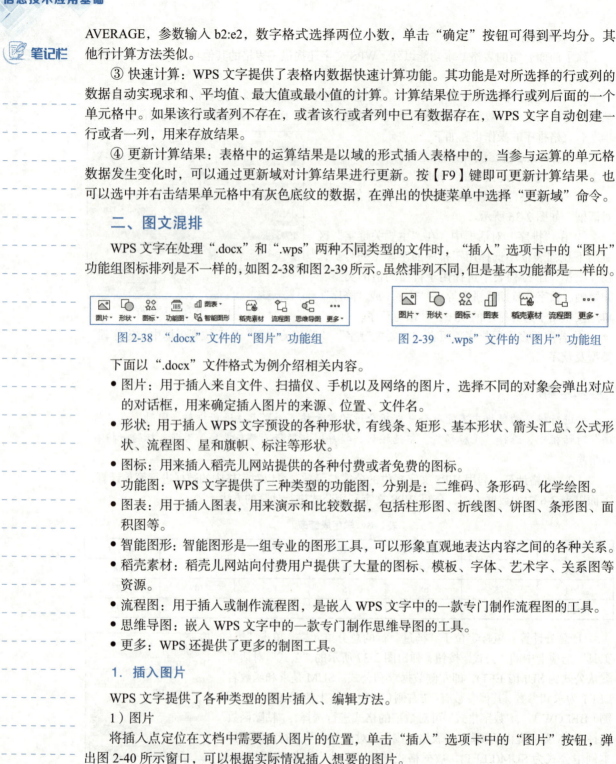

图 2-38 ".docx" 文件的"图片"功能组　　图 2-39 ".wps" 文件的"图片"功能组

下面以".docx"文件格式为例介绍相关内容。
- 图片：用于插入来自文件、扫描仪、手机以及网络的图片，选择不同的对象会弹出对应的对话框，用来确定插入图片的来源、位置、文件名。
- 形状：用于插入 WPS 文字预设的各种形状，有线条、矩形、基本形状、箭头汇总、公式形状、流程图、星和旗帜、标注等形状。
- 图标：用来插入稻壳儿网站提供的各种付费或者免费的图标。
- 功能图：WPS 文字提供了三种类型的功能图，分别是：二维码、条形码、化学绘图。
- 图表：用于插入图表，用来演示和比较数据，包括柱形图、折线图、饼图、条形图、面积图等。
- 智能图形：智能图形是一组专业的图形工具，可以形象直观地表达内容之间的各种关系。
- 稻壳素材：稻壳儿网站向付费用户提供了大量的图标、模板、字体、艺术字、关系图等资源。
- 流程图：用于插入或制作流程图，是嵌入 WPS 文字中的一款专门制作流程图的工具。
- 思维导图：嵌入 WPS 文字中的一款专门制作思维导图的工具。
- 更多：WPS 还提供了更多的制图工具。

1. 插入图片

WPS 文字提供了各种类型的图片插入、编辑方法。

1）图片

将插入点定位在文档中需要插入图片的位置，单击"插入"选项卡中的"图片"按钮，弹出图2-40所示窗口，可以根据实际情况插入想要的图片。

"本地图片"：单击"本地图片"按钮，弹出"插入图片"对话框，确定图片所在的位置及文件名。

"来自扫描仪"：确保扫描仪已正确连接计算机，单击"来自扫描仪"按钮，按照提示步骤完成文件插入。

图 2-40 插入图片

"稻壳图片":提供了非常丰富的付费图片。可以单击某张图片插入,也可以通过搜索框输入关键词,查找需要的图片。

2)图形

插入图形的操作方法是:选择某类形状后,在文档中拖动鼠标确定其大小,该形状会自动生成。用户一般需要通过插入若干个形状,并通过它们之间的连接实现某项功能。

3)图标

WPS 提供了丰富的图标,既有收费图标,也有免费图标。这些图标分成很多类,如各种形状、人物、节日图标,用户可以直接选择使用,或者通过搜索功能查找需要的图标。

4)图表

WPS 文字提供的图表分为图表和在线图表。图表是按系统给定的图表样式生成,在线图表则提供了更为丰富的图表样式,需要付费才能使用,两者的操作方法类似。图表插入的具体操作步骤如下:

(1)将插入点定位在文档中需要插入图表的位置,单击"插入"选项卡中的"图表"按钮,打开图 2-41 所示的"图表"对话框。

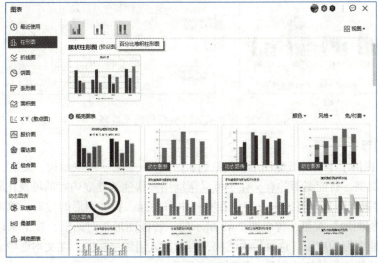

图 2-41 "图表"对话框

（2）根据数据类型的特征以及使用图表的用意，选择符合要求的图表，单击即可在当前位置插入图表。接下来以基本簇状柱形图为例，介绍图表插入、数据编辑、数据选择的过程。

（3）选择簇状柱形图，在光标当前位置，将会插入初始图表，如图2-42（a）所示。右击图表任一位置，在弹出的快捷菜单中选择"编辑数据"命令，系统将自动打开WPS文字中的图表窗口，在图表窗口中，完成数据的输入。示例中输入了手机、平板、电脑、打印机四种商品四个季度的销售数据，如图2-42（b）所示。输入数据的同时，图表的数据也随之更新，如图2-42（c）所示。观察图表会发现，图表中仅有默认的前三个季度的数据，第四季度的数据未呈现，此时需要对数据进行重新选择。在图表任意位置右击，在弹出的快捷菜单中选择"选择数据"命令，弹出图2-42（d）所示的"编辑数据源"对话框。单击"图表数据区域"文本框右侧的"折叠"按钮，选中表格中所有数据；图例项系列单击，添加"4季度"图例项。在图表的标题部分，修改图表标题为"销售数据"，完成四种商品四个季度的簇状柱形图，如图2-42（e）所示。

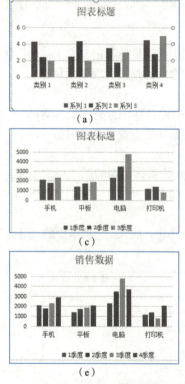

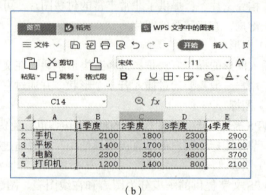

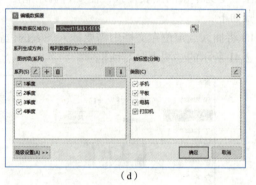

图2-42　图表插入、数据编辑及选择

5）智能图形

WPS文字提供了丰富的智能图形，包括列表、流程、循环、层次结构、关系、矩阵、对比、时间轴等多种类型。智能图形的意义在于可以帮助用户快速地建立内容的可视化表达。

（1）创建智能图形。将插入点定位在文档中需要插入智能图形的位置，单击"插入"选项卡中的"智能图形"按钮，弹出图2-43所示的"智能图形"对话框，接下来以公司组织结构图来说明智能图形的应用。选择层次结构，自动插入组织结构图。在文本框中输入相应的文本内容，完成智能图形的初始创建，如图2-44所示。

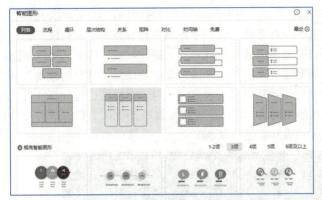

图 2-43 "智能图形"对话框

图 2-44 公司组织结构图

（2）智能图形的"设计"和"格式"选项卡。当插入一个智能图形后，系统将自动显示"设计"和"格式"选项卡，并自动切换到"设计"选项卡，如图 2-45 所示，"格式"选项卡如图 2-46 所示。

图 2-45 智能图形"设计"选项卡

图 2-46 智能图形"格式"选项卡

"设计"选项卡包括添加项目、升级、降级、更改颜色、样式选择等命令。"格式"选项卡包括设置文本格式、项目边框及填充设置等命令。

通过智能图形的"设计"和"格式"选项卡，可以对创建的基本智能图形进行各种编辑操作。同时，WPS 还提供了一种简洁的智能图形项目的操作方法，当选择了智能图形当中的某个项目时，在其右侧将自动出现 5 个快捷图标，可以帮助用户快速完成相关操作。用来添加项目，用来更改布局，用来更改位置，用来添加项目符号，用来调整形状样式。

6）流程图和思维导图

流程图和思维导图是 WPS 文字独具特色的制图工具。流程图用来表达解决问题的方法和思路，而思维导图可以表达非线性的思维模式，用于记忆、学习、思考等的思维"地图"的构建。

7）截屏

（1）截屏功能。WPS 文字提供了矩形、椭圆形、圆角矩形、自定义区域截图等多种截屏方式。截屏时，WPS 文字编辑窗口默认为当前窗口，如要截取其他窗口内容，需要单击"截屏"下拉按钮，选择"截屏时隐藏当前窗口"选项。各种截图效果如图 2-47 所示。

（2）录屏。在截屏功能区，WPS 文字还为付费会员提供"录屏"功能。单击"截屏"下拉按钮，选择"录屏"选项，进入图 2-48 所示的"屏幕录制"窗口。在屏幕录制窗口中，"区域"选项可以选择"全屏"（可录制计算机屏幕的所有信息）、"选择区域"

（a）原图　　　（b）矩形截图

（c）椭圆截图　　（d）自定义区域截屏

图 2-47 不同类型的截图效果

（可通过拖动鼠标确定即将录制的屏幕范围）、"固定区域"（可选择固定大小范围的区域）、"历史区域"等；"麦克风"选项可选择录制系统声音、麦克风声音、系统和麦克风声音、不录制声音等；"摄像头"选项可选择打开或关闭计算机视频；"视频列表"将显示用户录制的视频列表；"自动停止"可以设置录制时长，录制时间到后自动停止录制；"自动分割"可以选择当录制时间达到多少分钟，或者录制视频达到多少容量时，自动对视频进行分割；在"计划任务"中，可以预先设定录制任务开始的时间、时长、录制参数等。单击"开始录制"按钮，系统将按照录制参数的要求对计算机操作及声音进行录制。

图 2-48 "屏幕录制"窗口

录制完成后，视频自动保存至 C:\Users\admin\Documents\Apowersoft\ApowerREC 文件夹中，并自动加入"视频列表"，如图 2-49 所示。

图 2-49 视频列表

在视频列表中，单击"播放"按钮▶可以查看视频录制效果；单击"压缩"按钮可以实现视频的压缩，单击"打开文件"按钮可以打开视频存放的默认文件夹；单击"删除"按钮可将当前视频删除，单击"编辑"按钮进入"编辑"窗口，如图 2-50 所示。

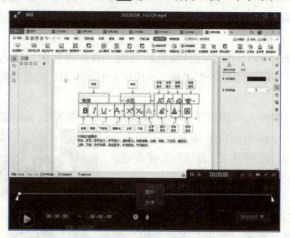

图 2-50 视频编辑

在"编辑"窗口中，可以给视频添加图片或文字作为水印，调整视频播放的速度等，编辑完毕之后，单击"导出"按钮可以完成视频导出。WPS 录屏视频默认的文件格式为 .MP4，也可以将视频导出为 WMV、MOV、AVI 等文件格式。

8）功能图

WPS 文字"功能图"选项，可以生成条形码、二维码及化学绘图。

（1）条形码插入。单击"功能图"下拉按钮，选择"条形码"选项，弹出"插入条形码"对话框，如图 2-51 所示。首先选择编码类型（默认为 Code 128），然后插入条形码对应的文字，最多为 64 字符，只能使用英文字母、数字及特定符号，输入"apple 2-38"后，单击"插入"按钮，图 2-52 将插入到当前鼠标所在的位置。

图 2-51 "插入条形码"对话框

图 2-52 条形码示例

（2）二维码插入。在移动通信时代，二维码技术应用越来越广泛，人们习惯于用手机扫二维码来获取网址、支付信息等内容。单击"功能图"下拉按钮，选择"二维码"选项，弹出"插入二维码"对话框，如图 2-53 所示。二维码扫描支持文字和网址链接。在对话框中输入"北京 2022 年冬奥会"，即可插入相应的二维码，如图 2-54 所示。使用手机微信"扫一扫"功能，即可看到"北京 2022 年冬奥会"字样。

图 2-53 "插入二维码"对话框

图 2-54 二维码示例

2．编辑图形、图片

WPS 文字在插入"形状"和"图标"时，图片默认的环绕样式为"浮于文字上方"，其余的图片插入默认的环绕样式均为"嵌入型"。

1）环绕样式设置

文字环绕样式是指插入图形、图片后，图形、图片与文字的环绕关系。WPS 文字提供了七种文字环绕样式，分别是嵌入型、四周型、紧密型、穿越型、上下型、浮于文字上方及衬于文字下方，其设置步骤如下：

（1）选择图形或图片，单击"图片工具"选项卡中的"环绕"下拉按钮。

（2）在弹出的下拉列表中选择一种环绕方式即可。

设置文字环绕方式还有另外两种方法，操作步骤如下：

第一种方法：选择图形或图片后，在其右侧将产生一个浮动工具栏，单击浮动工具栏中的"布局选项"按钮，在弹出的列表中任选一种环绕方式。

第二种方法：右击需要设置环绕样式的图形或图片，在弹出的快捷菜单中选择"其他布局选项"命令，打开"布局"对话框，在"文字环绕"选项卡中对环绕样式进行选择。

2）设置大小

对于 WPS 文档中的图形和图片，可以手动使用鼠标拖动图形或图片四周的控制点来调整大小，但这种方法不能精确设置大小。可以在选中图片的情况下，在"图片工具"选项卡的宽度与高度微调框中直接调整高度与宽度的值（如果需要同时设置高度与宽度，需要取消勾选"锁定纵横比"复选框）。也可以右击选中的图片，在弹出的快捷菜单中选择"其他布局选项"命令，打开"布局"对话框，选择"大小"选项卡，对高度、宽度等属性进行修改。

3）抠除背景与裁剪

抠除背景是指将图片中的背景信息删除，以强调或突出图片的主题。裁剪是指仅取一幅图片的部分区域。

（1）抠除背景。选中需要进行背景抠除的图片，图 2-55 左侧为即将抠除背景的原图，单击"图片工具"选项卡中的"抠除背景"按钮，弹出图 2-55 所示的"智能抠图"对话框。WPS 文字提供了两类抠图方式，分别是"自动抠图"和"手动抠图"。插件打开后，系统将进入"自动抠图"，可选择一键抠图形、一键抠商品、一键抠人像、一键抠文档，系统将自动识别，对相应元素进行抠除。图 2-55 中所展示的是自动抠图中一键抠人像文档的效果图。在完成抠图以后，可以单击"换背景"按钮，系统将以纯色对背景进行填充。

图 2-55 "智能抠图"对话框

在自动抠图的基础上，如果选择手动抠图，可以手动选择保留和去除自动抠图以后保留的图像。单击"保留"按钮，可以用蓝色笔触圈出需要保留的图像；单击"去除"按钮，可以用红色笔触圈出需要去除的图像，去除后的效果如图 2-56 所示。如果标记错误，可以使用橡皮擦工具把标记去除。

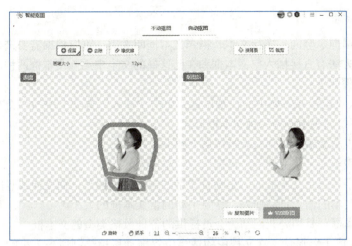

图 2-56　手动抠图

（2）裁剪。裁剪在以 .wps 为扩展名和以 .docx 为扩展名的文档中是有所区别的。下面介绍以 .docx 为扩展名的文档中的裁剪操作，操作步骤如下：

① 选中需要剪裁的原图（见图 2-57），单击"图片工具"选项卡中的"剪裁"按钮，图片四周出现剪裁控制点，可以拖动剪裁控制点调整剪裁区域，使之包含希望保留的图片部分。

② 调整完成以后，单击图片以外的其他区域，图片即被剪裁成功。图 2-58 所示为剪裁后的结果。

图 2-57　裁剪前的原图

图 2-58　裁剪后的效果

4）调整图片效果

WPS 文字可以调整图片亮度、色彩、效果、压缩图片、图片加边框等多种效果。这些功能均在"图片工具"选项卡中，此处不再一一赘述。

5）调整形状格式

可以设置插入形状的格式，但与插入的图片、屏幕截图有所区别。当插入形状后，WPS 将提供"绘图工具"选项卡，可以利用"绘图工具"选项卡中的按钮进行详细设置，主要包括形状线条、轮廓、填充、文本等格式的设置，设置方法与图片的相应操作类似。

三、文本框与艺术字

文本框作为存放文本或图形的独立形状，最大的优势在于可以存放至页面的任意位置。在 WPS 文字中，文本框是作为图形对象来处理的。艺术字是文档中具有特殊效果的文字，也是一种图形对象。WPS 文字中，插入的文本框及艺术字默认的环绕方式均为"浮于文字上方"。

1. 编辑文本框

文本框分为横向、竖向、多行文本、稻壳文本框四大类，可以根据需要进行选择。在文档中插入文本框的方法有直接插入空文本框和在已选择的文本中插入文本框两种。在文档中插入文本框的操作步骤如下：

（1）将插入点定位在文档中的任意位置，单击"插入"选项卡中的"文本框"下拉按钮，在弹出的下拉列表中选择一种文本框形式。

- "横向"表示文字从左到右、行按从上到下排列。
- "竖向"表示文字从上到下、行按从右到左排列。
- "多行文字"表示文本框的大小随着文字的输入自动调整，而横向或竖向生成的文本框不会随着文本的输入自动变大，需要手动调整文本框的大小。
- "稻壳文本框"是稻壳儿网站为会员提供的各种风格类型的文本框。

（2）指针变成十字形状，在文档中的适当位置拖动鼠标绘制所需大小的文本框。然后输入文本内容。

如需将文档中已有文本转换为"文本框"，可先选中文本，然后选择"文本框"下拉列表中的命令即可生成。新生成的文本框及其文本以默认格式显示其效果。

插入文本框后，可以根据需要修改文本框及文本的格式。选中要修改的文本框，自动出现"绘图工具"和"文本工具"，"绘图工具"中的按钮可以修改文本框的格式，"文本工具"中的按钮可以修改文本的格式。

2. 编辑艺术字

艺术字可以有多种颜色及字体，可以带阴影、倾斜、旋转和缩放，还可以更改为特殊的形状。在文档中插入艺术字的操作步骤如下：

（1）将插入点定位在文档中需要插入艺术字的位置，单击"插入"选项卡中的"艺术字"下拉按钮，在弹出的下拉列表中选择一种艺术字样式，在文档中将自动出现一个带有"请在此放置您的文字"字样的文本框。

（2）在文本框中直接输入艺术字内容，将会以默认的艺术字格式显示文本的效果。

插入艺术字后，将自动出现"绘图工具"和"文本工具"选项卡，可以根据需要修改艺术字的风格，例如艺术字的形状、样式、效果等，操作方法类似于文本框。

任务实现

子任务一：使用表格布局

本文档内容大致分为六个版块，可以先插入一张规则表格，再根据版块的需要，对单元格进行合并和拆分。

（1）创建 WPS 空白文档，并保存该文档。单击"插入"选项卡中的"表格"按钮，插入一个 3 行 3 列的表格。

（2）按照图 2-59 所示，对表格进行属性设置。第一步：调整行高。鼠标移至水平边框线，当鼠标指针变成双向箭头时，根据需要调整行高；第二步：单元格拆分与合并。选中第 1 行中的第 2、3 个单元格，右击，在弹出的快捷菜单中选择"合并单元格"命令；第三步：调整列宽。鼠标移至垂直边框线，当鼠标变成双向箭头时，根据需要调整列宽；第四步：将最后一行三个单元格合并。

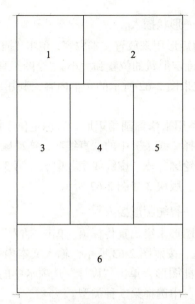

图 2-59　表格布局效果图

子任务二：版块 1 设计——图片插入

在版块 1 中插入素材中"法制宣传"的 logo 图片。单击"插入"选项卡中的"图片"→"本地图片"按钮，选择图片文件"法制教育宣传日 logo.jpeg"，单击该图片，在"图片工具"中对图片进行大小设置，设置图片高度为 3.40 厘米，宽度为 5.91 厘米（设置时请取消勾选"锁定纵横比"复选框）。

子任务三：版块 2 设计——文本及艺术字插入

（1）文本插入及格式设置。在版块 2 中，输入效果图中所示的文字，设置字体大小为"小四"，为了让版块内容之间颜色取得相互呼应的效果，字体颜色使用"取色器"进行设置。单击"开始"选项卡中的"字体颜色"→"取色器"按钮，如图 2-60 所示，此时鼠标指针变成笔状，选取版块 1 中 LOGO 图片的"法"的颜色作为字体颜色。

（2）艺术字插入及格式设置。在版块 2 中单击"插入"选项卡中的"艺术字"按钮，选择第三种 A 艺术字样式，输入"法制教育宣传日"，并将字体大小设置为"一号"，环绕样式设置为"四周型环绕"。完成效果如图 2-61 所示。

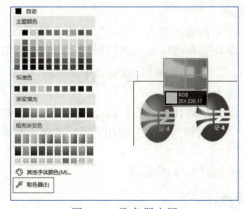

图 2-60　取色器应用　　　　图 2-61　版块 2 效果

子任务四：版块 3 设计——形状插入

（1）在版块 3 中插入圆角矩形用来放置文本内容。单击"插入"选项卡中的"形状"按钮，选择圆角矩形 ▢，拖动鼠标，确定形状的位置和大小。"绘图工具"中填充色设置为"浅灰色"，轮廓设置为"橙色"，输入效果图 2-62 所示的文本内容，利用取色器将文本颜色设置为版块 1 中 LOGO 的背景色。

（2）在版块 3 中插入线条用来修饰圆角矩形。鼠标定位于圆角矩形左侧，单击"插入"选项卡中的"形状"按钮，选择"线条"中的"直线"，拖动鼠标，确定直线的起点和终点，在"绘图工具"选项卡中的"轮廓"→"虚线线型"中选择第 3 种线型；颜色选择橙色。圆角矩形右侧插入同样格式的直线。版块 3 如图 2-62 所示。

子任务五：版块 4 设计——智能图形插入

（1）在版块 4 中插入智能图形来突出宣传标语。单击"插入"选项卡中的"智能图形"按钮，选择"关系"中的第一种类型。按照图 2-63 所示，输入文本内容。将周边四个圆中的文本字体大小设置为"10"。选中智能图形，单击"设计"选项卡中的"更改颜色"→"着色 4"中的第 2 种颜色，在"设计类型"中选择第 5 种类型。

（2）在版块 4 中输入效果图 2-63 所示的其他文本内容。

图 2-62　版块 3 效果图

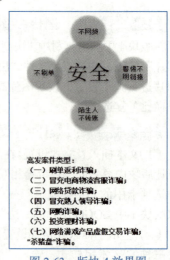

图 2-63　版块 4 效果图

子任务六：版块 5 设计——艺术字、文本框插入

（1）在版块 5 中插入文本框，用以存放主体文本内容。单击"插入"选项卡中的"文本框"→"横向"按钮，输入图 2-64 所示的文字，字体颜色使用取色器取版块 4 中智能图形的颜色。由于插入文本框只是想方便文字定位与排版，文本框的边框可取消。选中文本框，单击"绘图工具"选项卡中的"轮廓"→"无边框颜色"按钮。

（2）在版块 5 中插入艺术字用于强调主题。为形成对比，"如何防范"使用艺术字的第 3 种预设样式，字体设置为"宋体""三号"；"别人对你的伤害"使用艺术字的第 2 种预设样式。

（3）调整文本框、艺术字的位置和大小，效果如图 2-64 所示。

子任务七：版块 6 设计——图片、文本、二维码插入

（1）在版块 6 中输入图 2-65 所示的文字。

(2）插入素材中的"警察.png"。调整图片大小：高为"5.86"厘米，宽为"2.35"厘米。设置环绕样式为"四周型环绕"。

(3）将"警方提示"四字加粗，使用取色器，设置字体颜色为左侧图片警帽部分的颜色，其他字体颜色为左侧图片警服部分的颜色。

(4）插入二维码。单击"插入"选项卡中的"更多"→"二维码"按钮，"输入内容"为国家反诈中心 App 地址，对话框右侧将形成二维码图形预览，单击"确定"按钮，插入二维码。

(5）设置二维码图片大小：高为 2.94 厘米，宽为 2.94 厘米，环绕样式设置为"四周型环绕"。调整图片位置，使其置于右下角，效果如图 2-65 所示。

图 2-64　版块 5 效果图　　　　图 2-65　版块 6 效果图

子任务八：美化版面——去除表格边框线

如果表格仅仅用作布局，布局完成以后，可以取消表格的边框。右击表格任意位置，在弹出的快捷菜单中选择"边框和底纹"命令，弹出"边框和底纹"对话框，在"边框"选项卡中选择"无"选项，如图 2-66 所示。设置完成后，最终宣传海报效果图如任务描述中的图 2-28 所示。

技巧与提高

在 WPS 文字中编辑科技类或学术类文档时，常常需要输入数学公式，WPS 文字中的数学公式是通过公式编辑器输入的。输入公式的基本步骤为：将插入点定位在文档中需要插入公式的位置，单击"插入"选项卡中的"公式"下拉按钮 ，可展开 WPS 文字提供的二次公式、二项式定理、傅里叶级数等多种预置公式，

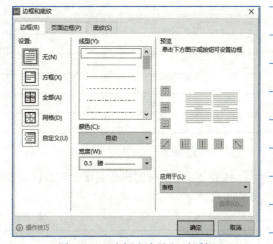

图 2-66　"边框和底纹"对话框

单击"插入新公式"命令,利用图2-67所示的"公式工具"选项卡所提供的命令,可以完成公式的编辑。

图2-67 "公式工具"选项卡

下面以两点距离公式:$d=\sqrt{(y_2-y_1)^2+(x_2-x_1)^2}$ 输入为例,简单介绍"插入新公式"的使用。

(1)将插入点定位在需要插入公式的位置,单击"插入"选项卡中的"公式"下拉按钮,选择下拉菜单中的"插入新公式"命令,进入公式编辑窗口。

(2)直接输入"d=",在等号后单击"公式工具"选项卡中的"根式"下拉按钮,在下拉列表中选择 $\sqrt{\ }$ 。

(3)在根式内单击"公式工具"选项卡中的"上下标"下拉按钮,在下拉列表中选择 样式,下标处输入"( )",上标处输入"2",输入"+"号,再次选择 样式,下标处输入"( )",上标处输入"2",此时公式为 $d=\sqrt{()^2+()^2}$ 。

(4)在第一个"( )"内,单击"公式工具"选项卡中的"上下标"下拉按钮,在下拉列表中选择 样式,上标输入"y",下标输入"2",输入"-"后,重复以上操作,完成(y_2-y_1)的编辑。类似步骤完成 x_2-x_1 的编辑。完成后的公式为 $d=\sqrt{(y_2-y_1)^2+(x_2-x_1)^2}$ 。

(5)完成公式输入完毕后,单击公式外的任意位置,即可关闭公式编辑。如想修改公式,双击公式,即可对公式进行编辑。

如需修改公式,双击公式,即可自动弹出公式编辑器。

测 评

1. 知识测评

确定任务的关键词,以重要程度进行关键词排序,见表2-7,每一关键词得分10分,总分100分。

表2-7 知识测评表

序号	关键词	序号	关键词
1		6	
2		7	
3		8	
4		9	
5		10	
总 分			

2. 能力测评

按表2-8中所列的操作要求,对自己完成的文档进行检查,操作完成得满分,未完成或错误得0分。

表2-8 技能测评表

序号	操作要求	分值	完成情况	自评分
1	插入表格,完成版面布局	10		
2	版块1完成图片插入及图片属性设置	10		

续表

序号	操作要求	分值	完成情况	自评分
3	版块 2 完成文本及艺术字插入，属性设置	10		
4	版块 3 完成形状插入及属性设置	10		
5	版块 4 完成智能图形插入及文本插入	10		
6	版块 5 完成文本框、艺术字插入及属性设置	10		
7	版块 6 完成图片、文本、二维码插入及属性设置	10		
8	完成表格美化，表格未跨页	10		
9	整体版面重点突出，内容丰富，各版块色彩和谐	20		
	总 分			

3. 素质测评

针对表 2-9 中所列出的素质与素养观察点，反思任务实现的过程，思考总结相关项目。

表 2-9 素质测评表

序号	素质与素养	分值	总结与反思	得分
1	大局意识和规划意识——宣传海报制作要先通过表格进行版块设计与规划，每一个版块设计完成的同时，要兼顾其他版块及整个版面。要理解部分与整体的关系，理解个体与集体的关系，做事要有大局意识和规划意识	25		
2	信息社会责任——了解信息活动相关的法律法规、伦理道德准则，尊重知识产权，能遵纪守法、自我约束，识别和抵制不良、违法行为	25		
3	计算思维——具备使用 WPS 文字中的表格、图片、图表、二维码等功能设计图文混排文档的意识和能力	25		
4	数字化创新与发展——具备使用 WPS 文字图文混排工具创造性地进行信息展示交流的意识和能力	25		
	总 分			

拓展训练

本阶段的任务仍然围绕"我身边的信息新技术"主题展开，本阶段需要以寝室为单位，完成"我身边的信息新技术"宣传海报制作。任务要求：

1. 内容要求

（1）信息新技术可从量子科技、5G 移动技术、区块链、人工智能、物联网等五个领域任选一个。

（2）内容应主题突出、图文并茂。

（3）尽可能使用图片、形状、智能图形、图标、二维码等多种元素对内容进行设计。

2. 格式要求

（1）使用表格进行布局。

（2）版块与版块之间紧凑、和谐。

（3）各元素色彩和谐。
（4）可以一页，也可多页。

3. 建议与提示

（1）素材收集可自行采集或通过网络下载。
（2）信息新技术的介绍请参考本教材模块 7——信息新技术。

4. 文件上交要求

（1）文件名以寝室号码命名，上传至指定文件夹。
（2）如有多版本，请以文件夹上传至指定文件夹，文件夹以寝室号码＋日期命名。

任务 3　成绩单批量文档制作——WPS 文字邮件合并

任务描述

期末考试之后，教务办要为学院每位同学发放成绩单。每份成绩单的格式、主体内容相同，但是每份成绩单的姓名、学号、各科成绩等却不一样。如果采用先制作一份成绩单进行复制粘贴，然后再修改姓名、学号的方法来处理，一是数据容易出错，二是效率太低。WPS 文字提供了邮件合并功能，可以使用这一功能迅速、准确地完成类似成绩单、邀请函、贺卡、奖状之类批量文档的制作。

本任务是使用邮件合并批量生成班级每位同学的成绩单。成绩单效果图如图 2-68 所示。

\multicolumn{6}{c}{2023-2024 学年第 1 学期期末考试成绩单}
班级	23 软件技术 1 班	学号	23040501	姓名	张旭升
科目	成绩	科目	成绩	科目	成绩
现代信息技术	90	英语	94	国家安全教育	93
高等数学	90	Python 程序设计基础	86	职业发展与就业指导 I	70
体育	74	思想道德与法治	72	认识实习	34
总分			703		

亲爱的同学：
　　2023-2024 学年第 1 学期已经结束，现寄上本学期的成绩单。一分耕耘，一分收获，每个人的成绩单都代表了我们对学习的态度和我们付出的汗水。如果成绩让我们自豪，请继续百尺竿头更进一步！如果成绩让我们沮丧，请静下心来总结过去，计划未来！"宝剑锋从磨砺出，梅花香自苦寒来"，祝下学期你能取得更好的成绩！

建筑信息学院
2024 年 1 月

图 2-68　成绩单效果图

邮件合并一般应用于需要批量处理的信函，信函内容有固定不变的部分和变化的部分（比如打印信封，寄信人的信息是固定不变的，而收信人信息是变化的），变化的内容可来自数据表中有标题行的数据库表格。

邮件合并的原理是将发送的文档中相同的重复部分保存为一个文档，称为主文档；将不同的部分，如很多收件人的姓名、地址等保存成另一个文档，称为数据源；然后将主文档与数据源合并起来，形成用户需要的文档。

文档不相同的部分（如收件人的姓名、地址等）可以放在数据源表格中，数据源可看成是一张简单的二维表格。表格中的每一列对应一个信息类别，如姓名、学号、成绩等。各个数据域的名称由表格的第一行表示，这一行称为域名行，随后的每一行为一条数据记录。数据记录是一组完整的相关信息，如某个收件人的姓名、性别、职务、住址等。

邮件合并功能不仅用来处理邮件或信封，也可用来处理具有上述原理的文档。常见的邮件合并案例有成绩单、奖状、录取通知书、贺卡、邀请函等，这些案例有一个统一的特点：同样的内容要寄送给很多不同的人。

可以分成三个步骤完成成绩单的批量制作：
（1）生成成绩单主文档。
（2）设置数据源。
（3）将数据源合并到主文档——邮件合并。

 知识准备

一、域

域是 WPS 文字中极具特色的工具之一，它的本质是一组程序代码，在文档中使用域可以实现数据的更新和文档自动化。在 WPS 文字中，可以通过域操作插入页码、时间或者某些特定的文字、图形等，也可以利用它完成一些复杂的工作，如自动插入目录、图目录、实现邮件合并并打印等，也可以利用域链接或交叉引用其他文档及项目，可以利用域实现计算功能等。

1. 域格式

域是 WPS 文字中的一种特殊命令，它分为域代码和域结果。域代码是由域特征字符、域名、域参数和域开关组成的字符串；域结果是域代码执行的结果。域结果会根据文档的变动或相应因素变化而自动更新。

域的一般格式为：{ 域名 [域参数][域开关]}。

（1）域特征字符：即包含域代码的大括号"{}"，它不能使用键盘直接输入，而是要按【Ctrl+F9】组合键自动生成。

（2）域名：WPS 文字域代码的名称，必选项。例如，"Seq"就是一个域的名称，WPS 文字提供了多种域。

（3）域参数和域开关：设定域类型如何工作的参数和开关，包括域参数和域开关，两个都是可选项。域参数是对域名做进一步限定；域开关是特殊的指令，在域中可引发特定的操作，域通常有一个或多个可选的域开关，之间用空格进行分隔。

2. 常用域

在 WPS 文字中，域主要有公式、跳至文件、当前页码、书签页码等 23 个域名。

3. 域操作

域操作包括域的插入、编辑和删除、更新和锁定等。

1）插入域

（1）选项卡插入。单击"插入"选项卡中的"文档部件"→"域"按钮，弹出"域"对话框，如图 2-69 所示。在"域名"列表框中选择域名，此处以"当前页码"为例。在右侧"域代码"文本框中将显示域代码。在应用举例中，

图 2-69 "域"对话框

会显示域使用的参数设置提示，预览中将显示域结果。

（2）键盘输入法。如果熟悉域代码或者需要引用他人设计的域代码，可以用键盘直接输入，操作步骤如下：

① 将插入点定位到需要插入域的位置，按【Ctrl+F9】组合键自动插入域特征字符"{}"。

② 在大括号内从左到右依次输入域名、域参数、域开关等参数。按【F9】键更新域，或按【Shift+F9】组合键显示域结果。

（3）功能按钮操作法。在WPS文字中，高级的、复杂的域功能难以手工控制，如邮件合并、样式引用和目录等。这些域的参数和域开关参数非常多，采用上述两种方法难以控制和使用。因此，WPS文字经常用到的一些域操作以功能按钮的形式集成在系统中，通常放在功能区或对话框中，可以当作普通操作命令一样使用，非常方便。

邮件合并功能将在任务3的实现过程中重点介绍。

2）切换域结果和域代码

域结果和域代码是文档中域的两种显示方式。域结果是域的实际内容，即在文档中插入的内容或图形；域代码代表域的符号，是一种命令格式。对于插入到文档中的域，系统默认的显示方式为域结果，用户可以根据自己的需要在域结果和域代码之间切换。主要有以下三种切换方法。

（1）选择"文件"→"选项"命令，弹出"选项"对话框，选择"视图"选项卡，在右侧的"显示文档内容"区域选择"域代码"复选框，如图2-70所示。单击"确定"按钮完成域代码的设置，文档中的域会以域代码的形式进行显示。

图2-70 "选项"对话框

（2）可以使用快捷键实现域结果和域代码之间的切换。选择文档中的某个域，按【Shift+F9】组合键实现切换。按【Alt+F9】组合键可对文档中所有域进行域结果和域代码之间的切换。

（3）右击插入的域，在弹出的快捷菜单中选择"切换域代码"命令实现域结果和域代码之间的切换。

（4）虽然在文档中可以将域切换为域代码的形式进行查看或编辑，但是在打印时都打印域结果。在某些特殊情况下需要打印域代码时，则在"选项"对话框中选择"打印"选项卡，在"打印文档的附加信息"区域勾选"域代码"复选框。

3）编辑域

编辑域就是修改域。用于修改域的设置或修改域代码，可以在"域"对话框中操作，也可以在文档的域代码中直接进行修改。

（1）右击文档中的某个域，在弹出的快捷菜单中选择"编辑域"命令，弹出"域"对话框，根据需要修改域代码或域格式。

（2）将域切换到域代码显示方式下，直接对域代码进行修改，完成后按【Shift+F9】组合键查看域结果。

4）更新域

更新域就是将域结果根据参数的变化而自动更新，更新域的方法有两种：

（1）手动更新。右击要更新的域，在弹出的快捷菜单中选择"更新域"命令即可，也可以按【F9】键实现。

（2）打印时更新。选择"文件"→"选项"命令，弹出"选项"对话框，选择"打印"选项卡，在"打印选项"区域勾选"更新域"复选框，此后，在打印文档前将自动更新文档中所有域结果。

5）域的锁定和断开链接

虽然域的自动更新功能能给文档编辑带来方便，但是如果用户不希望域实时自动更新，可以暂时锁定域，在需要时再解除锁定。选择需要锁定的域，按【Ctrl+F11】组合键即可；若要解除域的锁定，按【Ctrl+Shift+F11】组合键实现。如果要将选择的域永久性地转换为普通的文字或图形，可以选择该域，按【Ctrl+Shift+F9】组合键实现，即断开域的链接。此过程是不可逆的，断开域链接后，不能再更新，除非重新插入域。

6）删除域

删除域的操作与删除文档中其他对象的操作方法相同。首先选择要删除的域，按【Delete】键或【Backspace】键进行删除。也可以一次性删除文档中的所有域，操作步骤如下：

（1）按【Alt+F9】组合键显示文档中所有域代码。如果域本来就是以域代码方式显示，此步骤可省略。

（2）单击"开始"选项卡中的"查找替换"→"替换"按钮，弹出"查找和替换"对话框。

（3）将光标定位在"查找内容"文本框中，单击"特殊格式"下拉按钮，在下拉列表中选择"域"命令，"查找内容"文本框中将自动出现"^d"。"替换为"文本框中不输入内容。

（4）单击"全部替换"按钮，然后在弹出的对话框中单击"确定"按钮，文档中的域将被全部删除。

二、页面背景

在 WPS 文字中，系统默认的页面底色为白色，用户可以将页面颜色设置为其他颜色，以增强文档的显示效果。其基本设置方法为，单击"页面布局"选项卡中的"背景"下拉按钮，可以在"主题颜色""标准色""渐变填充""稻壳渐变色"颜色板中选择一种颜色，文档背景将自动以该颜色进行填充，也可以通过其他方式进行填充，如调色板、图片背景、其他背景（渐变、纹理、图案）、水印等。

任务实现

本任务要使用邮件合并完成成绩单批量文档的制作，通过本任务的实现，了解邮件合并域的应用。

子任务一：创建主文档

所谓主文档，就是批量文档中相同的部分。

在任务描述中，给出了成绩单的效果图（见图 2-68）。分析效果图可以看到，主文档需要输入相同部分的内容，也需要预留不相同部分的占位符。

（1）单击 WPS 首页导航栏中的"文件"→"新建"→"新建文字"按钮，选择"新建空白文字"。

（2）在"页面布局"选项卡中将"纸张大小"设置为"B5"、"纸张方向"设置为"横向"、"背景"设置为"主题颜色：灰色 25%"。

（3）插入标题"2022-1 学期期末考试成绩单"，将"字号"设置为"三号"，"对齐方式"设置为"居中"，"段后距"为"1.5 倍行距"。

（4）插入一个"7 行 6 列"的表格，并按图 2-71 所示的效果完成单元格合并及行高调整。

（5）按照图 2-71 输入相关文本，并进行格式设置，文件保存为"成绩单主文档.docx"。

2023-2024 学年第 1 学期期末考试成绩单

班级		学号		姓名	
科目	成绩	科目	成绩	科目	成绩
现代信息技术		英语		国家安全教育	
高等数学		Python 程序设计基础		职业发展与就业指导 I	
体育		思想道德与法治		认识实习	
总分					

亲爱的同学：

2023-2024 学年第 1 学期已经结束，现喜上本学期的成绩单。一分耕耘一分收获，每个人的成绩单都代表了我们对学习的态度和我们付出的汗水。如果成绩让我们满意，请继续百尺竿头更进一步！如果成绩让我们沮丧，请静下心来总结过去，计划未来！"宝剑锋从磨砺出，梅花香自苦寒来"祝下学期你能取得更好的成绩！

建筑信息学院

2024 年 1 月

图 2-71　主文档效果图

子任务二：创建数据源

数据源即批量成绩单中不相同的部分。

利用 WPS 表格创建数据源。需要注意，数据源必须是 WPS 规范表格，即第一行为标题行，其他行为数据行，共输入了 50 位同学的数据，图 2-72 所示仅截取了部分数据。将其保存为"成绩单数据源.xlsx"，保存至与成绩单主文档相同的文件夹中。

班级	学号	姓名	现代信息技术	英语	国家安全教育	高数	Python程序设计基础	职业发展与就业指	体育	思想道德与法	认识实习	总分
23软件技术1班	23040501	张旭升	90	94	93	93	86	70	74	72	34	703
23软件技术1班	23040502	陈钟毓	88	96	93	93	90	92	77	80	82	779
23软件技术1班	23040503	陈业彬	89	84	95	95	78	75	79	78	93	766
23软件技术1班	23040504	袁博文	70	98	93	95	69	79	76	75	90	741
23软件技术1班	23040505	阎成鑫	70	97	93	91	84	89	73	88	89	774
23软件技术1班	23040506	董宗洲	68	87	93	92	79	80	73	77	75	724
23软件技术1班	23040507	阮斌辉	70	94	94	94	79	97	79	86	77	770
23软件技术1班	23040508	李俊熙	82	95	93	93	76	85	75	78	84	761
23软件技术1班	23040509	叶禾顺	58	95	93	93	66	90	71	85	87	738
23软件技术1班	23040510	郑昊	70	77	93	93	64	83	76	73	82	711
23软件技术1班	23040511	韩浩扬	61	80	93	91	50	85	76	83	89	708
23软件技术1班	23040512	周乐飞	75	79	93	93	74	91	75	84	84	748
23软件技术1班	23040513	林家颖	99	99	95	95	69	97	80	87	95	816
23软件技术1班	23040514	朱涛	86	83	94	94	79	92	79	88	91	787
23软件技术1班	23040515	甘嘉松	70	82	93	93	76	91	71	77	89	742
23软件技术1班	23040516	王巍霖	60	94	93	91	77	87	76	81	91	750
23软件技术1班	23040517	石丽萍	91	93	94	94	72	94	71	76	79	764
23软件技术1班	23040518	黄可儿	65	95	94	95	84	90	78	90	91	782
23软件技术1班	23040519	龚敬妤	70	93	93	93	67	83	71	89	88	745
23软件技术1班	23040520	赵佳	93	97	93	93	83	88	81	83	87	798
23软件技术1班	23040521	王宝仪	85	96	93	93	71	87	76	79	80	760
23软件技术1班	23040522	侯燕婷	91	87	95	94	77	90	78	83	83	778
23软件技术1班	23040523	张晓晴	60	98	93	93	78	90	77	79	95	763

图 2-72　数据源效果图

子任务三：邮件合并批量生成成绩单

（1）在"成绩单主文档"中单击"引用"选项卡中的"邮件"按钮，出现"邮件合并"选项卡，其中多数按钮处于不可用状态，这是因为当前文档尚未与数据源建立关联。

（2）单击"邮件合并"选项卡中的"打开数据源"下拉按钮，选择"打开数据源"命令，选择子任务二建立的"成绩单数据源.xlsx"，单击"打开"按钮。

（3）弹出"选择表格"对话框，选择数据源所在的工作表，默认为表 Sheet1，如图 2-73 所示。单击"确定"按钮。此时"邮件合并"选项卡中的按钮多数处于可用状态。

图 2-73 "选择表格"对话框

（4）在主文档中单击"班级"右侧单元格，单击"邮件合并"选项卡中的"插入合并域"按钮，在弹出的对话框中选择要插入的域"班级"，如图 2-74 所示。图 2-74 中列出的域即成绩单数据源.xlsx 的首行标题，此时在光标所在位置插入了《班级》域，按照上述方法，在主文档相应位置插入"学号""姓名"及各科成绩。插入完毕后效果如图 2-75 所示。

图 2-74 "插入域"对话框　　　　图 2-75 插入合并域后的效果图

（5）按【Alt+F9】组合键，文档中所有域自动切换到域代码状态，如图 2-76 所示。

图 2-76 合并域代码状态

（6）单击"邮件合并"选项卡中的"查看合并数据"按钮 ，可以看到当前记录的显示结果。单击"首记录"按钮，可以快速定位到第一条记录，单击"上一条""下一条"按钮可以查看其他记录。单击"尾记录"按钮，可以定位到最后一条记录。

（7）单击"邮件合并"选项卡中的"邮件合并"按钮，实现邮件合并后文档的输出，它们分别是：

① 合并到新文档：将邮件合并的内容输出到新文档中。

② 合并到不同新文档：将邮件合并的内容按照收件人列表输出到不同文档中。

③ 合并到打印机：将邮件合并的内容打印出来。

④ 合并到电子邮件：将邮件合并的内容通过电子邮件发送。

（8）选择"合并到新文档"选项，弹出"合并到新文档"对话框，如图 2-77 所示。在其中可以选择合并所有记录，也可以选择部分记录进行合并。

图 2-77 "合并到新文档"对话框

（9）将合并好的成绩单进行保存，名称为"成绩单合并文档 .docx"，文件中将包含 50 位同学的成绩单。

技巧与提高

1. 关闭数据源

在已经连接数据源的情况下，假如需要断开主文档与数据源的连接，单击"邮件合并"选项卡中的"打开数据源"下拉按钮，选择"关闭数据源"命令，关闭数据源以后，将无法再使用数据源中提供的数据。

2. 常用域的快捷键

应用域的快捷键，可以使域的操作更简单、快捷。域的快捷键及其作用见表 2-10。

表 2-10 域的快捷键及其作用

快捷键	作　用
【F9】	更新域，更新当前选择的所有域
【Ctrl+F9】	插入域特征符，用于手动插入域代码
【Shift+F9】	切换域显示方式，打开或关闭当前选择的域的代码
【Alt+F9】	切换域显示方式，打开或关闭文档中所有域的代码
【Ctrl+Shift+F9】	解除域连接，将所有选择的域转换为文本或图形，该域无法再更新
【Alt+Shift+F9】	单击域，等同于双击 MacroButton 或 GoToButton 域
【Ctrl+F11】	锁定域，临时禁止该域被更新
【Ctrl+Shift+F11】	解除域锁定，允许域被更新

测评

1. 知识测评

1）填空题

（1）域是 WPS 文字中极具特色的工具之一，它的本质是一组_____，在文档中使用域可以实现数据的更新和文档自动化。

（2）域特征字符：即包含域代码的大括号"{}"，它不能使用键盘直接输入，而是要按_____组合键自动生成。

(3) 完成类似成绩单、邀请函、贺卡、奖状之类的批量文档的制作，需要使用_____功能。
(4) 对于插入到文档中的域，系统默认的显示方式为_____。

2) 简答题
(1) 简述使用邮件合并批量生成文档的过程。
(2) 简述使用邮件合并批量生成文档的典型应用场景。

2. 能力测评

按表 2-11 中所列的操作要求，对自己完成的文档进行检查，操作完成得满分，未完成或错误得 0 分。

表 2-11　技能测评表

序号	操作要求	分值	完成情况	自评分
1	制作成绩单主文档，完成表格插入、文本插入	20		
2	完成成绩单页面布局设置	20		
3	使用 WPS 表格完成数据源的制作	20		
4	完成主文档与数据源的连接	10		
5	在表格相应位置插入合并域	20		
6	合并所有记录，完成成绩单合并文档	10		
	总　　分			

3. 素质测评

针对表 2-12 中所列出的素质与素养观察点，反思任务实现的过程，思考总结相关项目。

表 2-12　素质测评表

序号	素质与素养	分值	总结与反思	得分
1	数字化创新与发展——具备使用 WPS 文字邮件合并批量生成文档的意识与能力，能够针对具体任务需求，综合运用 WPS 文字和 WPS 表格对信息进行加工、处理和展示交流	25		
2	信息意识——能够界定使用邮件合并的典型场景，并能应用相关知识求解问题	25		
3	信息社会责任——本任务在数据源处理的时候，采用了《射雕英雄传》中的人物姓名，请思考个人隐私保护的注意事项	25		
4	计算思维——具备结合生活情境、本专业领域实际问题，运用邮件合并设计解决方案的能力	25		
	总　　分			

拓展训练

本阶段的任务继续围绕"我身边的信息新技术"主题展开，接下来要召开"我身边的信息新术"项目汇报会，汇报会需要全班同学及任课教师参加，为每位参会的人员批量制作邀请函，具体要求：

1. 内容要求

（1）邀请函要明确开会的主题、时间、地点。
（2）内容应主题突出、图文并茂。
（3）图 2-78 为邀请函范例，仅供参考。

> **我身边的信息新术**
>
> **邀请函**
>
> 尊敬 XXX 老师
>
> 兹定于 2024 年 4 月 10 日下午两点在第一会议室召开"我身边的信息新术"项目汇报会，请您准时出席。
>
> 请前排就坐！
>
> 信息技术应用项目组
> 2024 年 4 月 5 日
>
> 敬请光临

图 2-78　邀请函范例

2. 格式要求

（1）使用表格进行布局。
（2）版块与版块之间紧凑、和谐。
（3）各元素色彩和谐。

3. 建议与提示

使用邮件合并完成批量文档制作。操作步骤如下：
（1）使用 WPS 文字完成邀请函主文档设计与制作（批量文档相同部分）。
（2）使用 WPS 表格完成数据源（批量文档不相同部分，本任务是指姓名、身份）的制作，数据源应为规范表格，第一行必须是列标题。
（3）使用邮件合并完成批量文档的生成。

4. 文件上交要求

（1）上传文件夹以学号+姓名命名，上传至指定文件夹。
（2）文件夹中应包含三个文档：①邀请函主文档；②邀请函数据源；③邀请函合并文档。

任务 4　毕业论文排版——WPS 文字长文档排版

任务描述

毕业论文是高等教育教学过程中的一个重要环节，论文格式排版是毕业论文设计中的重要组成部分，是每位大学毕业生应该掌握的文档操作基本技能。毕业论文的整体结构主要分成以下几个部分：封面、摘要、目录、正文、结论、致谢、参考文献。毕业论文格式的基本要求是：封面无页码、格式固定；摘要至正文前的页面有页码，用罗马数字连续表示；正文部分的页码用阿拉伯数字连续表示；正文中的章节编号自动排序；图、表题注自动更新生成；参考文献用自动编号的形式按引用次序给出；等等。

通过本任务的学习，将会对毕业论文的排版有一个整体认识，掌握长文档的高级排版技巧，为后期毕业论文的撰写和排版做好准备，也为将来工作中遇到的长文档排版问题奠定操作基础。

知识准备

一、样式与模板

1. 样式

样式是 WPS 文字中最强有力的格式设置工具之一，使用样式能够准确、规范地实现长文档的格式设置，例如，要修改文档中某级标题的格式，只要简单修改该标题样式，使用该样式的所有本级标题格式将自动更新。同时，样式应用还非常便捷，只要选中需要应用样式的内容，单击相应样式名称，即可将该样式应用到内容中。

样式是被命名并保存的一系列格式的集合，它规定了文档中标题、正文以及各选中内容的字体、段落等对象的格式集合，包含字符样式和段落样式。字符样式包括字体、字号、字形、颜色、文字效果等，可以应用到所有文字。段落样式既包括字体格式，也包含段落格式，如字体、行间距、对齐方式、缩进格式、制表位、边框和编号等，可以应用到段落或整个文档。

在 WPS 文字中，样式分为内置样式和自定义样式。内置样式是指 WPS 文字为文档中各对象提供的标准样式；自定义样式是指用户根据文档需要而设定的样式。

1）内置样式

在 WPS 文字中，系统提供了多种样式类型。单击"开始"选项卡，在功能区"预设样式"库中显示了多种内置样式，其中"正文""标题1""目录1""页眉""页脚"等都是内置样式名称。单击"预设样式"库右侧的"其他"按钮，在下拉列表中可以选择其他内置样式，如图 2-79 所示。单击任务窗格中的"样式和格式"按钮，或者选择图 2-79 中的"显示更多样式"命令，打开"样式和格式"窗格，如图 2-80 所示。样式名称后面带 ª 的表示字符样式，带符号↵的表示段落样式。单击窗格下方的"显示"下拉按钮，选择"所有样式"命令，窗格中将显示 WPS 文档可使用的所有样式。

图 2-79 "预设样式"库

图 2-80 "样式和格式"窗格

下面举例说明应用 WPS 文字的内置样式进行文档段落格式设置。对图 2-81 所示的原 WPS 文档进行格式设置，要求对章标题应用"标题 1"样式，对节标题应用"标题 2"样式，操作步骤如下：

（1）将插入点定位在文档章标题文本中的任意位置，或选中章标题。

（2）单击"开始"选项卡"预设样式"库中的"标题 1"内置样式即可，或者单击"样式和格式"任务窗格中的"标题 1"样式。

（3）将插入点定位在文档节标题文本中的任意位置，或选中节标题。

（4）单击"预设样式"库中的"标题 2"内置样式即可，或者单击"样式和格式"任务窗格中的"标题 2"样式。设置后的效果如图 2-82 所示。

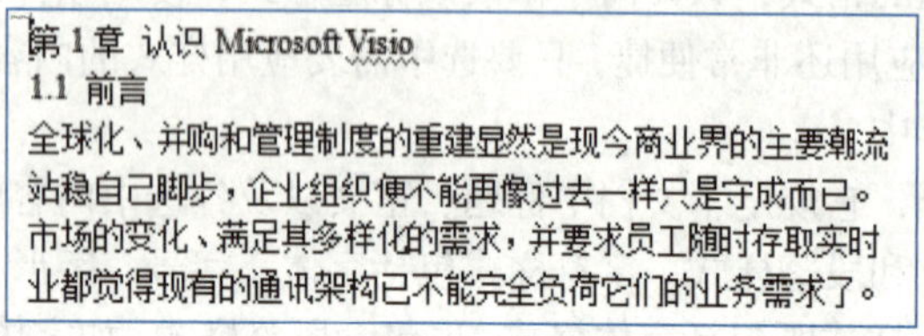

图 2-81　未使用样式文本 　　　　　　图 2-82　已使用样式文本

2）自定义样式

WPS 文字为用户提供内置样式能够满足常用文档格式设置的需要，但用户在实际应用中常常会遇到一些特殊格式的设置，当内置样式无法满足实际要求时，就需要创建自定义样式进行应用。

（1）创建和应用新样式。例如，创建一个段落样式，名称定义为"样式 0123"，要求：字体为"楷体"，字号为"小四"，首行缩进 2 字符，行间距为"1.5 倍"，段前距为"0.5 行"，段后距为"0.5 行"。

① 单击"开始"选项卡"预设样式"库右侧的"其他"按钮，在下拉列表中选择"新建样式"命令，弹出"新建样式"对话框，如图 2-83 所示。或单击"样式和格式"任务窗格中的"新样式"按钮，也会弹出该对话框。

② 在"名称"文本框中输入新样式的名称为"样式 0123"，样式类型为"段落"，样式基于为"正文"（样式基于正文，是指基于内置样式正文进行格式设置），后续段落样式默认为"样式 0123"。

③ 字符和段落样式可以在该对话框的"格式"区域中进行设置，如字体、字号、对齐方式等。也可以单击对话框左下角的"格式"下拉按钮，如图 2-84 所示。在下拉列表中选择"字体"命令，对字体格式进行设置。选择"段落"命令，对段落格式进行设置。

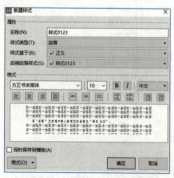

图 2-83　"新建样式"对话框

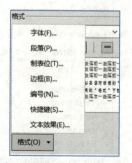

图 2-84　"格式"下拉列表

④ 字体和段落格式设置完毕后，单击"确定"按钮，在"样式和格式"任务窗格和"预设样式"库中都会显示新创建的"样式0123"。

⑤ 选择需要使用该样式的段落，单击"样式和格式"任务窗格和"预设样式"库中的"样式0123"，即可将该样式应用到选中的段落中。

（2）修改样式。如果预设或创建的样式不能满足排版要求，可以在此样式的基础上进行修改，样式修改操作适用于内置样式和自定义样式。下面以自定义样式"样式0123"为例说明样式修改的过程。将"样式0123"的字体修改为"宋体"。操作步骤如下：

① 单击"样式和格式"任务窗格中的"样式0123"下拉按钮，在下拉列表中选择"修改"命令，或者右击"样式0123"，在弹出的快捷菜单中选择"修改"命令，或右击"预设样式"库中的"样式0123"，在弹出的快捷菜单中选择"修改样式"命令。

② 单击对话框左下角的"格式"下拉按钮，在下拉列表中选择"字体"命令，或者直接在"修改样式"对话框中进行字体修改。

③ "样式0123"修改后，所有应用该样式的段落格式将自动更新。

（3）删除样式。若要删除创建的自定义样式，操作步骤如下：

① 单击"样式和格式"任务窗格中的"样式0123"下拉按钮，在下拉列表中选择"删除"命令。

② 在弹出的对话框中单击"确定"按钮，完成删除样式操作。

注意：

只能删除自定义样式，不能删除内置样式。如果删除了某个自定义样式，所有应用该样式的段落格式将自动恢复到"正文"默认样式。

3）多级自动编号标题样式

WPS文字中的多级编号是指将编号之间的层次关系进行多级缩进排列，常用于文档的目录或章节层次编制，是一种非常实用的排版技巧。借助于内置样式库中的"标题1""标题2""标题3"等，可实现多级编号标题样式的排版操作。

现举例说明。如图2-81所示的文档，要求：章名使用样式"标题1"，并居中，编号格式为"第X章"，其中X为自动编号（如第1章）；节名使用样式"标题2"并左对齐，格式为多级编号，编号格式为"X.Y"，其中X为章序号，Y为节序号（如1.1）且为自动编号。

操作步骤如下：

（1）将插入点定位在第1章所在段落中的任意位置或选择该段落并右击，在弹出的快捷菜单中选择"项目符号和编号"命令，弹出"项目符号和编号"对话框，或者单击"开始"选项卡中的"编号"下拉按钮，选择"自定义编号"命令，同样进入"项目符号和编号"对话框。

（2）在"项目符号和编号"对话框中选择"多级编号"选项卡，选择带"标题1""标题2""标题3"的多级编号项，如图2-85所示。单击"自定义"按钮，弹出"自定义多级编号列表"对话框。单击对话框中的"高级"按钮，对话框扩展为图2-86所示的界面。

（3）在对话框的"级别"列表框中，显示有序号1~9，说明可以同时设置1~9级的标题格式，各级标题格式效果如右侧的预览列表，默认为第1级标题格式。在"编号格式"文本框中，在编号前输入"第"，编号后输入"章"，在"编号样式"下拉列表框中选择一种编号样式，本例选择"1，2，3，…"。

图 2-85 "项目符号和编号"对话框

图 2-86 "自定义多级编号列表"对话框

（4）单击"字体"按钮，弹出"字体"对话框，可以设置自动编号的字体格式。

（5）"缩进位置"设置为 0 厘米，"将级别链接到样式"下拉列表框中默认为"标题 1"，若无，则需要选择"标题 1"，在"编号之后"下拉列表框中选择"空格"，其余设置保持默认值。至此，章标题的编号格式设置完成。

（6）在"级别"列表框中选择"2"，在"编号格式"文本框中将自动出现序号"①.②."，其中"①"表示一级序号，即章序号，"②"表示第 2 级编号，即为节序号，它们均为自动编号，删除最后的符号"."，设置成所需编号。若"编号格式"文本框中无"①.②."，可按如下方法添加：首先将第 1 级中编号"①"复制到第 2 级的编号格式文本中，然后在编号后面手动输入"."，最后在"编号样式"下拉列表框中选择"1，2，3，…"即可。单击"字体"按钮，在弹出的"字体"对话框中，将西文字体设置为 Times New Roman，单击"确定"按钮返回。

（7）"缩进位置"设置为"0 厘米"，"将级别链接到样式"下拉列表框中默认为"标题 2"，若无，需要选择"标题 2"，在"编号之后"下拉列表框中选择"空格"，其余设置保持默认值。至此，节标题的编号格式设置完毕。

（8）若要设置第 3 级、第 4 级等多级编号，可以按照相同方法进行设置。单击"确定"按钮，关闭"自定义多级编号列表"对话框。

（9）此时会发现，插入点所在的段落将变成带自动编号"第 1 章"的章标题格式，将用于提示的普通文本"第 1 章"删除。

（10）章标题修改为居中对齐。可以通过修改"预设样式"库中的"标题 1"实现（段落组中的"居中对齐"对齐方式仅对选中的单个标题有效），右击"预设样式"库中的"标题 1"，在弹出的快捷菜单中选择"修改样式"命令，弹出"修改样式"对话框，单击"格式"区域的"居中"按钮，单击"确定"按钮，所有应用"标题 1"样式的内容都将居中显示。

（11）应用"标题 1"和"标题 2"样式对章标题和节标题进行排版。将插入点分别定位于文档中的其余章标题中，单击"预设样式"库中的"标题 1"样式，则章标题自动设为指定的格式，删除章标题中用于提示的编号。将插入点分别定位于文档中的节标题中，单击"预设样式"库中的"标题 2"样式，则节标题自动设为指定的格式，删除节标题中用于提示的编号。

（12）使用多级编号标题样式后的效果如图 2-87 所示。

笔记栏

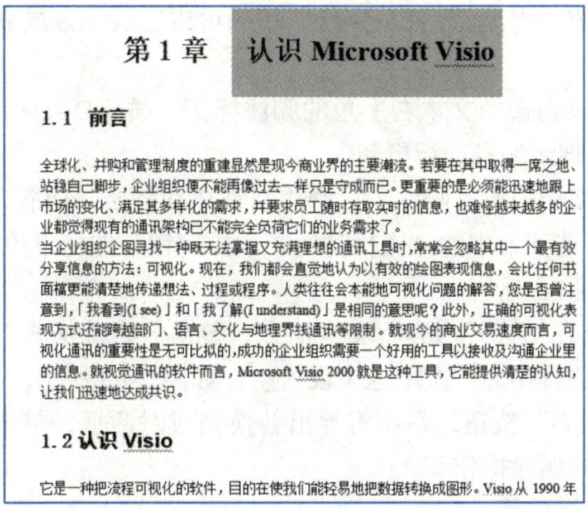

第 1 章　认识 Microsoft Visio

1.1　前言

全球化、并购和管理制度的重建显然是现今商业界的主要潮流。若要在其中取得一席之地、站稳自己脚步，企业组织便不能再像过去一样只是守成而已。更重要的是必须能迅速地跟上市场的变化、满足其多样化的需求，并要求员工随时存取实时的信息，也难怪越来越多的企业都觉得现有的通讯架构已不能完全负荷它们的业务需求了。

当企业组织企图寻找一种既无法掌握又充满理想的通讯工具时，常常会忽略其中一个最有效分享信息的方法：可视化。现在，我们都会直觉地认为以有效的绘图表现信息，会比任何书面檔更能清楚地传递想法、过程或程序。人类往往会本能地可视化问题的解答，您是否曾注意到，「我看到(I see)」和「我了解(I understand)」是相同的意思呢？此外，正确的可视化表现方式还能跨越部门、语言、文化与地理界线通讯等限制。就现今的商业交易速度而言，可视化通讯的重要性是无可比拟的，成功的企业组织需要一个好用的工具以接收及沟通企业里的信息。就视觉通讯的软件而言，Microsoft Visio 2000 就是这种工具，它能提供清楚的认知，让我们迅速地达成共识。

1.2 认识 Visio

它是一种把流程可视化的软件，目的在使我们能轻易地把数据转换成图形。Visio 从 1990 年

图 2-87　使用多级编号标题样式后的效果

2. 脚注和尾注

WPS 文字中的脚注与尾注主要用于对局部文本进行补充说明，例如单词解释、备注说明或提供文档中引用内容的来源等。脚注通常位于当前页面的底部，用来说明本页中要注释的内容。尾注通常位于文档结尾处，用来集中解释需要注释的内容或标注文档中所引用的其他文档的名称。脚注和尾注由两部分内容组成：引用标记及注释内容。引用标记可使用自动编号或自定义标记。

在 WPS 文字中，脚注和尾注的插入、修改和编辑的方法完全相同，区别在于各自位置不同。下面以脚注为例介绍其相关操作，尾注操作方法类似。

1）插入及修改脚注

在 WPS 文字中，可以在文档的任意位置添加脚注或尾注。默认设置下，WPS 文字在同一文档中脚注和尾注采用不同的编号方案。插入脚注的操作步骤如下：

（1）将插入点移到要插入脚注的文本位置处，单击“引用”选项卡中的“插入脚注”按钮，此时鼠标指针所在位置出现脚注标记，默认数字编号格式为上标的“1，2，3，…”。

（2）在当前页最下方插入点闪烁处输入注释内容，即可实现插入脚注操作，插入脚注注释效果如图 2-88 所示。

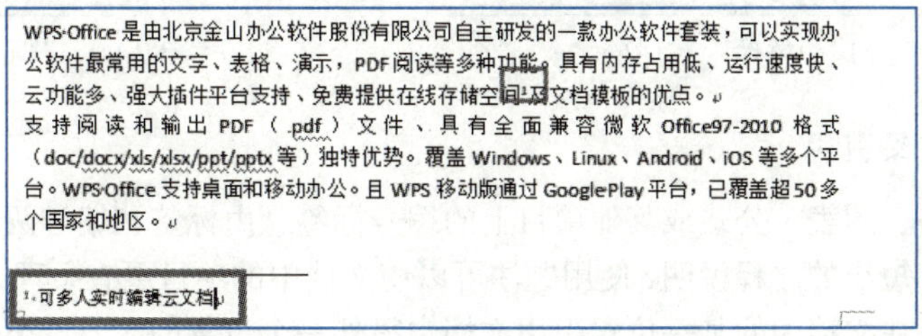

WPS Office 是由北京金山办公软件股份有限公司自主研发的一款办公软件套装，可以实现办公软件最常用的文字、表格、演示，PDF 阅读等多种功能。具有内存占用低、运行速度快、云功能多、强大插件平台支持、免费提供在线存储空间及文档模板的优点。

支持阅读和输出 PDF（.pdf）文件、具有全面兼容微软 Office97-2010 格式（doc/docx/xls/xlsx/ppt/pptx 等）独特优势。覆盖 Windows、Linux、Android、iOS 等多个平台。WPS Office 支持桌面和移动办公。且 WPS 移动版通过 Google Play 平台，已覆盖超 50 多个国家和地区。

1. 可多人实时编辑云文档

图 2-88　插入脚注效果图

插入第 1 个脚注之后，可按相同方法插入第 2 个、第 3 个等，并实现脚注的自动编号。如果要修改某个脚注内容，将鼠标指针定位在该脚注内容处，直接修改即可。

如果在两个脚注之间插入新的脚注，脚注编号将自动更新。

2）隐藏或显示脚注分隔符

在 WPS 文字中，用一条短横线将正文和脚注或尾注进行分隔，这条线称为注释分隔符。

单击"引用"选项卡中的"脚注/尾注分隔线"按钮可以完成隐藏或显示注释分隔线的操作。

3）删除脚注

要删除某个脚注，只需选中文本右上角的脚注标记，按【Delete】键即可删除脚注内容。WPS 文字将自动对其余脚注编号进行更新。

如果需要删除整个文档中所有脚注，可利用"查找和替换"功能完成。

（1）单击"开始"选项卡中的"查找替换"下拉按钮，选择下拉列表中的"替换"命令，弹出"查找和替换"对话框。

（2）将插入点定位在"查找内容"文本框中，单击"特殊格式"下拉按钮，选择下拉列表中的"脚注标记"，"替换为"文本框中设为空，如图 2-89 所示。

（3）单击"全部替换"按钮，系统将弹出替换完成对话框，单击"确定"按钮即可实现对当前文档中全部脚注的删除操作。

4）脚注和尾注的相互转换

脚注和尾注之间可以进行相互转换，操作步骤如下：选中需要转换的脚注内容并右击，在弹出的快捷菜单中选择"转换至尾注"命令，即可实现脚注到尾注的转换操作。

除了前面介绍的插入脚注与尾注的方法外，还可以利用"脚注和尾注"对话框实现脚注与尾注的插入、修改及相互转换操作。单击"引用"选项卡中的"脚注和尾注"右下角的对话框启动器按钮，弹出"脚注和尾注"对话框，如图 2-90 所示，可以插入脚注或尾注，也可以设定多种格式，选择编号格式等。若文档中尚未添加"脚注"或"尾注"，对话框中的"转换"按钮将处于置灰状态，若已添加"脚注"或"尾注"，单击"转换"按钮，可以实现脚注和尾注的转换。

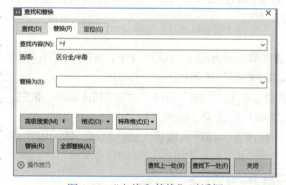

图 2-89 "查找和替换"对话框

图 2-90 "脚注和尾注"对话框

3. 题注和交叉引用

题注是指表格、图表、公式或其他项目上的编号标签，由标签和编号两部分组成。通常编号标签后面还带有短小的注释说明，使用题注可以使文档中的项目更有条理，方便阅读和查找。使用交叉引用，可在文档中的某一位置引用文档中另外一个位置的内容，类似于超链接。交叉引用一般是在同一个文档中进行相互引用。在创建某一对象的交叉引用之前，必须先标记该对象，才能创建交叉引用。

1）题注

在 WPS 文字中，可以在插入表格、图表、公式或其他项目时自动插入题注，也可以为已有的表格、图表、公式或其他项目添加题注。

通常，表的题注位于表格上方，图片的题注位于图片下方，公式的题注位于公式的右侧。对文档中已有的表格、图表、公式或其他项目添加题注，操作步骤如下：

（1）在图片下方（或表格上方）先插入题注注释内容。

（2）将光标定位于注释内容之前，单击"引用"选项卡中的"题注"按钮，弹出"题注"对话框，如图2-91所示。

（3）题注包含标签及编号两部分。在"题注"对话框中单击"标签"下拉按钮，可以根据需要为注释的内容选择题注标签，如"图表"。若无，单击"新建标签"按钮，新建标签。

（4）单击"编号"按钮，弹出"题注编号"对话框，如图2-92所示。可以完成题注编号格式选择和设置。通过勾选"包含章节编号"复选框，可以在题注编号中包含"标题1""标题2"等编号。

图2-91 "题注"对话框

图2-92 "题注编号"对话框

（5）如果通过选中图片或表格的方式插入题注，"题注"对话框中的"位置"下拉列表中可选择题注插入位置为"所选项目下方"或"所选项目上方"。

（6）如果勾选了"题注中不包含标签"复选框，则题注只包含编号。

根据需要，用户可以修改题注标签，也可以修改题注的编号格式，可以删除标签。如果要修改文档中某一题注的标签，只要先选择该标签并按【Delete】键删除标签，然后重新添加新题注。如果在"题注"对话框中单击"删除标签"按钮，则会将选择的标签从"题注"下拉列表中删除。WPS默认的表、图、图表和公式标签不能删除，只有新添加的标签才能被删除。

2）交叉引用

WPS文字中可以在多个不同的位置使用同一个引用源的内容，这种方法称为交叉引用。建立交叉引用就是在要插入引用内容的地方建立一个域（WPS中的一种公式），当引用源发生改变时，交叉引用的域将自动更新。可以为标题、脚注、书签、题注、段落编号等项目创建交叉引用。本节以创建的题注为例介绍交叉引用。

（1）创建交叉引用。创建的交叉引用其项目必须已经存在。若要引用其他文档中的项目，首先要将相应文档合并到该文档中。创建交叉引用的操作步骤如下：

① 将插入点移到要创建交叉引用的位置，单击"引用"选项卡中的"交叉引用"按钮，弹出"交叉引用"对话框。也可以单击"插入"选项卡中的"交叉引用"按钮

② 在"引用类型"下拉列表中选择要引用的项目类型，如图、表、图表、公式等，图2-93中引用类型为"图"，在"引用内容"下拉列表中选择要插入的信息内容，如"完整题注""只有标签和编号""只有题注文字"等。在"引

图2-93 "交叉引用"对话框

用哪一个题注"列表框中列出的是使用"图"标签的所有题注,选中要引用的题注,单击"插入"按钮,当前位置即插入当前的题注标签与编号。

③按照上述方法可继续选择其他题注,实现多个交叉引用的操作。

(2)更新交叉引用。当文档中被引用项目发生了变化,如添加、删除和移动了题注,题注编号将发生改变,交叉引用应随之改变,称为交叉引用的更新。可以更新一个或多个交叉引用,操作步骤如下:

①若要更新单个交叉引用,选中该交叉引用;若要更新文档中所有的交叉引用,选中整篇文档。

②右击所选对象,在弹出的快捷菜单中选择"更新域"命令,即可实现单个或所有交叉引用的更新。也可以选中要更新的交叉引用或整篇文档,按【F9】键实现交叉引用的更新。

4. 模板

模板是一种文档类型,是一种特殊的文档,所有 WPS 文字都是基于某个模板创建的。模板中包含了文档的基本结构及设置信息(如文本、样式和格式)、页面布局(如页边距和行距)、设计元素(如特殊颜色、边框和底纹)等。WPS 文字支持多种类型的模板,模板的扩展名为".wpt"。同时,还支持 Word 文档的模板,相应的扩展名为".dot"".dotx"".dotm"。其中,".dot"为 Word 97-2003 模板的扩展名,".dotx"为 Word 标准模板的扩展名,但不能存储宏;".dotm"为 Word 中存储了宏的模板的扩展名。

用户在打开 WPS 文字时就启用了模板,该模板为 WPS 文字的默认模板,其包含默认采用"正文"样式,即宋体、五号、两端对齐,纸张大小采用 A4 纸等信息。WPS 文字提供了许多预先定义好的模板,可以利用这些模板快速建立文档。当打开 WPS 文字后,可通过新建操作实现,主要有以下四种方法。

(1)单击标签栏中的"新建标签"按钮 +,弹出新建页面,如图 2-94 所示。

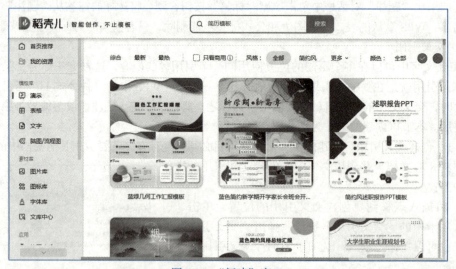

图 2-94 "新建"窗口

新建页面中提供了丰富的模板,以分类方式排列,可以搜索、选择需要的模板。大部分模板需要会员身份才能使用,少部分模板可以免费使用。选择模板进行下载之后即可在此模板基础上创建新文档。

（2）选择"文件"→"新建"命令，在下拉列表中选择一种文档创建方法。

① 新建：弹出新建页面，可以根据需要下载模板创建新文档。

② 新建在线文字文档：将创建可供多人共同在线编辑的文档，文档编辑完毕后将被保存到云端，并进入"分享"窗口，可通过"二维码"方式邀请微信好友编辑文档，如图 2-95 所示。

③ 本机上的模板：根据本地提供的模板创建新文档，单击将进入图 2-96 所示的模板窗口，单击"导入模板"按钮，可将本机上的模板导入，并在此模板的基础上创建文档。

图 2-95 "分享"窗口

图 2-96 "模板"窗口

④ 从默认模板新建：将以默认模板创建新文档。

⑤ 从稻壳模板新建：将从稻壳儿网站下载模板创建新文档。

（3）单击标签栏左侧"首页"，在弹出的 WPS Office 页面中单击"新建"按钮，选择所需模板创建文档。

（4）按【Ctrl+N】组合键快速创建一个基于同类型的文档。

二、页面布局

1. 分隔符

1）分页符

在 WPS 文字中输入文档内容时，系统会自动分页。如果要从文档的某个指定位置开始分页，之后的文档内容在下一页出现，此时可以在指定位置插入分页符进行强制分页。操作步骤如下：

（1）将插入点置于需分页的位置。

（2）单击"插入"选项卡中的"分页"下拉按钮，打开的列表如图 2-97 所示。选择"分页符"命令，将在文档中的插入点处插入分页符，后面的文字将在下一页出现。或者单击"页面布局"选项卡中的"分隔符"下拉按钮，选择"分页符"命令，也可以实现分页。

分页符为一行虚线，默认为不可见。若要显示分页符，需通过选择"文件"→"选项"命令，弹出"选项"对话框，选择"视图"选项卡，在"格式标记"区域勾选"段落标记"或"全部"复选框才能看到分页符。若要删除分页符，选中"分页符"，单击【Delete】键即可。

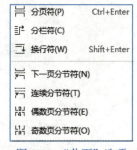

图 2-97 "分页"选项

2）分节符

建立 WPS 新文档时，WPS 文字将整篇文档默认为一节，所有对文档的页面格式设置都应用于整篇文档。但有些特殊场景需要对文档中不同的内容进行不同的页面设置。比如对于长文档的目录部分，希望使用一种页码格式，对于正文部分，希望使用另一种页码格式，再比如希望不同章节的页眉使用不同的页眉内容，这时候，就需要使用分节符对文档内容进行分隔。

节是文档格式化的最大单位。为了实现对同一篇文档中不同位置的页面进行不同的格式操作，可以将整篇文档分成多个节，根据需要为每节设置不同的页面格式。分节符分为4种类型，分别是：

（1）下一页分节符：分节符后的文本将显示在下一页中。

（2）连续分节符：分节符后的文本与分节符前的文本将位于同一页中。

（3）偶数页分节符：新节中的文本将显示在偶数页。如果当前页码是2，插入偶数页分节符后，分节符后的文本所在页的页码将为4。

（4）奇数页分节符：新节中的文本将显示在奇数页。如果当前页码是3，插入奇数页分节符后，分节符后的文本所在页的页码将为5。

删除分节符等同于文档中字符的删除方法。如果分节符不能显示出来，选择"文件"→"选项"命令，弹出"选项"对话框，如图2-98所示。选择"视图"选项卡，在"格式标记"区域勾选"全部"复选框，这时就能看到分节符了，按【Delete】键即可删除。显示段落标记还有一种快捷的方法：单击"开始"选项卡中的"显示/隐藏段落标记"下拉按钮，在下拉列表中选择"显示/隐藏段落标记"命令。

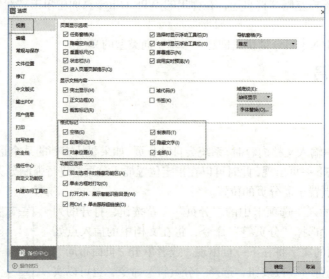

图2-98 "选项"对话框

3）分栏符

在WPS文字中，分栏符用来实现在文档中以两栏或者多栏方式显示选中的文字内容，被广泛应用于报纸和杂志的排版编辑中。在分栏的外观设置上，既可以控制栏数、栏宽以及栏间距，还可以方便地设置分栏长度。分栏的操作步骤如下：

（1）选中要分栏的文本，单击"页面布局"选项卡中的"分栏"下拉按钮，在下拉列表中选择一种分栏方式。

（2）下拉列表中默认只能选择小于4栏的文档分栏，如果需要设置更多分栏，可以选择"更多分栏"命令，弹出"分栏"对话框，如图2-99所示。

（3）在"分栏"对话框中，可以选择预设分栏，也可以通过"栏数"进行设置。可以设置宽度和间距、分隔线、应用范围等。设置完成后，单击"确定"按钮完成分栏操作，图2-100所示为两栏分栏效果。

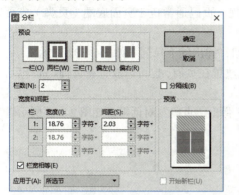

图2-99 "分栏"对话框　　　　　图2-100 两栏分栏效果

2. 页眉页脚

页眉和页脚分别位于文档中每页的顶部和底部，用来显示文档的重要信息，其内容可以是文档名称、作者名、章节名、页码、日期时间、图片及其他一些域。可以将文档首页的页眉和页脚设置成和其他页不同的形式，也可以对奇数页和偶数页分别设置不同的页眉和页脚，甚至将不同节的页眉和页脚设置为不同的内容。

添加或编辑页眉和页脚内容，需要进入页眉页脚视图，操作方法有如下3种：

（1）单击"插入"选项卡中的"页眉页脚"按钮，插入点将自动定位在页眉编辑处，并居中显示，同时会出现"页眉页脚"选项卡，其功能区如图2-101所示。

图2-101 "页眉页脚"选项卡功能区

（2）单击"章节"选项卡中的"页眉页脚"按钮进入页眉编辑状态。

（3）将指针指向文档中任意页的最上方，出现提示信息，双击进入页眉编辑状态。或者将指针指向文档中任意页的最下方，出现提示信息，双击进入页脚编辑状态。

退出页眉和页脚编辑状态的操作方法主要有三种。

（1）单击"页眉页脚"选项卡右侧的"关闭"按钮，返回文档内容编辑状态。

（2）指针指向文档内容的任意区域并双击，可返回文档内容编辑状态。

（3）单击"插入"选项卡中带灰色底纹的"页眉页脚"按钮，或单击"章节"选项卡中带灰色底纹的"页眉页脚"按钮，可自动退出页眉页脚编辑状态，返回文档内容编辑状态。

注意：

输入页眉内容后，默认状态下的页眉横线为无，可以根据需要添加。操作方法为：进入"页眉页脚"编辑状态，单击"页眉页脚"选项卡中的"页眉横线"下拉按钮，在下拉列表中选择一种横线样式即可插入。如果要删除横线，只要在"页眉横线"下拉列表中选择"删除横线"命令即可。

1）页码

在 WPS 文字中，页码可以标明页面的次序，便于读者检索和管理页面。添加页码后，WPS 文字可以自动迅速地编排和更新页码。按照常规，页码通常位于页面底端（页脚）或页面顶端（页眉）。插入页码的操作步骤如下：

（1）单击"插入"选项卡中的"页码"下拉按钮，弹出的下拉列表如图 2-102 所示。

（2）在下拉列表中选择页码放置的样式，既可以放置在页眉，也可以放置在页脚。选择后，将自动显示阿拉伯数字样式的页码。

（3）选择"页码"下拉列表中的"页码"命令，弹出"页码"对话框，如图 2-103 所示。

图 2-102　页码预设样式

图 2-103　"页码"对话框

（4）在对话框的"样式"下拉列表框中选择编号的格式，在"位置"下拉列表中选择页码所在的位置，页码中可以包含"章节号"。在"页码编号"区域可根据实际需要选择"续前节"（即当前页码延续前一节的编号，如前一节的页码编号为3，则当前页码编号为4）或"起始页码"单选按钮，设置页码的应用范围。单击"确定"按钮完成页码的格式设置，并自动插入页码。

（5）插入页码（本例为在页脚中间位置插入页码）之后，页码编辑状态如图 2-104 所示。

图 2-104　页码编辑状态

① 重新编号：实现当前页的编号重新设置为指定编号。

② 页码设置：设置页码的"样式""位置""应用范围"，可以利用此选项对当前页码进行格式设置。

③ 删除页码：可以对本页、整篇文档、本页及之前、本页及之后、本节之中所有页码进行删除。

（6）双击正文部分任意位置可退出页眉页脚编辑状态。

插入页码的方法还有：单击"章节"选项卡中的"页码"下拉按钮，在下拉列表中选择一种页码格式；或单击"页眉页脚"选项卡中的"页码"按钮。

2）页眉页脚选项设置

类似论文、项目申报书、合同等文档对页眉页脚的设置要求比较规范。有时候需要设置页眉页脚首页不同，或者奇数页和偶数页的页眉页脚不同，又或者每个章节的页眉页脚不同。这些操作可以借助于页眉页脚选项与分节符的组合功能来实现。

（1）设置首页不同的页眉页脚。如果文档中的首页是封面，一般封面中是不能出现页眉、页脚的。所以需要设置首页页眉页脚不同。

① 勾选"章节"选项卡中的"首页不同"复选框 ☐ 首页不同 。
② 设置"首页不同"后，首页将默认无页码。
③ 双击文档中的页眉或者页脚，进入"页眉页脚视图"。
④ 将插入点移至首页的页眉或页脚处，删除其内容。
⑤ 再将插入点移至其他页的页眉或页脚处，根据需要编辑内容即可。

（2）设置奇偶页不同的页眉或页脚。图书排版中，都会要求奇偶页的页眉页脚不同。例如，在奇数页页眉中使用章标题内容，在偶数页页眉中使用节标题内容。操作步骤如下：

① 勾选"章节"选项卡中的"奇偶页不同"复选框 ☑ 奇偶页不同 。
② 双击文档中的页眉或页脚，进入"页眉页脚视图"。
③ 将插入点移至奇数页页眉，单击"插入"选项卡中的"文档部件"下拉按钮 文档部件▼ ，选择"域"命令，弹出"域"对话框，如图2-105所示。
④ 选择"样式引用"域名，在"样式名"下拉列表中选择"标题1"（前提是章标题已经使用标题1样式，并且采用自动编号），此时在插入点将插入章标题内容。
⑤ 如果要插入章标题编号，则需重复上面一个步骤，勾选"插入段落编号"复选框，即可完成章编号插入。
⑥ 偶数页页眉插入与以上类似，需要将样式名换成"标题2"（前提是节标题已经使用标题2样式，并且使用自动编号），完成偶数页页眉插入。插入后的奇数页页眉效果和偶数页页眉效果如图2-106和图2-107所示。

图2-105 "域"对话框

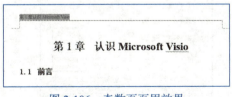

图2-106 奇数页页眉效果　　　　图2-107 偶数页页眉效果

3）页眉页脚删除

可以按如下操作方法进行：

（1）自动删除文档中的页眉或页脚。双击页眉或页脚，进入"页眉页脚视图"或单击"页眉页脚"选项卡中的"页眉"下拉按钮，在下拉列表中选择"删除页眉"命令，可实现当前节所有页眉内容的删除。其余节按照相同方法处理。单击"页脚"下拉按钮，选择"删除页脚"命令，可删除当前节中的所有页脚。单击"页码"下拉按钮，在下拉列表中选择"删除页码"命令，可以删除整篇文档中的页码。

（2）手动删除页眉页脚。进入"页眉页脚视图"，选择要删除的页眉或者页脚，按【Delete】键，即可删除本节中所有页眉或页脚。

（3）选择性删除页码。进入"页眉页脚视图"，单击页眉或页脚区域中的"删除页码"按钮，可以删除本页、整篇文档、本页及之前、本页及之后的页码。

3. 页面设置

在 WPS 文字中，页面设置包括页边距、纸张、版式、文档网格、分栏等页面格式的设置。顾名思义，页面设置的对象是页面属性。

1）页边距

页边距是指页面四周的空白区域，即文字与页面边线的距离。通过设置页边距，可以设置上、下、左、右四个方向的边距。设置页边距有如下三种方法：

第一种方法：单击"页面布局"选项卡中的"页边距"下拉按钮，下拉列表如图 2-108 所示，选择需要调整的页边距样式。

第二种方法：通过"页面布局"中的上、下、左、右四个微调按钮进行设置。

第三种方法：若下拉列表中没有需要的样式，单击"页面布局"选项卡中的"页边距"下拉按钮，选择"自定义页边距"命令，或单击"页面设置"对话框启动器按钮，弹出"页面设置"对话框，如图 2-109 所示。

在对话框中，可以设置页面的上（默认值为 2.54 厘米）、下（默认值为 2.54 厘米）、左（默认值为 3.18 厘米）、右（默认值为 3.18 厘米），纸张方向（默认值为纵向）、页码范围及应用范围（默认值为本节）。

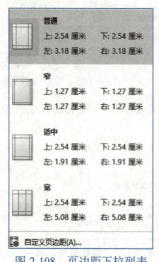

图 2-108　页边距下拉列表

图 2-109　"页面设置"对话框

2）纸张

WPS 文字默认的纸张是标准的 A4 纸，文字纵向排列，纸张宽度为 21 厘米，高度为 29.7 厘米。可以根据需要重新设置纸张大小和方向。

纸张方向设置：单击"页面布局"选项卡中的"纸张方向"下拉按钮，可以对当前节进行纸张方向设置。

纸张大小设置：单击"页面布局"选项卡中的"纸张大小"下拉按钮，可以根据需要对打印纸张的大小进行设置。

如果下拉列表中没有需要的纸张样式，选择"其他页面大小"命令，或单击"页面设置"对话框启动器按钮，弹出"页面设置"对话框，选择"纸张"选项卡，在"纸张大小"区域进行设置。

3）版式

通过设置版式，可以完成节、页眉页脚、边距等项目设置。

（1）单击"页面布局"选项卡中的"页面设置"对话框启动器按钮，在"页面设置"对话框中选择"版式"选项卡，如图 2-110 所示。

（2）在"节的起始位置"下拉列表中可以选择"新建页""奇数页""偶数页""接续本页"。在"页眉和页脚"区域可以设置"奇偶页不同""首页不同"，可以设置页眉页脚距离边界的位置，常规选项可以设置默认的度量单位，范围可以应用于"本节""插入点之后""整篇"等。

（3）单击"确定"按钮，完成文档版式的设置。

4）文档网格

可以实现文字排列方向、页面网络、每页行数、每行字数等项目设置。

（1）单击"页面布局"选项卡中的"页面设置"对话框启动器按钮，在"页面设置"对话框中选择"文档网格"选项卡，如图 2-111 所示。

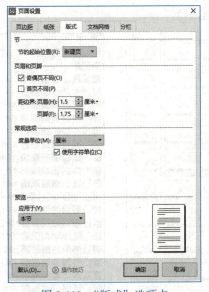
图 2-110 "版式"选项卡

图 2-111 "文档网格"选项卡

（2）根据需要，在其中可以设置文字排列方向、网格、每页的行数、每行的字数、应用范围等。

（3）单击"绘图网格"按钮，弹出"绘图网格"对话框，如图 2-112 所示，可以根据需要设置文档网格格式，单击"确定"按钮返回。

5）分栏

"页面设置"对话框中的"分栏"选项卡，操作与前面讲过的分栏操作类似，此处不再赘述。

4. 文档主题

文档主题是一组具有统一外观的格式集合，包括一组主题颜色（配色方案的集合）、一组主题文字（包括标题字体和正文字体）以及一组主题效果（包括线条和填充效果）。WPS 文字、WPS 表格和 WPS 演示都提供了内置的文档主题，文档主题可在多种 WPS Office 组件中共享，使所有 WPS Office 文档都具有统一的外观。WPS 文字的文档主题对以 ".docx" 为扩展名的文档名有效，对以 ".wps" 为扩展名的文档无效。

内置文档主题是 WPS 文字自带的主题，若要使用内置主题，操作步骤如下：

（1）打开要应用主题的文档，单击"页面布局"选项卡中的"主题"下拉按钮，在下拉列表中显示了 WPS 文字系统内置的主题库，其中有 Office、相邻、角度等文档主题，WPS 内置了 44 种主题，如图 2-113 所示。

（2）单击某个主题，即可将该主题应用到当前文档。

注意：

如果先在文档中应用样式，再应用主题，文档中的样式将会受到影响，反之亦然。

在 WPS 文字中，可以对文档颜色、字体以及效果进行设置，这些设置会应用到当前文档。

（1）主题颜色：用来设置文档中不同对象的颜色，默认有多种预设颜色组合以及多种颜色推荐组合。应用主题颜色操作步骤如下：

① 单击"页面布局"选项卡中的"颜色"下拉按钮。

② 在下拉列表中列出了 WPS 文字中所使用的主题颜色组合，如图 2-114 所示。单击其中的一项，可将当前文档的主题颜色更改为指定的主题颜色。

图 2-112 "绘图网格"对话框

图 2-113 文档主题

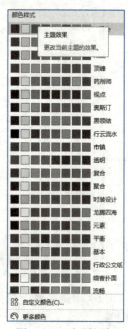

图 2-114 主题颜色

（2）主题字体：用来设置文档中的中文字体。有多种字体组合方式。应用主题字体的操作步骤如下：

① 单击"页面布局"选项卡中的"字体"下拉按钮。

② 在下拉列表中列出了 WPS 文字中所使用的主题字体组合，如图 2-115 所示。单击其中的一项，可将当前文档的字体更改为指定的主题字体。

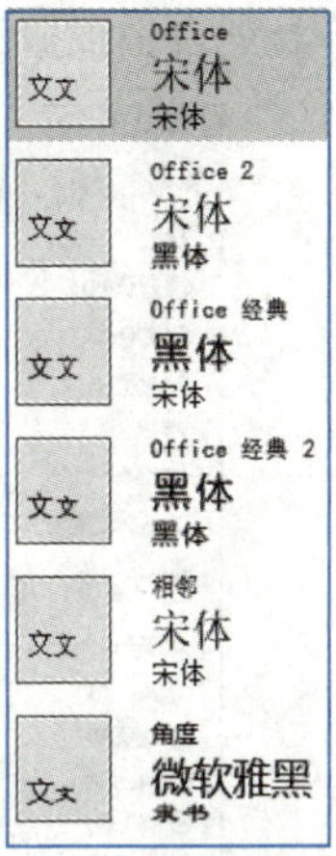

（3）主题效果：是线条和填充效果的组合。

应用 WPS 文字提供的主题效果的操作步骤如下：

① 单击"页面布局"选项卡中的"效果"下拉按钮。

② 在下拉列表中列出了 WPS 文字中所使用的效果组合，如图 2-116 所示。单击其中的一项，可将当前文档的主题效果更改为指定的主题效果。

5．页面背景

页面背景是指显示于 WPS 文档底层的颜色或图案，用于丰富文档的页面显示效果，使文档更美观，增加其观赏性。页面背景包括页面颜色、水印和页面边框。

1）页面颜色

在 WPS 文字中，系统默认的页面底色为白色，用户可以将页面颜色设置为其他颜色，以增强文档的显示效果。单击"页面布局"选项卡中的"背景"下拉按钮，在下拉列表中可根据需要选择"主题颜色""标准色""渐变填充""稻壳渐变色"等颜色板中的颜色，文档背景将自动以该颜色进行填充。也可以通过其他方式进行填充，如调色板、图片背景、其他背景（渐变、纹理、图案）、水印等。

假如要将当前文档的背景颜色设置为"茵茵绿原"渐变色，操作步骤如下：

（1）单击"页面布局"选项卡中的"背景"下拉按钮，在下拉列表中选择"图片背景"或者"其他背景"命令，弹出"填充效果"对话框，如图 2-117 所示。

图 2-115　主题字体

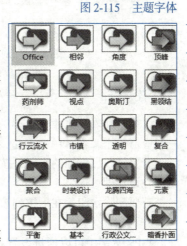

图 2-116　主题效果

（2）在"填充效果"对话框中，有"渐变""纹理""图案"等多个选项卡。如果选择"图片"选项卡，可以将指定位置的图片作为文档背景添加，选择"纹理"选项卡可以以各种纹理效果对页面进行填充，此处不再赘述。

（3）选择"渐变"选项卡，选择"预设"单选按钮，在"预设颜色"下拉列表框中选择"茵茵绿原"，可以根据需要设置"透明度"及"底纹样式"。

（4）完成选择之后，页面将以"茵茵绿原"渐变色进行填充。

若要删除页面颜色，在"背景"下拉列表中选择"删除页面背景"选项即可。

2）水印

水印是一种特殊的文档背景，在打印一些重要文件时给文档加水印，如"绝密""保密""严禁复制"等字样，以强调文件的重要性，水印分为图片水印和文字水印。添加水印的操作步骤如下：

（1）单击"页面布局"选项卡中的"背景"下拉按钮，在下拉列表中选择"水印"命令，根据需要在"预设水印"或"Preset"列表中选择需要的水印样式即可。

（2）若要自定义水印，在下拉列表中选择"自定义水印"中的"点击添加"命令或"插入水印"命令，弹出"水印"对话框，如图 2-118 所示。

（3）在"水印"对话框中，可以根据需要设置图片水印或者文字水印的相关属性。

添加水印还可以通过下面方法进行操作：单击"插入"选项卡中的"水印"下拉按钮，在下拉列表中根据需要对水印进行操作。

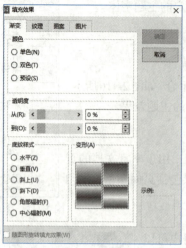

图 2-117 "填充效果"对话框

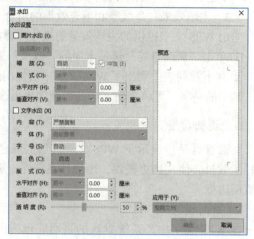

图 2-118 "水印"对话框

> **注 意：**

文字水印在一页中仅显示为单个水印，若要在同一页中显示多个文字水印，可以先制作一幅含有多个文字水印的图片，然后再将图片设置为水印。

若要修改已添加的水印，按照前面所述方法打开"水印"对话框，在对话框中完成对水印的属性设置即可。

若要删除水印，在下拉列表中选择"水印"→"删除文档中的水印"命令即可。

3) 页面边框

WPS 文字中可以通过设置页面边框为页面四周添加指定格式的边框以增强页面的显示效果，操作步骤如下：

（1）单击"页面布局"选项卡中的"页面边框"按钮，弹出"边框和底纹"对话框，如图 2-119 所示。

（2）在"页面边框"对话框中设置线型、颜色、宽度等，图 2-120 所示为设置线型为虚线，颜色自动，宽度为 0.5 磅的效果。

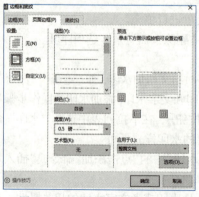

图 2-119 "边框和底纹"对话框

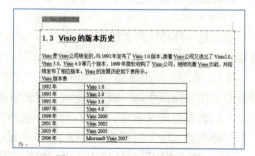

图 2-120 页面边框应用效果

若要删除页面边框，在"边框和底纹"对话框中选择"页面边框"选项卡，在"设置"列表框中选择"无",单击"确定"按钮,即可删除页面边框。

三、目录与索引

目录是 WPS 文字中各级标题及所在页码的列表,通过目录可以实现文档内容的快速浏览,WPS 文字中的目录包括标题目录和图表目录。索引是指将文档中的字、词、短语等单独列出来,注明其出处和页码,根据需要按一定的检索方法编排,以方便读者快速地查阅内容。

1. 目录

下面介绍标题目录和图表目录的创建与删除。

1)标题目录

WPS 文字具有自动编制各级标题目录的功能。编制目录完成之后,按住【Ctrl】键,可以快速跳转到标题所在的页面。WPS 文字中的目录分为智能目录及自动目录两种类型。智能目录是在文中未使用标题样式时,自动识别正文的目录结构,生成对应级别目录。自动目录是在文中标题已使用标题时,根据标题样式生成目录。下面将介绍自动目录的创建、修改、更新及删除。

(1)创建自动目录。创建目录的操作方法如下:

① 打开已经预定义好各级标题样式的文档,将插入点定位到需要插入目录的位置(一般位于文档开头),单击"引用"选项卡中的"目录"下拉按钮,在下拉列表中选择一种目录样式,如图 2-121 所示,将自动生成目录。

② 单击"章节"选项卡中的"目录页"下拉按钮,在下拉列表中选择一种目录样式,此时在自动生成目录的同时,将自动插入分节符(下一页)。

③ 也可以在下拉列表中选择"自定义目录"命令,弹出"目录"对话框,如图 2-122 所示。在其中确定目录显示的对象格式及级别,如制表符前导符、显示级别、显示页码、页码右对齐等。

> **注 意:**
>
> (1)能够进入目录的内容,一定是应用了系统内置样式(如标题1、标题2等)的内容。
>
> (2)如果有些不该出现在目录中的内容进入了目录,说明该样式使用了标题1或者标题2之类的内置标题样式,只要选中该内容,删除该内容的样式应用即可。
>
> (3)反之,如果需要某些内容出现在目录中,则应该设置该内容的样式为标题1或标题2之类的内置标题样式。

(2)调整目录级别。WPS 文字中的各级标题层次可以根据需要进行调整,以生成相应的目录结构。操作步骤如下:

① 将插入点定位在要调整目录级别的标题行中或者选择标题行。

② 单击"引用"选项卡中的"目录级别"下拉按钮,在下拉列表中选择需要的目录级别即可,带√的为当前标题行所处的目录级别。目录级别共有九级,此外还有一级为普通文本。

可以同时选择多个不同级别的标题行或同一级别的标题行,统一设置为同一级别的目录结构。

(3)更新目录。目录编制完成后,如果文档内容进行了修改,导致标题或页码发生变化,需更新目录。更新目录的操作方法如下:

① 右击目录区域任意位置,在弹出的快捷菜单中选择"更新域"命令,弹出"更新目录"对话框,选择"更新整个目录"单选按钮,单击"确定"按钮完成目录更新。

② 也可以单击目录区域的任意位置,按【F9】键。

③或者单击目录区域的任意位置，然后单击"引用"选项卡中的"更新目录"按钮。

（4）删除目录。若要删除创建的目录，操作方法为：单击"引用"选项卡中的"目录"下拉按钮，在下拉列表中选择"删除目录"命令即可。或者在文档中选中整个目录后按【Delete】键进行删除。

2）图表目录

图表目录是对 WPS 文档中的图、表、公式等对象编制的目录。对这些对象编制目录后，同标题目录一样，按【Ctrl】键＋某个图表目录的题注，就可以跳转到该题注所在页面。

因此，插入图表目录的准备工作是先完成图、表题注插入，插入的方法前面已经阐述，此处不再赘述。

创建图表目录的步骤如下：

（1）打开已经完成图、表题注插入的文档。鼠标指针定位于即将插入图表目录的位置。

（2）单击"引用"选项卡中的"插入表目录"按钮，弹出"图表目录"对话框，如图 2-123 所示。

图 2-121 "目录"下拉列表

图 2-122 "目录"对话框

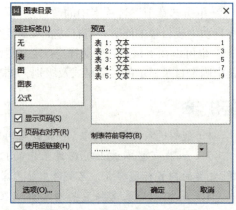

图 2-123 "图表目录"对话框

（3）在"题注标签"列表框中选择不同的题注对象，可实现对文档中图、表或公式题注的选择。

（4）在"图表目录"对话框中可以对其他选项进行设置，如显示页码、页码右对齐、制表符前导符等，与标题目录设置的方法类似。

（5）单击"选项"按钮，弹出"图表目录选项"对话框，可以对图表目录标题的来源进行设置，单击"确定"按钮完成图表目录创建，图 2-124 所示为图目录插入的效果图。

图表目录的操作还涉及图表目录的修改、更新及删除，其操作与标题目录的相应操作方法类似。

图 2-124 图目录效果图

2. 索引

索引是将文档中的关键词（专用术语、缩写和简称、同义词及相关短语等对象）或主题按一定次序分条排列，并显示其页码，以方便读者快速查找。索引的操作主要包括标记条目、插入索引目录、更新索引及删除索引等。

1）标记条目

要创建索引，首先要在文档中标记条目，条目可以是来自文档中的文本，也可以是与文本有特定关系的短语，如专用术语、缩写、同义词等。条目标记可以是文档中的一处对象，也可以是文档中相同内容的全部对象。其操作步骤如下：

（1）选中需要标记条目的内容，单击"引用"选项卡中的"标记索引项"命令，弹出图2-125所示的"标记索引项"对话框。

（2）在选中内容的情况下，索引的"主索引项"即为选中内容，如未选中，可在"主索引项"中输入需要索引标记的内容。以标记"Visio"为例，"主索引项"为"Visio"。"次索引项"是对索引对象的进一步限制，标记选项为"当前页""页面范围""交叉引用"，默认为"当前页"。页码格式也可以进行加粗和倾斜设置。

（3）单击"标记"按钮，可完成当前内容的标记，单击"标记全部"按钮，将完成文档中所有内容的标记，本例单击"标记全部"按钮。

2）插入索引目录

（1）将插入点置于即将添加索引目录的位置。

（2）单击"引用"选项卡中的"插入索引"按钮，弹出"索引"对话框，如图2-126所示。

图2-125 "标记索引项"对话框

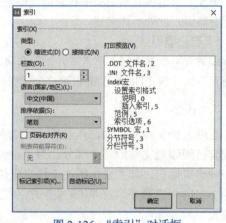

图2-126 "索引"对话框

（3）根据实际需要，可以设置"类型""栏数""页码右对齐""制表符前导符"等选项，右侧显示的是打印预览。

（4）单击"确定"按钮，完成插入，插入后的效果如图2-127所示。

图2-127 索引目录

3）自动索引

当索引词量较大时,可以利用插入索引对话框中的自动标记功能进行设置。操作步骤如下:

(1)将需要的索引词建立成文档表格文本,第一列放置索引项目,必须是正文中含有的词汇,用于搜索正文,第二列放置主索引项和次索引项,设置好后需要保存至本地,如图2-128所示。

可视化	流程可视化
版本历史	历史

图2-128 索引项目示例

(2)单击"引用"选项卡中的"插入索引"按钮,弹出"索引"对话框,单击"自动标记"按钮,弹出"自动标记"对话框,导入第1步准备好的索引文件。

(3)再次单击"插入索引"按钮,设置格式,单击"确定"按钮添加完毕。添加后的效果如图2-129所示。

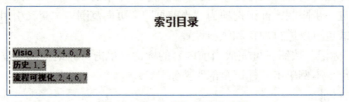

图2-129 自动索引目录示例

4）更新索引

更改了索引项或索引项所在页的页码发生改变后,应及时更新索引。其操作方法与标题目录更新类似,此处不再赘述。

5）删除索引

如果看不到索引域,单击"开始"选项卡中的"显示/隐藏段落标记"按钮,显示索引域。选择索引域,按【Delete】键删除单个索引标记,之后更新索引目录即可。

3. 书签

在浏览长文档时,如浏览长篇小说、长篇论文,由于内容过多,常常遇到关闭WPS后忘记自己阅读到文章的哪个部分,为了避免这种情况发生,可以为文档添加"书签"。书签是一种虚拟标记,其主要作用在于快速定位到指定位置,或者引用同一文档(也可以是不同文档)中的特定数字。在WPS文字中,文本、段落、图形、图片、标题等项目都可以添加书签。

1）添加和显示书签

(1)选中需要添加书签的文本,单击"插入"选项卡中的"书签"按钮 书签,弹出图2-130所示的"书签"对话框。

(2)在"书签"对话框中输入书签名,选择排序依据,如果选择名称,则书签以书签名为排序依据,如果选择位置,则书签以书签所在的位置为排序依据,单击"添加"按钮,即可完成书签的添加。

注 意:

(1)书签名命名必须以字母、汉字开头,不能以数字开头;

（2）书签中不能出现空格；
（3）书签中可以出现下划线，即"_"。

默认状态下，书签不显示，如果要显示书签，可通过如下方法进行设置：

选择"文件"→"选项"命令，选择"视图"选项卡，在"显示文档内容"区域中勾选"书签"复选框，如图 2-131 所示。设置为书签的文本以方括号"[]"的形式出现，书签的形式为 I。

图 2-130　"书签"对话框　　　　图 2-131　"选项"对话框

2）利用书签快速定位

（1）单击"视图"选项卡中的"导航窗格"按钮，显示 WPS 导航窗格。

（2）在导航窗格面板处，单击"书签"按钮，可以查看所添加的书签，单击"书签"按钮即可跳转到书签所在的位置。导航窗格如图 2-132 所示。

图 2-132　导航窗格

3）引用书签

在 WPS 文字中添加了书签后，可以对书签建立超链接及交叉引用。

（1）建立与书签的超链接：

① 在文档中选择要建立超链接的对象，如文本、图像等，或将插入点定位到要插入超链接的位置，单击"插入"选项卡中的"超链接"按钮，弹出"插入超链接"对话框，如图 2-133 所示。

② 在左侧列表中选择"本文档中的位置"。

③ 选择"书签"标记下面的某个书签名，单击"确定"按钮即为选择的对象建立超链接。

（2）建立对书签的交叉引用

① 在文档中确定建立交叉引用的位置，然后单击"插入"选项卡中的"交叉引用"按钮，弹出"交叉引用"对话框。也可以单击"引用"选项卡中的"交叉引用"按钮。

② 在"引用类型"下拉列表框中选择"书签"选项，在"引用内容"下拉列表框中选择"书签文字"选项，如图 2-134 所示。在"引用哪一个书签"列表框中选择某个书签，单击"插入"按钮即可在插入点处建立对书签的交叉引用。

图 2-133 "插入超链接"对话框

图 2-134 "交叉引用"对话框

任务实现

子任务一：整体布局

具体要求：

采用 A4 纸，设置上、下、左、右页边距分别为 2 厘米、2 厘米、2.5 厘米、2 厘米；页眉页脚距边界为 1 厘米。

利用页面设置功能，将毕业论文各页设置为统一的布局格式，操作步骤如下：

（1）单击"页面布局"选项卡中的"页边距"下拉按钮，在下拉列表中选择"自定义页边距"命令，弹出"页面设置"对话框。

（2）在"页面设置"对话框的"页边距"选项卡中，设置上、下、左、右页边距分别为 2 厘米、2 厘米、2.5 厘米、2 厘米，"应用于"选择"整篇文档"。

（3）在"纸张"选项卡中，选择"A4"，"应用于"选择"整篇文档"。

（4）在"版式"选项卡中，设置页眉页脚边距为"1 厘米"，"应用于"选择"整篇文档"。

（5）单击"确定"按钮，完成页面设置。

子任务二：分节

具体要求：

论文的封面、中文摘要、英文摘要、正文各章节、结论、致谢和参考文献分别进行分节处理，每部分内容单独为一节，并且每节从奇数页开始。

一般打印毕业论文都是双面打印，因此，毕业论文各部分内容（封面、中文摘要、英文摘要、目录、正文各章节、结论、致谢、参考文献）应从奇数页开始，因此每节应该设置成从奇数页开始。

（1）将插入点定位在中文摘要所在页的标题文本的最前面，单击"页面布局"选项卡中的"分隔符"下拉按钮，在下拉列表中选择"奇数页分节符"命令，完成第 1 个分节符的插入。

如果插入点定位到封面所在页的最后面，然后插入分节符，此时中文摘要内容的最前面会产生一个空行，需要手动删除。

（2）使用同样的方法在英文摘要、正文各章、结论、致谢所在页面的后面插入奇数页分节符。

子任务三：正文格式设置

具体要求：

> 正文是指从第 1 章开始的论文文档内容，排版格式包括以下几方面内容。
>
> （1）章、节、小节标题样式设置，具体要求如下：
>
> ① 章名（即一级标题）使用样式"标题 1"，左对齐，编号格式为"第 × 章"，编号与文字之间空一格，字体为"三号，黑体"，左缩进 0 字符，段前 1 行，段后 1 行，单倍行距，其中 X 为自动编号，标题格式为"第 1 章 ×××"。
>
> ② 节名（即二级标题）使用样式"标题 2"，左对齐；编号格式为多级列表编号（如"X.Y"，X 为章数字序号，Y 为节数字序号）编号与文字之间空一格，字体为"四号，黑体"，左缩进 0 字符，段前 0.5 行，段后 0.5 行，单倍行距，其中，X 和 Y 均为自动编号，节格式为"1.1 ×××"。
>
> ③ 小节名（即三级标题）使用样式"标题 3"，左对齐；编号格式为多级列表编号（如"X.Y.Z"，X 为章数字序号，Y 为节数字序号，Z 为小节数字序号），编号与文字之间空一格，字体为"小四，黑体"，左缩进 0 字符，段前 0 行，段后 0 行，1.5 倍行距，其中，X、Y、Z 均为自动编号，小节格式为"1.1.1 ×××"。
>
> （2）正文样式设置，具体要求如下：
>
> ① 新建样式，样式名称为样式 0123，样式格式为：中文字体为"宋体"，西文字体为"Times New Roman"，字号为"小四"，段落格式为首行缩进 2 字符，1.5 倍行距，段前 0.5 行，段后 0.5 行。
>
> ② 将该样式应用到除章、节、小节、题注、表中文字之外的正文内容中。
>
> （3）题注及交叉引用。
>
> ① 为正文中的图添加题注，题注位于图下方，居中对齐，图居中。标签为"图"，编号为"章序号 - 图序号"，例如，第 1 章中的第 1 张图，题注编号为"图 3-1"。对正文中出现的"如下图所示"的"下图"使用交叉引用，改为"图 X-Y"，其中"X-Y"为图题注的对应编号。
>
> ② 为正文中的表添加题注，题注位于表上方，居中对齐，表居中。标签为"表"，编号为"章序号 - 表序号"，例如，第 1 章中的第 1 张表，题注编号为"表 1-1"。对正文中出现的"如下表所示"的"下表"使用交叉引用，改为"表 X-Y"，其中"X-Y"为表题注的对应编号。
>
> （4）结论、致谢、参考文献。
>
> 结论格式设置与正文各章节格式设置相同。致谢、参考文献标题使用"标题 1"样式，删除标题编号。致谢内容部分，格式同正文，使用"样式 0123"；参考文献内容为自动编号，格式为 [1]，[2]，[3]，…。根据提示，在正文中相应的位置重新交叉引用参考文献的编号并设为上标形式。

1. 章、节、小节标题样式设置

按照要求，对章标题、节标题、小节标题分别使用标题 1、标题 2、标题 3 样式，并且使用自动编号。章、节、小节标题之间的编号存在关联关系，可以将"多级列表"关联标题 1、标题 2、标题 3 样式，然后再将样式应用至章、节、小节标题。具体步骤如下：

1）编号设置

鼠标指针定位在正文第 1 章章标题所在行的任意位置并右击，在弹出的快捷菜单中选择"项目符号和编号"命令，弹出"项目符号和编号"对话框，选择"多级编号"选项卡，选择带"标题 1""标题 2""标题 3"的多级编号项，单击"自定义"按钮，弹出"自定义多级编号列表"

对话框，单击"高级"按钮，对话框将扩展。

（1）一级标题编号设置：在"自定义多级编号列表"对话框中，"级别"选择"1"，在"编号格式"文本框中，在系统提供的自动编号前输入"第"，编号后输入"章"，编号样式选择阿拉伯数字"1，2，3，…"，单击"字体"按钮，选择编号的中文字体为"黑体"，字号为"三号"，"将级别链接到样式"中选择"标题1"，如图2-135所示。

（2）二级标题编号设置："级别"选择"2"，编号格式中采用系统提供的自动编号，将最后的小数点替换为空格，单击"字体"按钮，选择编号的中文字体为"黑体"，字号为"四号"，"将级别链接到样式"中选择"标题2"，如图2-136所示。

图2-135　一级标题编号设置　　　　图2-136　二级标题编号设置

（3）三级标题编号设置："级别"选择"3"，编号格式中采用系统提供的自动编号，将最后的小数点替换为空格，单击"字体"按钮，选择编号的中文字体为"黑体"，字号为"小四号"，"将级别链接到样式"中选择"标题3"，如图2-137所示。

2）样式修改

（1）标题1样式修改：在"开始"选项卡中右击"标题1"，在弹出的快捷菜单中选择"修改样式"命令，单击左下角的"格式"按钮，选择"字体"选项，中文字体设置为"黑体"，字号设置为"三号"，单击"确定"按钮。选择"段落"选项，"段前"设置为"1行"，"段后"设置为"1行"，"左缩进"设置为"0"字符，"行间距"设置为"1倍行距"。

图2-137　三级标题编号设置

（2）标题2样式修改：在"开始"选项卡中右击"标题2"，在弹出的快捷菜单中选择"修改样式"命令，单击左下角的"格式"按钮，选择"字体"选项，中文字体设置为"黑体"，字号设置为"四号"，单击"确定"按钮。选择"段落"选项，"段前"设置为"0.5行"，"段后"设置为"0.5行"，"左缩进"设置为"0"字符，"行间距"设置为"1倍行距"。

（3）标题3样式修改：在"开始"选项卡中右击"标题3"，在弹出的快捷菜单中选择"修改样式"命令，单击左下角的"格式"按钮，选择"字体"选项，中文字体设置为"黑体"，字号设置为"小四号"，单击"确定"按钮。选择"段落"选项，"段前"设置为"0 行"，"段后"设置为"0 行"，"左缩进"设置为"0"字符，"行间距"设置为"1.5 倍行距"。

3）样式应用

将光标分别定位于章标题处，选中章标题，在"开始"选项卡中选择"标题 1"，将"标题 1"样式应用至章标题。选中节标题，将"标题 2"样式应用至节标题。选中小节标题，将"标题 3"样式应用至小节标题，并删除编号的提示文本。设置完毕后，章标题、节标题、小节标题编号格式效果如图 2-138 所示。

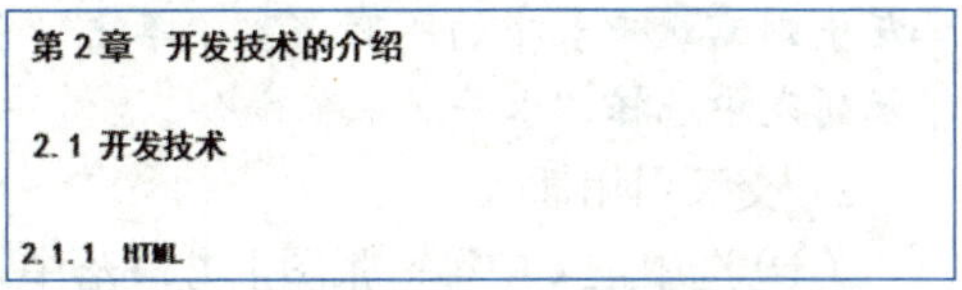

图 2-138 章、节、小节编号设置效果图

注 意：

章、节、小节标题格式设置完毕后，各级编号选中会有阴影，表明编号是域代码运行的结果，是系统的自动编号，只有系统的自动编号，才能被引用。如果编号是通过键盘输入的普通文本，则无法被引用。

2. 正文样式设置

1）新建样式

单击正文中第一段任意位置，单击"开始"选项卡中的样式组的下拉按钮，在下拉列表中选择"新建样式"命令，弹出"新建样式"对话框，"名称"输入"样式 0123"，"样式基于"选择"正文"。单击左下角的"格式"按钮，选择"字体"选项，中文字体为"宋体"，西文字体为"Times New Roman"，字号为"小四"，单击"确定"按钮。选择"段落"选项，"段前"设置为"0.5 行"，"段后"设置为"0.5 行"，"行间距"设置为"1.5 倍行距"，"特殊格式"设置首行缩进"2 字符"，单击"确定"按钮，此时在样式组和"样式和格式"窗格中将出现样式"样式 0123"。

2）应用样式

选中除章、节、小节、题注、表中文字之外的正文内容，单击样式组中或者"样式和格式"窗格中的"样式 0123"，将该样式应用到正文中。

3. 题注及交叉应用插入

1）题注插入

（1）将光标定位于正文中第一张图的下方文字之前，单击"引用"选项卡中的"题注"按钮，弹出"题注"对话框，在"标签"下拉列表中选择"图"（标签如果不在列表中，可单击"新建标签"按钮），单击"编号"按钮，进入"题注编号"对话框，如图 2-139 所示。格式选择"1，2，3，…"，勾选"包含章节编号"复选框，"章节起始样式"为"标题 1"，其余选项保持默认。单击"确定"按钮，返回"题注"对话框，单击"确定"按钮，完成第一张图题注的插入。选中题注及图，单击"开始"选项卡中的"居中"按钮。

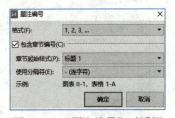

图 2-139 "题注编号"对话框

（2）按上述步骤依次插入其余图的题注。

（3）依照图的题注插入方法插入表的题注。依照惯例，图的题注位于图的下方，而表的

题注位于表的上方，表的题注使用标签"表"，其余同图的设置。

> **注 意：**
> 整张表的居中与表中内容的居中是不一样的：整张表居中，将光标置于表的左上方，变成四个方向箭头时单击，选中整张表格，单击"开始"选项卡中的"居中"按钮；表中内容居中则需选中表中的所有内容，单击"表格工具"选项卡中的"对齐方式"下拉按钮，在下拉列表中选择"水平居中"命令。

2）交叉引用插入

（1）选中正文中第一张图上方段落中"如图所示"的"图"，单击"引用"选项组中的"交叉引用"按钮，弹出"交叉引用"对话框，"引用类型"选择"图"，"引用内容"选择"只有标签和编号"，"引用哪一个题注"选择第一张图的题注，如图 2-140 所示。单击"插入"按钮，将插入"图 4-1"。

（2）依照上述步骤依次插入其他图和表的交叉引用。

4. 结论及致谢部分格式设置

结论格式设置与正文各章节格式设置相同。选中"结论"及"致谢"，单击"开始"选项卡中的"标题 1"样式，将自动产生的编号删除即可。选中结论及致谢中的其他文本内容，应用"样式 0123"。

5. 参考文献格式设置

（1）"参考文献"四个字设置为"标题 1"样式，将其自动产生的章编号删除。其余文字采用默认格式，即五号、宋体、单倍行距，左对齐，无缩进。如不是此格式，可重设。

（2）参考文献编号设置。选中所有参考文献内容，单击"开始"选项卡中的"编号"按钮，弹出"项目符号和编号"对话框，任意选择一种编号格式，单击"自定义"按钮，弹出图 2-141 所示的"自定义多级编号列表"对话框，在"编号格式"对话框中系统给定的编号前后分别输入"[" "]"，"编号样式"使用"1，2，3，…"，对齐设置为"左对齐"，位置设置为"0"厘米，单击"确定"按钮。此时参考文献内容将完成自动编号。

图 2-140　"交叉引用"对话框

图 2-141　"自定义多级编号列表"对话框

（3）论文中参考文献交叉引用。

① 将插入点定位在毕业论文正文中引用第 1 篇参考文献的位置，删除原有的参考文献标

号提示。单击"引用"选项卡中的"交叉引用"按钮，弹出"交叉引用"对话框，如图 2-142 所示。

② "引用类型"选择"编号项"，此时"引用哪一个编号项"列表框中将列出所有使用自动编号的编号项目，找到使用 [1]、[2] 的编号项目（即参考文献部分），选择第 1 个编号项，引用内容使用"段落编号"，单击"插入"按钮，当前位置将插入第 1 篇参考文献的编号。

③ 选中编号 [1]，单击"开始"选项卡中的"上标"按钮 X²，将编号设置为上标。

④ 重复以上步骤，完成所有参考文献的交叉引用及上标设置。

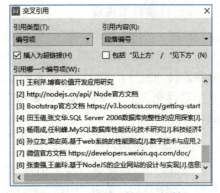

图 2-142 "交叉引用"对话框

子任务四：摘要及关键词格式设置

具体要求：

> 摘要格式：标题使用样式"标题 1"，并删除自动编号；文字"摘要："为"黑体，四号"，其余摘要内容为"宋体，小四号"；首行缩进 2 字符，1.5 倍行距。文字"关键词："为"黑体，四号"，其余关键词段落内容为"宋体，小四号"，首行缩进 2 字符，1.5 倍行距。

1. 摘要格式设置

选中标题文字，单击"开始"选项卡中的"标题 1"样式，删除自动编号。选中"摘要："，设置为"黑体，四号"。选中其余摘要内容，字体设置为"宋体，小四号"，段落设置为"首行缩进 2 字符，1.5 倍行距"。

2. 关键词格式设置

选中"关键词："，设置为"黑体，四号"。选中其余关键词内容，字体设置为"宋体，小四号"，段落设置为"首行缩进 2 字符，1.5 倍行距"。

子任务五：目录

具体要求：

> 在正文前按照顺序插入三个"奇数页分节符"。每节内容如下：
> 第 1 节：目录，文字"目录"使用样式"标题 1"，删除自动编号，居中，并自动生成目录项。
> 第 2 节：图目录，文字"图目录"使用样式"标题 1"，删除自动编号，居中，并生成图目录项。
> 第 3 节：表目录，文字"表目录"使用样式"标题 1"，删除自动编号，居中，并生成表目录项。

1. 插入三个空白页

将光标定位于正文中第 1 章标题之前，单击"页面布局"选项卡中的"分隔符"下拉按钮，在下拉列表中选择"奇数页分节符"命令，在正文前插入一个空白页。连续插入三个"奇数页分节符"，即插入三个空白页。

2. 目录自动生成

在第 1 个空白页中，输入"目录"，此时目录将自动应用"标题 1"样式（因为插入奇数页分节符是在章标题前插入的，插入部分的格式将使用章标题的格式，即"标题 1"样式），删除其自动编号，并设置居中显示。单击"引用"选项卡中的"目录"下拉按钮，在下拉列表中选择第 3 种目录样式（即含第 1 级、第 2 级、第 3 级的目录样式），将自动完成目录插入。

3. 图目录插入

在第 2 个空白页中，输入"图目录"，此时目录将自动应用"标题 1"样式，删除其自动编号，并设置居中显示。单击"引用"选项卡中的"插入表目录"按钮，弹出"图表目录"对话框，如图 2-143 所示，选择题注"图"，勾选"显示页码""页码右对齐""使用超链接"三个复选框，完成图目录插入。

4. 表目录插入

在第 3 个空白页中，输入"表目录"，此时目录将自动应用"标题 1"样式，删除其自动编号，并设置居中显示。单击"引用"选项卡中的"插入表目录"命令，弹出"图表目录"对话框，如图 2-143 所示，选择题注"表"，勾选"显示页码""页码右对齐""使用超链接"三个复选框，完成表目录插入。

图 2-143 "图表目录"对话框

子任务六：页眉页脚设置

具体要求：

> 首页、摘要、目录部分无页眉，正文页眉左侧为某某职业技术学院，右侧奇数页为章序号及章内容，偶数页为节序号及节内容。首页无页码，摘要、目录、图表目录部分页码格式为大写的罗马数字序列"Ⅰ，Ⅱ，Ⅲ，…"，正文部分页码格式为阿拉伯数字序号"1，2，3，…"。

1. 页脚设置

（1）双击摘要页的页脚部分，进入"页眉页脚视图"。单击"页眉页脚"选项卡中的"同前节"按钮，断开该节与前一节页脚之间的链接（默认为链接）。单击"页眉页脚"选项卡中的"页码"按钮，弹出"页码"对话框，如图 2-144 所示。

（2）样式选择"Ⅰ，Ⅱ，Ⅲ，…"，位置为"底端居中"，起始页码设置为"1"，应用范围选择"本页及之后"。

（3）光标定位至正文第 1 页。单击"页眉页脚"选项卡中的"同前节"按钮，断开正文与前一节页脚之间的链接。

单击"页码"按钮，弹出"页码"对话框，设置样式为"1，2，3，…"，位置为"底端居中"，起始页码设置为"1"，应用范围选择"本页及之后"。

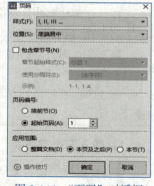

图 2-144 "页码"对话框

由于全文页码发生变化，目录、图目录、表目录皆需更新。双击正文部分，退出"页眉页脚"视图。在目录顶端选择"更新目录"，或者在目录任意位置右击，在弹出的快捷菜单中选择"更新目录"命令，由于图目录、表目录在目录之后插入，图目录和表目录没有进入到目录中，因此选择"更新整个目录"命令，完成目录更新。类似操作完成图目录和表目录的更新。

2. 页眉设置

（1）双击正文部分第一页的页眉部分，进入"页眉页脚"视图。在正文第一页页眉左侧输入"某某职业技术学院"，两次按【Tab】键，将光标定位于右侧，单击"插入"选项卡中的"文档部件"下拉按钮，在下拉列表中选择"域"命令，弹出"域"对话框，如图2-145所示。

域名选择"样式引用"，高级域属性中将显示域名，样式名选择"标题1"，勾选"插入段落编号"复选框，此时第1章首页页眉将插入"第1章"。重复上述操作，取消勾选"插入段落编号"复选框，此时第1章首页页眉将插入当前页标题1内容"绪论"。查看其他章节，可以看到每章页眉均完成了相应章标题的引用。

（2）单击"页眉页脚"选项卡中的"页眉页脚选项"按钮，弹出图2-146所示的"页眉/页脚设置"对话框，勾选"奇偶页不同"复选框，单击"确定"按钮。

对偶数页页眉进行重新设置。正文第二页页眉中左侧输入"某某职业技术学院"，在右侧单击"插入"选项卡中的"文档部件"下拉按钮在下拉列表中选择"域"命令，弹出"域"对话框。域名选择"样式引用"，高级域属性中将显示域名，样式名选择"标题2"，勾选"插入段落编号"复选框，此时当前页（偶数页）页眉将插入当前页标题2的编号"1.3"。重复上述操作，取消勾选"插入段落编号"复选框，此时当前页（偶数页）页眉将插入当前页标题2内容"开发环境"。

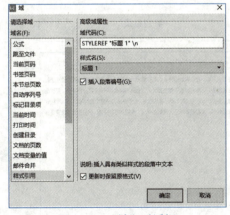
图2-145 "域"对话框

图2-146 "页眉/页脚设置"对话框

（3）查看其他正文部分奇数页和偶数页页眉，可以看到正文部分都设置完成。结论、致谢部分由于标题没有编号，所以此时的编号为"0"，需要重新设置。

光标定位于结论部分的页眉，单击"页眉页脚"选项卡中的"同前节"按钮，断开与前面节的链接。页眉删除编号"0"，保留章标题的内容"结论"。

至此，毕业论文排版完成，其部分效果图如图2-147所示。

笔记栏

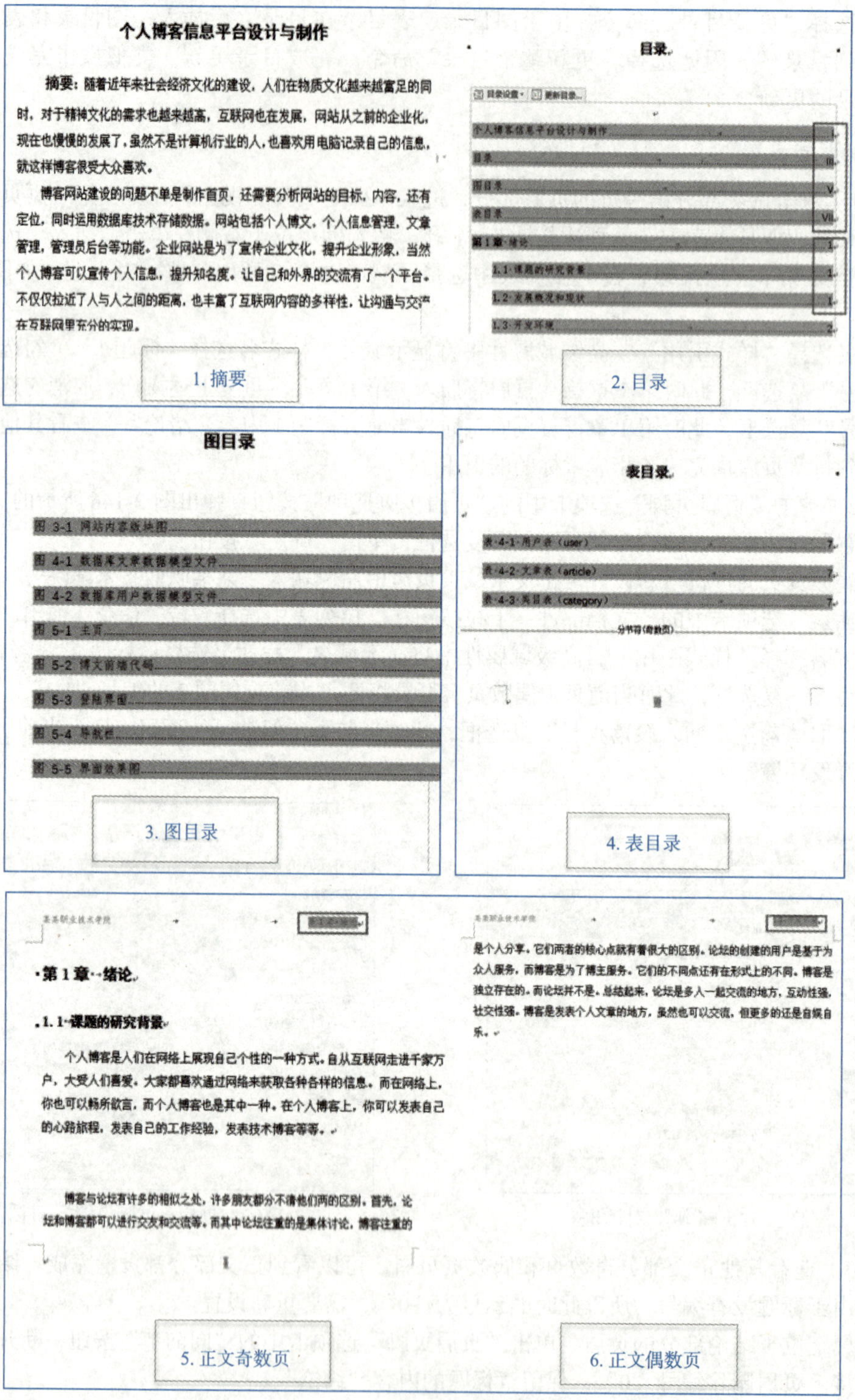

图 2-147　论文排版效果图

技巧与提高

一、批注

当需要对文档内容进行特殊的注释说明时，比如毕业论文提交给导师后，专业论文提交编辑审稿后，导师和编辑都会用批注来说明自己的意见。批注是文档的审阅者为文档附加的注释、说明、建议、意见等信息，并不对文档本身的内容进行修改。

WPS 文字允许多个审阅者对文档添加批注，并以不同颜色进行标识。

1. 批注选项设置

1）用户名设置

在文档中添加批注后，用户可以看到批注者的名称，默认为用户注册 WPS Office 的账户名，可以根据需要对账户名进行修改。

单击"审阅"选项卡中的"修订"下拉按钮，在下拉列表中选择"更改用户名"命令，弹出"选项"对话框，如图 2-148 所示。或选择"文件"→"选项"命令，弹出"选项"对话框，在左侧选择"用户信息"选项卡，在右侧的"姓名"文本框中输入新的用户名，在"缩写"文本框中修改用户名的缩写。单击"确定"按钮，完成用户名修改。

2）外观设置

批注的颜色、边框、大小等都可以进行设置。单击"审阅"选项卡中的"修订"下拉按钮，在下拉列表中选择"修订选项"命令，或者选择"文件"→"选项"命令，弹出"选项"对话框，在左侧选择"修订"选项卡，如图 2-149 所示。

在"修订"选项卡中可完成"修订"选项和"批注框"选项的设置。

3）位置设置

在 WPS 文字中，添加的批注位置默认为文档右侧。批注可以设置成以"垂直审阅窗格"和"水平审阅窗格"形式显示。

单击"审阅"选项卡中的"审阅"下拉按钮，在下拉列表中选择"审阅窗格"→"垂直审阅窗格"命令，将在文档左侧显示批注内容。若选择"水平审阅窗格"命令，将在文档的下方显示批注内容。

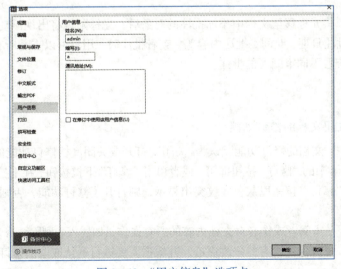

图 2-148 "用户信息"选项卡

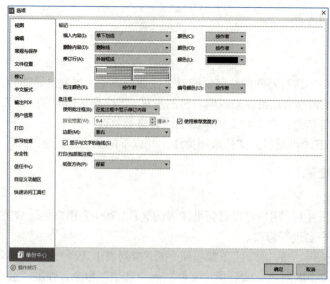

图 2-149 "修订"选项卡

2. 批注操作

1）添加批注

用于在文档中指定的位置或对选中的文本添加批注。

（1）在文档中选中需要添加批注的文本（或将插入点定位在需要添加批注的位置），单击"审阅"选项卡中的"插入批注"按钮。

（2）选中的文本将被填充颜色，并且用一对括号括起来，旁边为批注框，直接在批注框中输入批注内容，再单击批注框外的任何区域，即可完成批注插入。插入后的批注如图 2-150 所示。

图 2-150 批注效果

2）查看批注

批注添加后，将光标移至文档中添加批注的对象后，光标附近将出现浮动窗口，窗口内显示批注者名称、批注日期、时间、批注内容等。查看批注时，用户可以查看所有审阅者的批注，也可以根据需要查看不同审阅者的批注。

二、修订

1．打开或关闭文档的修订功能

在 WPS 文字中，文档的修订功能默认为"关闭"。打开或关闭文档修订功能的操作步骤如下：单击"审阅"选项卡中的"修订"按钮即可，或者单击"修订"下拉按钮，在下拉列表中选择"修订"命令。如果"修订"按钮以灰色底纹突出显示，则打开了修订功能，否则文档的修订功能为关闭状态。

在修订状态下，审阅者或作者对文档内容的所有操作，如插入、删除、修改、格式设置等，都会被记录下来，可以保留所有的修改痕迹，并根据需要进行确认或取消修订操作。

2. 查看修订

对 WPS 文档进行修订后，文档中包括批注、插入、删除或格式设置等修订标记，可以根据修订的类别查看修订，默认状态下可以查看文档中的所有修订。单击"审阅"选项卡中的"显示标记"下拉按钮，在下拉列表中可以看到"批注""插入和删除""格式设置""使用批注框"等命令，可以根据需要选择或取消这些命令。

3. 审阅修订

对文档进行修订后，可以根据需要，对这些修订进行接受或拒绝处理。

单击"审阅"选项卡中的"接受"下拉按钮，在下拉列表中显示对修订的各种接受方式。

（1）接受修订：表示接受当前这条修订操作。

（2）接受所有的格式修订：表示接受文档中所有的有关格式的修订操作。

（3）接受所有显示的修订：表示接受指定审阅者的修订。

（4）接受对文档所做的所有修订：表示接受文档中所有的修订操作。

单击"审阅"选项卡中的"拒绝"下拉按钮，在下拉列表中显示对修订的各种拒绝方式。

（1）拒绝所选修订：表示拒绝文档中当前修订操作。

（2）拒绝所有格式修订：表示拒绝文档中所有的有关格式的修订操作。

（3）拒绝所有显示的修订：表示拒绝指定审阅者的修订操作。

（4）拒绝对文档所做的所有修订：表示拒绝文档中所有的修订操作。

接受和拒绝修订还可以通过快捷菜单方式实现。右击某个修订，在弹出的快捷菜单中选择"接受"或"拒绝"命令即可实现当前修订的接受和拒绝操作。

4. 比较文档

由于 WPS 文字对修订功能是默认关闭的，如果审阅者默认状态下修订文档，就无法获得修改信息。可以通过 WPS 文字提供的"比较"命令，实现两个文档的对比。

（1）单击"审阅"选项卡中的"比较"下拉按钮，在下拉列表中选择"比较"命令，弹出"比较文档"对话框，如图 2-151 所示。

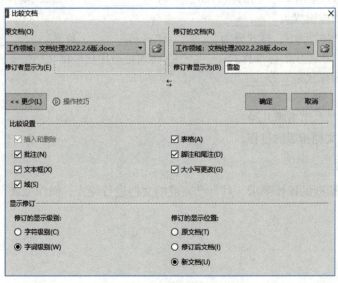

图 2-151 "比较文档"对话框

（2）分别选择原文档和修订的文档，在"比较设置"区域选择需要比较的项目，如批注、表格、脚注和尾注、文本框、大小写更改、域等，在"显示修订"区域中修订的显示级别有两种选择，字符级别及字间级别，修订的显示位置可选择原文档、修订后文档、新文档等。

测 评

1. 知识测评

1）填空题

（1）_____是 WPS 文字中最强有力的格式设置工具之一，使用它能够准确、规范地实现长文档的格式设置。

（2）如果要为不同页内容单独设置不同的页眉页脚，必须插入_____分隔。

（3）WPS 文档中的脚注与尾注主要用于对局部文本进行补充说明，如单词解释、备注说明或提供文档中引用内容的来源等。_____通常位于当前页面的底部，用来说明本页中要注释的内容。_____通常位于文档结尾处，用来集中解释需要注释的内容或标注文档中所引用的其他文档的名称。

（4）图的题注一般位于图的_____，表的题注一般位于表的_____。

（5）WPS 文字中可以在多个不同的位置使用同一个引用源的内容，这种方法称为_____。

（6）当浏览长篇小说、长篇论文时，由于内容过多，常常遇到关闭 WPS 后忘记自己阅读到文章的哪个部分，为了避免这种情况发生，可以为文档添加_____。

（7）_____中包含了文档的基本结构及设置信息（如文本、样式和格式）、页面布局（如页边距和行距）、设计元素（如特殊颜色、边框和底纹）等。

（8）当需要对文档内容进行特殊的注释说明时，比如毕业论文提交给导师后，专业论文提交编辑审稿后，导师和编辑都会用_____来说明自己的意见。_____是文档的审阅者为文档附加的注释、说明、建议、意见等信息，并不对文档本身的内容进行修改。

（9）在 WPS 文档中，文档的修订功能默认为_____。当需要保存文档修改痕迹时，需要将文档修订功能设置为_____。

（10）在 WPS 文字中，样式分为_____样式和_____样式。_____样式是指 WPS 文字为文档中各对象提供的标准样式；_____样式是指用户根据文档需要而设定的样式。其中，能够被删除的样式是 _____。

2）简答题

（1）什么是节？节有哪几种？

（2）简述长文档排版的过程。

2. 能力测评

按表 2-13 中所列的操作要求，对自己完成的文档进行检查，操作完成得满分，未完成或错误得 0 分。

表 2-13　技能测评表

序号	操作要求	分值	完成情况	自评分
1	整体布局：采用 A4 纸，设置上、下、左、右页边距分别为 2 厘米、2 厘米、2.5 厘米、2 厘米；页眉页脚距边界为 1 厘米	5		
2	页眉页脚：首页、摘要、目录部分无页眉，正文页眉左侧为某某职业技术学院，右侧奇数页为章序号及章内容，偶数页为节序号及节内容。首页无页码，目录部分页码格式为大写的罗马数字序列："Ⅰ，Ⅱ，Ⅲ，…"，正文部分页码格式为阿拉伯数字序列："1，2，3，…"	10		
3	分节：论文的封面、摘要、正文各章节、结论、致谢和参考文献分别进行分节处理，每部分内容单独为一节，并且每节从奇数页开始	10		
4	正文格式： 正文是指从第 1 章开始的论文文档内容，排版格式包括以下几方面内容。 （1）章、节、小节标题样式设置，具体要求如下： ①章名（即一级标题）使用样式"标题 1"，居中，编号格式为"第 X 章"，编号与文字之间空一格，字体为"三号，黑体"，左缩进 0 字符，段前 1 行，段后 1 行，单倍行距，其中 X 为自动编号，标题格式为"第 1 章 ×××"。 ②节名（即二级标题）使用样式"标题 2"，左对齐；编号格式为多级列表编号（如"X.Y"，X 为章数字序号，Y 为节数字序号），编号与文字之间空一格，字体为"四号，黑体"，左缩进 0 字符，段前 0.5 行，段后 0.5 行，单倍行距，其中，X 和 Y 均为自动编号，节格式为"1.1 ×××"。 ③小节名（即三级标题）使用样式"标题 3"，左对齐；编号格式为多级列表编号（如"X.Y.Z"，X 为章数字序号，Y 为节数字序号，Z 为小节数字序号），编号与文字之间空一格，字体为"小四，黑体"，左缩进 0 字符，段前 0 行，段后 0 行，1.5 倍行距，其中，X、Y、Z 均为自动编号，小节格式为"1.1.1 ×××"。 （2）正文部分样式设置，具体要求如下： ①新建样式，样式名称为样式 0123，样式格式为：中文字体为"宋体"，西文字体为"Times New Roman"，字号为"小四"，段落格式为首行缩进 2 字符，1.5 倍行距，段前 0.5 行，段后 0.5 行。 ②将该样式应用到除章、节、小节、题注、表中文字之外的正文内容中。 （3）题注及交叉引用。 ①为正文中的图添加题注，题注位于图下方，居中对齐，图居中。标签为"图"，编号为"章序号 - 图序号"，例如，第 1 章中的第 1 张图，题注编号为"图 3-1"。对正文中出现的"如下图所示"的"下图"使用交叉引用，改为"图 X-Y"，其中"X-Y"为图题注的对应编号。 ②为正文中的表添加题注，题注位于表上方，居中对齐，表居中。标签为"表"，编号为"章序号 - 表序号"，例如，第 1 章中的第 1 张表，题注编号为"表 1-1"。对正文中出现的"如下表所示"的"下表"使用交叉引用，改为"表 X-Y"，其中"X-Y"为表题注的对应编号。 （4）结论、致谢、参考文献。 结论格式设置与正文各章节格式设置相同。致谢、参考文献标题使用"标题 1"样式，删除标题编号。致谢内容部分，格式同正文，使用"样式 0123"；参考文献内容为自动编号，格式为 [1]，[2]，[3]，…。根据提示，在正文中相应的位置重新交叉引用参考文献的编号并设为上标形式	60		

续表

序号	操作要求	分值	完成情况	自评分
5	摘要 摘要格式：标题使用样式"标题1"，并删除自动编号；文字"摘要："为"黑体，四号"，其余摘要内容为"宋体，小四号"；首行缩进2字符，1.5倍行距。文字"关键词："为"黑体，四号"，其余关键词段落内容为"宋体，小四号"，首行缩进2字符，1.5倍行距	5		
6	目录 在正文前按照顺序插入3个"奇数页分节符"。每节内容如下： 第1节：目录，文字"目录"使用样式"标题1"，删除自动编号，居中，并自动生成目录项。 第2节：图目录，文字"图目录"使用样式"标题1"，删除自动编号，居中，并生成图目录项。 第3节：表目录，文字"表目录"使用样式"标题1"，删除自动编号，居中，并生成表目录项	10		
总　分				

3. 素质测评

针对表2-14中所列出的素质与素养观察点，反思任务实现过程，思考总结相关项目。

表2-14　素质测评表

序号	素质与素养	分值	总结与反思	得分
1	大局意识：长文档排版的过程环环相扣，每一步都基于前面步骤的正确操作，通过长文档排版，要养成大局意识，做事着眼于未来，立足于当下	25		
2	工匠精神：通过长文档排版、页眉页脚设置、正文标题样式设置，培养精益求精的工匠精神	25		
3	规范意识：目录、图、表目录、正文标题样式、正文等内容的格式设置一定要严谨，规范，排版过程中注意培养规则意识和习惯	25		
4	计算思维：长文档排版的过程中，要注重培养缜密的逻辑思维	25		
总　分				

拓展训练

本阶段的任务继续围绕"我身边的信息新技术"短视频制作项目展开。

到目前为止，我们已经完成了①"我身边的信息新技术"主题短视频设计与制作项目启动的通知；②"我身边的信息新技术"宣传海报；③"我身边的信息新技术"项目汇报会邀请函。请完成项目阶段报告。

1. 内容要求

第一页——封面为："****项目阶段报告"（****代表短视频的标题），寝室号，成员姓名，时间。

第二页——目录页（二级标题目录）。

第三页——图目录（总结报告中图的题注目录）。

第四页，正文，内容为 **** 项目阶段报告（**** 代表短视频的标题），需要在正文中说明团队成员的分工、主题确定、内容设计与制作的过程、遇到的问题如何解决的、实现的效果以及体会心得等。字数要求 1 000 字以上。

2．格式要求

（1）使用多级符号对章名、小节名进行自动编号。要求：

① 章号的自动编号格式为：第 X 章（如第 1 章），其中 X 为自动排序。阿拉伯数字序号，对应级别 1，居中显示。

② 节名自动编号格式为 X.Y，X 为章数字序号，Y 为节数字序号（如 1.1），X、Y 均为阿拉伯数字序号，对应级别 2，左对齐显示。

（2）新建样式，样式名为："样式" + 寝室号。其中：

① 字体：中文字体为"楷体"，西文字体为"Times New Roman"，字号为"小四"；

② 段落：首行缩进 2 字符，段前 0.5 行，段后 0.5 行，行距 1.5 倍；两端对齐，其余格式，默认设置。

③ 将新建的样式应用到正文中（除章标题、节标题、图的题注内容以外的内容）。

（3）对正文中的图添加题注"图"，位于图下方，居中。要求：

改为"图 X-Y"，其中"X-Y"为图题注的编号（如第 1 章的第 2 幅图，图题注编号为 1-2），图的说明使用下一行文字，格式同编号，图居中。

（4）对正文中出现"如下图所示"的"下图"两字，使用交叉引用。改为"图 X-Y"，其中"X-Y"为图题注的编号。

（5）在正文中按序插入两个节，使用 WPS 文字提供的功能，自动生成如下内容：

第 1 节，目录，其中，目录使用样式标题 1，居中，目录下为目录项。

第 2 节，图目录，其中，图目录使用样式标题 1，居中，目录下为图目录。

模块 3 数据处理

21世纪被称为"信息化社会",数据作为"信息化社会"的重要资源,已经越来越多地影响人们的生活,人们每天都在使用数据,同时也在产生数据。对数据进行各种汇总、计算、分析和统计,是为了挖掘数据中蕴藏的规律和价值。WPS表格是WPS Office办公软件中用于数据处理的重要软件,利用WPS表格不但能方便地创建工作表来存放数据,而且能够使用公式、函数、图表等数据分析工具对数据进行分析和统计。本模块将通过一家房产公司销售数据的处理讲述WPS表格应用。(注:本模块使用的所有数据均为虚构数据。)

通过本模块学习,掌握使用WPS表格进行数据存储、计算、分析、统计的方法,提升办公软件的应用能力,提高信息化办公的水平,增强计算思维,发展数字化创新和发展意识,养成信息安全意识与防护能力。

知识目标

1. 了解电子表格的应用场景,熟悉WPS表格的功能和操作界面;
2. 掌握新建、保存、打开和关闭工作簿,切换、插入、删除、重命名、移动、复制、冻结、显示及隐藏工作表等操作;
3. 掌握单元格、行和列的相关操作,掌握使用控制句柄、设置数据有效性和设置单元格格式的方法;
4. 掌握数据录入的技巧,如快速输入特殊数据、使用自定义序列填充单元格、快速填充和导入数据,掌握格式刷、边框、对齐等常用格式设置;
5. 熟悉工作簿的保护、撤销保护和共享,工作表的保护、撤销保护,工作表的背景、样式、主题设定;
6. 理解单元格绝对地址、相对地址的概念和区别,掌握相对引用、绝对引用、混合引用及工作表外单元格的引用方法;
7. 熟悉公式和函数的使用,掌握平均值、最大/最小值、求和、计数等常见函数的使用;
8. 了解常见的图表类型及电子表格处理工具提供的图表类型,掌握利用表格数据制作常用图表的方法;
9. 掌握自动筛选、自定义筛选、高级筛选、排序和分类汇总等操作;
10. 理解数据透视表的概念,掌握数据透视表的创建、更新数据、添加和删除字段、查看明细数据等操作,能利用数据透视表创建数据透视图;
11. 掌握页面布局、打印预览和打印操作的相关设置。

能力目标

1. 能进行数据表的增、删、改、查等操作;
2. 能利用自定义序列、快速填充、数据验证等技巧完成数据录入;

3. 能利用单元格格式设置、条件格式对工作表进行美化；
4. 会使用基本函数及公式进行数据的计算；
5. 能使用图表完成数据的可视化；
6. 能利用筛选、分类汇总、数据透视表等工具对数据进行分析和统计；
7. 能对工作簿、工作表进行保护；
8. 能根据需要进行打印前的准备工作并完成有效打印。

素质目标

1. 具有信息意识，自觉充分地利用信息解决生活、学习和工作中的数据处理问题；
2. 具有团队协作精神，善于与他人合作、共享信息，实现信息的更大价值；
3. 具备数字化创新与发展意识，能够用 WPS 表格处理技术解决工作、学习、生活中的实际问题；
4. 具备信息安全意识与防护能力；
5. 具备计算思维，能利用 WPS 表格界定问题、抽象特征、建立模型、组织数据、管理数据。

任务 1 房产销售基础数据表制作——WPS 表格数据输入与格式设置

使用 WPS 表格进行数据管理是对数据进行有效的收集、存储、处理和应用的过程，其目的在于充分有效地发挥数据的作用。实现数据有效管理的关键是数据组织。

在创建表格对数据进行管理时，要充分考虑数据间的内在联系，以便于从数据修改、更新与扩充的角度考虑数据表的创建，同时要保证数据的独立性、可靠性、安全性与完整性，减少数据冗余，提高数据共享程度及数据管理效率。

本模块所有任务将围绕一家房产公司的房产销售数据展开（注：表格中所有数据均为虚构数据）。所有表格中的数据都在呈现同一个事实，表与表之间存在着各种关联关系。在任务实施过程中，我们既要掌握如何使用 WPS 表格的各项工具完成数据的管理，更要思考如何利用 WPS 表格软件界定问题、抽象特征、建立模型、组织数据、管理数据，从而培养计算思维。

任务描述

房产销售数据管理的基础是完成房屋基本信息、销售员工基本信息、客户基本信息的收集和存储。在本任务中，将完成如下三张表格：

（1）房屋基本信息表。记录房屋的楼号、类型、户型、房屋面积、花园面积、价格等信息。

（2）销售员工信息表。记录公司每位销售员工的工号、姓名、性别、出生年月、销售级别等信息。

（3）客户信息表。记录该项目的客户编号、姓名、身份证号码、电话号码、服务代表等信息。

在完成数据收集的同时，完成对表格的格式设置。

知识准备

一、认识 WPS 表格窗口

启动 WPS 表格窗口，界面如图 3-1 所示。

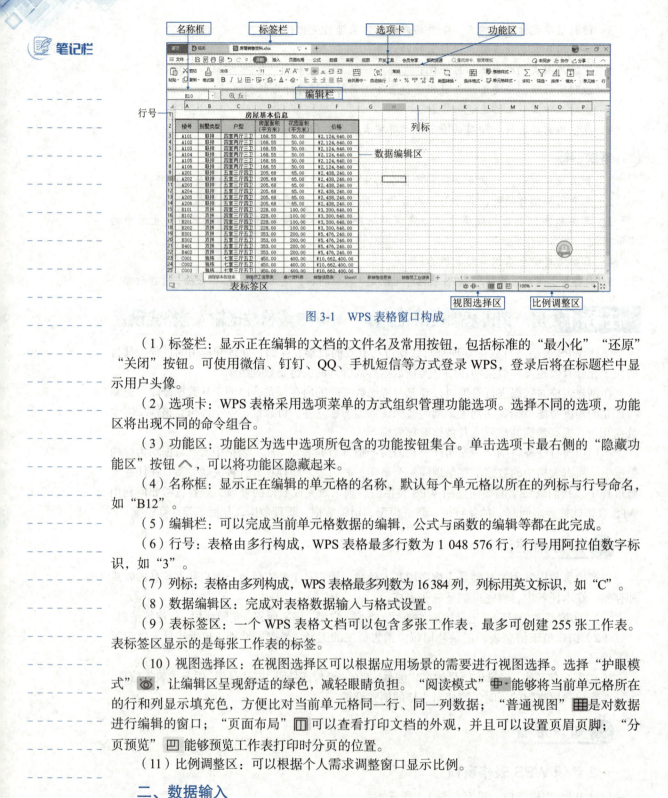

图 3-1 WPS 表格窗口构成

（1）标签栏：显示正在编辑的文档的文件名及常用按钮，包括标准的"最小化""还原""关闭"按钮。可使用微信、钉钉、QQ、手机短信等方式登录 WPS，登录后将在标题栏中显示用户头像。

（2）选项卡：WPS 表格采用选项菜单的方式组织管理功能选项。选择不同的选项，功能区将出现不同的命令组合。

（3）功能区：功能区为选中选项所包含的功能按钮集合。单击选项卡最右侧的"隐藏功能区"按钮 ∧，可以将功能区隐藏起来。

（4）名称框：显示正在编辑的单元格的名称，默认每个单元格以所在的列标与行号命名，如"B12"。

（5）编辑栏：可以完成当前单元格数据的编辑，公式与函数的编辑等都在此完成。

（6）行号：表格由多行构成，WPS 表格最多行数为 1 048 576 行，行号用阿拉伯数字标识，如"3"。

（7）列标：表格由多列构成，WPS 表格最多列数为 16 384 列，列标用英文标识，如"C"。

（8）数据编辑区：完成对表格数据输入与格式设置。

（9）表标签区：一个 WPS 表格文档可以包含多张工作表，最多可创建 255 张工作表。表标签区显示的是每张工作表的标签。

（10）视图选择区：在视图选择区可以根据应用场景的需要进行视图选择。选择"护眼模式" ，让编辑区呈现舒适的绿色，减轻眼睛负担。"阅读模式" 能够将当前单元格所在的行和列显示填充色，方便比对当前单元格同一行、同一列数据；"普通视图" 是对数据进行编辑的窗口；"页面布局" 可以查看打印文档的外观，并且可以设置页眉页脚；"分页预览" 能够预览工作表打印时分页的位置。

（11）比例调整区：可以根据个人需求调整窗口显示比例。

二、数据输入

在 WPS 表格中可以输入文本、数字、日期等类型的数据。通常输入数据的方法是：单击相应单元格,输入数据,按【Enter】键进行确认,或者单击"编辑栏"左侧的"输入"按钮。但是一些特殊数据的输入,如学号(唯一)、性别(有限选项)、身份证号码(长度受限)、成绩(数据范围受限)等数据,由于受到各种限制,在输入时可以通过设置数据有效性来实现。另外,对于非 WPS 表格文件,还可以通过"数据"选项卡中的"导入数据"按钮快速导入。

1. 数据有效性

数据有效性是指通过建立一定的规则来限制单元格中输入数据的类型和范围,以提高单元格数据输入的效率和规范性。另外,还可以使用数据有效性定义提示和帮助信息,或者圈释无效数据。

1)禁止输入重复数据

在数据输入过程中,有些数据的值是唯一的,如学号、工号、身份证号码等,为了防止输入重复数据,可通过设置数据有效性来实现。

(1)选择需要设置的数据范围,单击"数据"选项卡中的"有效性"下拉按钮,在下拉列表中选择"有效性"命令,弹出"数据有效性"对话框,在"允许"下拉列表框中选择"自定义"选项,在"公式"文本框中输入公式"=COUNTIF(A:A,A2)=1",如图 3-2 所示。此处的函数"COUNTIF(A:A,A2)"是条件统计函数,该函数有两个参数,第一个参数为统计的数据范围,当前值为"A:A",即 A 列,可通过单击 A 列列标实现,第二个参数为统计的值,此处值为"A2"。该函数的运算结果为 A2 单元格在 A 列出现的次数。"COUNTIF(A:A,A2)=1"是个关系运算表达式,即判断 A2 单元格在 A 列出现的次数是否等于 1,如果等于 1,即 A2 仅出现一次,则返回逻辑值"TRUE",否则返回"FALSE"。

(2)选择"出错警告"选项卡,在"标题"文本框中输入"错误提示",在"错误信息"文本区中输入"数据重复!",如图 3-3 所示,单击"确定"按钮。

图 3-2 "数据有效性"对话框"设置"选项卡　　图 3-3 "数据有效性"对话框"出错警告"选项卡

(3)当在 A 列输入相同数据时,出现图 3-4 所示的错误提示。

2)限制数据输入为序列

在 WPS 表格中输入有固定选项的数据,如性别、学历、婚否、部门等时,如果直接从下拉列表中进行选择,既可以提高数据输入的效率,又可以提高数据输入的规范性。下拉列表的形成,可

图 3-4 错误提示

以通过数据有效性,将数据限制为序列,也可以单击"数据"选项卡中的"下拉列表"按钮实现。

以性别列设置为例,使用数据有效性进行设置的操作步骤如下:

(1)选中需要设置的数据范围,单击"数据"选项卡中的"有效性"下拉按钮,在下拉

列表中选择"有效性"命令,弹出"数据有效性"对话框,在"允许"下拉列表框中选择"序列",在来源中输入"男,女"。(注意,此处的分隔符为英文符号",",不能输入中文符号),如图3-5所示。

(2)单击"确定"按钮,关闭"数据有效性"对话框。返回工作表中,在刚刚选中的任意单元格中单击,单元格右边将显示下拉按钮,单击下拉按钮,弹出下拉选项,效果如图3-6(b)所示。

如果使用下拉列表进行设置,操作步骤如下:

(1)选中需要设置的数据范围,单击"数据"选项卡中的"下拉列表"按钮,弹出"插入下拉列表"对话框,如图3-6(a)所示。

(2)可以选择"手动添加下拉选项"中"从单元格选择下拉选项"单选按钮。

此外,利用数据有效性还可以指定单元格输入文本的长度、数值范围、时间范围等。在接下来任务实现的过程中,将结合任务,继续讲述数据有效性其他相关选项设置。

图3-5 设置数据有效性为序列

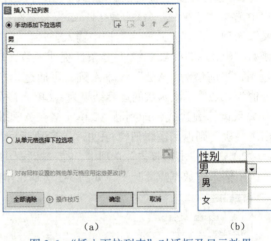

图3-6 "插入下拉列表"对话框及显示效果

3)圈释无效数据

圈释无效数据是指系统自动将不符合条件的数据用红色的圈标出来,以便编辑修改,一般用于数据已经录入,要对无效数据进行管理的情形。下面以成绩为例讲述无效数据的圈释。

(1)选择要圈释无效数据的单元格区域。单击"数据"选项卡中的"有效性"下拉按钮,在下拉列表中选择"有效性"命令,弹出"数据有效性"对话框,在"允许"下拉列表框中选择"整数",在"数据"下拉列表框中选择"介于",在"最小值"文本框中输入"0",在"最大值"文本框中输入"100",如图3-7所示。

(2)单击"确定"按钮,关闭"数据有效性"对话框,单击"数据"选项卡中的"有效性"下拉按钮,在下拉列表中选择"圈释无效数据"命令,如图3-8所示,此时工作表选定区域中不符合数据有效性要求的数据会被圈注出来,如图3-9所示,圈定无效数据后,就可以方便地找出无效数据进行修改,数据修改正确后,红色标识圈将自动消除。若要手动清除圈注,可单击"数据"选项卡中的"有效性"下拉按钮,在下拉列表中选择"清除验证标识圈"命令,红色的标识圈就会自动清除。

图 3-7　数据有效性整数范围限制

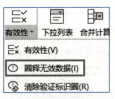
图 3-8　圈释无效数据

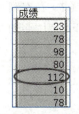
图 3-9　圈释效果

2. 自定义序列

在 WPS 表格中输入数据时，如果数据本身存在某些顺序上的关联特性，可以使用填充柄功能快速实现数据输入。WPS 表格中已内置了一些序列，如"星期一，星期二，星期三，…""甲，乙，丙，…""JAN，FEB，MAR，…"等数据，如果要输入上述内置的序列，只要在单元格中输入序列中的任意元素，把光标放在单元格右下角，变成实心后按住鼠标左键拖动鼠标，就能实现序列的填充。对于系统未内置而个人经常使用的序列，可以采用自定义序列的方式实现填充。

1）基于已有项目列表的自定义序列

（1）在工作表的单元格区域（E1:E12）中依次输入一个序列的每个项目，如"一月份，二月份，三月份，…，十二月份"。

（2）选中 E1:E12 区域，选择"文件"→"选项"命令，弹出"选项"对话框，在对话框中选择"自定义序列"选项卡，此时可以看到"从单元格导入序列"文本框中显示已经选中的数据范围"$E$1:$E$12"，如果数据范围不是选中的数据范围，可单击对话框右侧的折叠按钮，对数据范围进行选择。单击"导入"按钮，此时在上方"输入序列"文本框中将显示选中的数据范围，如图 3-10 所示。

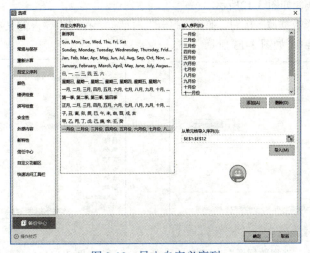
图 3-10　导入自定义序列

（3）序列自定义成功后，使用方法与内置序列一样，在某一单元格内输入序列的任意值，拖动填充柄可以进行填充。

2）直接定义新项目列表序列

（1）选择"文件"→"选项"命令，弹出"选项"对话框，选择"自定义序列"选项卡。

（2）在右侧"输入序列"文本框中依次输入自定义序列的各个条目，条目与条目之间使用【Enter】键进行分隔，如图3-11所示。

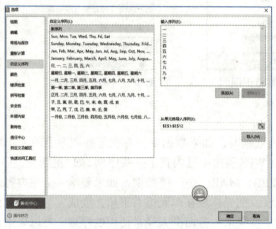

图3-11 输入自定义序列

（3）全部条目输入完毕后，单击"添加"按钮，再单击"确定"按钮，完成自定义序列定义。

3. 获取外部数据

用户在使用WPS表格时，不但可以直接输入数据，也可以将外部数据直接导入。WPS表格获取外部数据可通过单击"数据"选项卡中的"导入数据"按钮实现，可以导入文本文件的数据，也可以从Access数据库中导入数据。

下面以导入文本文件为例说明数据导入的过程。

（1）新建一个空白工作簿，单击"数据"选项卡中的"导入数据"按钮，弹出"第一步：选择数据源"对话框，如图3-12所示。

（2）单击"选择数据源"按钮，弹出"打开"对话框，找到要导入的文本文件，本例以"示例数据.txt"文件为例，如图3-13所示。

图3-12 "第一步：选择数据源"对话框

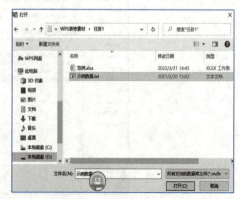

图3-13 打开要导入的文件

（3）单击"打开"按钮，弹出"文件转换"对话框，利用此对话框可以预览导入数据的效果，接受默认设置即可，如图 3-14 所示。

（4）单击"下一步"按钮，弹出"文本导入向导 -3 步骤之 1"对话框，选择"分隔符号"单选按钮，由于"示例数据"文本文件中第一行为空行，所以导入起始行设置为"2"，如图 3-15 所示。

图 3-14 "文件转换"对话框

图 3-15 "文本导入向导 -3 步骤之 1"对话框

（5）单击"下一步"按钮，弹出"文本导入向导 -3 步骤之 2"对话框，设置分隔符的种类，选取时取决于文本文件所使用的分隔符。文本文件使用【Tab】键，所以默认勾选"Tab 键"复选框，如图 3-16 所示。

（6）单击"下一步"按钮，弹出"文本导入向导 -3 步骤之 3"对话框，设置每一列数据的文本类型，默认为常规。分别选中"编号""身份证号""联系电话"列，设置其数据类型为"文本"类型，如图 3-17 所示。

图 3-16 "文本导入向导 -3 步骤之 2"对话框

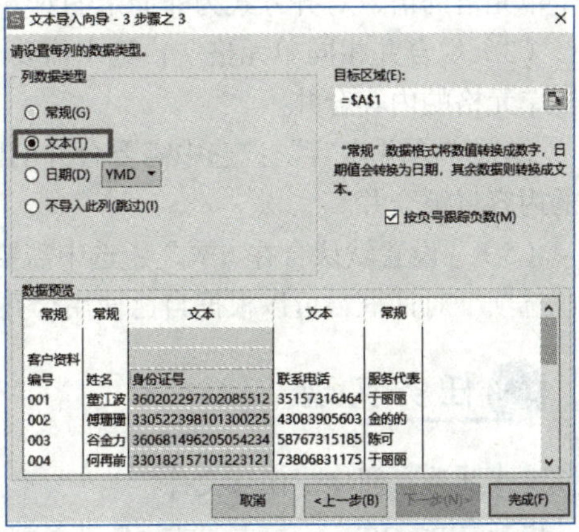

图 3-17 "文本导入向导 -3 步骤之 3"对话框

（7）单击"完成"按钮，完成数据导入。

三、单元格格式设置

通过单元格格式设置，可以完成设置选中内容的数据类型设置、字体设置、对齐设置、边框设置、图案设置、保护设置等。

在任务实现教学环节，将根据任务需要，介绍单元格格式设置的方法。

四、合并居中

WPS 表格提供了"合并居中""合并单元格"等多种合并居中方式。单击"开始"选项卡中的"合并居中"下拉按钮,下拉列表中显示"合并居中"的多个选项。图 3-18 所示为不同合并居中方式的前后对比。

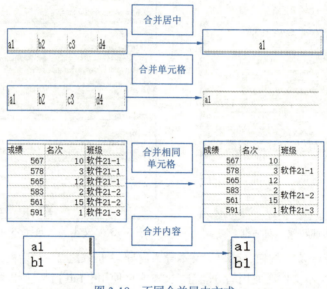

图 3-18　不同合并居中方式

（1）"合并居中":选中需要合并的区域,选择"合并居中"命令,将保留左侧第一个单元格的值,对齐方式为居中。

（2）"合并单元格":选中需要合并的区域,选择"合并单元格"命令,将保留左侧第一个单元格的值,对齐方式为非固定的对齐方式,将与左侧第一个单元格对齐方式一致。

（3）"合并相同单元格":选中需要合并的区域,选择"合并相同单元格"命令,将把相同单元格的内容合并。

（4）"合并内容":选中需要合并的区域,选择"合并内容"命令,位于不同行同一列中的内容将被合并。

（5）"设置默认合并方式":选中需要合并的区域,选择"设置默认合并方式"命令,弹出"选项"对话框,可以根据自己使用合并居中的习惯对选项进行设置。

任务实现

子任务一:创建工作簿文件

启动 WPS Office,单击"首页"菜单栏中的"新建"→"新建表格"→"新建空白表格",创建一张新的 WPS 表格,选择"文件"→"另存为"命令,弹出"另存文件"对话框,选择保存位置,并将文件名设置为"房屋销售资料",文件类型可以选择"WPS 表格文件（.et）",也可以选择"Excel 文件（.xlsx）"。

子任务二:创建"房屋基本信息"工作表

房屋基本信息表用来描述项目中涉及的每套房子的相关属性,包括"楼号""别墅类型""户型""房屋面积""花园面积""价格"等信息。

笔记栏

1. 重命名标签

WPS 表格创建的表格文档，默认包含一张工作表，工作表标签默认为“Sheet1”，双击工作表标签，或者右击工作表标签，在弹出的快捷菜单中选择“重命名”命令，将工作表命名为“房屋基本信息表”。

2. 输入数据（见图 3-19）

1）一个单元格输入多行数据

本例中，房屋面积和花园面积列，需要在同一个单元格中输入多行数据。选中“D2”单元格，在编辑栏中将光标定位于“房屋面积”文字之后，按住【Alt】键的同时按【Enter】键（此时输入的回车键，通常称为软回车），将光标在单元格内换行，输入“（平方米）”。在“E2”单元格中重复上述操作。

2）使用填充柄填充序列

楼号列的值为等差序列，输入序列的初始值后，可以使用填充柄对其他单元格进行填充。光标移动到初始值单元格右下角，当光标变成实心时，按住鼠标左键，拖动鼠标至最后一个需要填充的单元格，松开鼠标，可以看到填充结果。如果结果不是预期的等差数列，在最后一个单元格右下角单击“自动填充选项”下拉按钮，弹出图 3-20 所示的填充选项，在填充选项中进行选择即可。

	A	B	C	D	E	F
1	房屋基本信息					
2	楼号	别墅类型	户型	房屋面积（平方米）	花园面积（平方	价格
3	A101	联排	四室两厅三	168.55	50	2124640
4	A102	联排	四室两厅三	168.55	50	2124640
5	A103	联排	四室两厅三	168.55	50	2124640
6	A104	联排	四室两厅三	168.55	50	2124640
7	A105	联排	四室两厅三	168.55	50	2124640
8	A106	联排	四室两厅三	168.55	50	2124640
9	A201	联排	五室三厅四	205.68	65	2438240
10	A202	联排	五室三厅四	205.68	65	2438240
11	A203	联排	五室三厅四	205.68	65	2438240
12	A204	联排	五室三厅四	205.68	65	2438240
13	A205	联排	五室三厅四	205.68	65	2438240
14	A206	联排	五室三厅四	205.68	65	2438240
15	B101	双拼	四室三厅四	228	100	3300640
16	B102	双拼	四室三厅四	228	100	3300640
17	B201	双拼	四室三厅四	228	100	3300640
18	B202	双拼	四室三厅四	228	100	3300640
19	B301	双拼	五室三厅五	353	200	5476240
20	B302	双拼	五室三厅五	353	200	5476240
21	B401	双拼	五室三厅五	353	200	5476240
22	B402	双拼	五室三厅五	353	200	5476240
23	C001	独栋	七室三厅五	450	400	10662400
24	C002	独栋	七室三厅五	450	400	10662400
25	C003	独栋	七室三厅五	450	400	10662400
26	C004	独栋	七室三厅五	450	400	10662400

图 3-19　房屋基本信息表数据

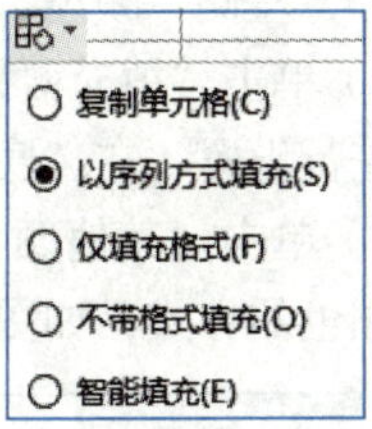

图 3-20　填充选项

3. 表格格式设置

1）标题合并居中

拖动鼠标选中“A1”到“F1”单元格，单击“开始”选项卡中的“合并居中”下拉按钮，在下拉列表中选择“合并居中”命令。

2）字体设置

选中标题，在“开始”选项卡的“字体”选项组中，将标题设置为“黑体”“小三”“加粗”。表中其他字体保持默认设置，对齐方式选择“居中”。

3）边框设置

（1）选中"A2:F26"单元格区域并右击，在弹出的快捷菜单中选择"设置单元格格式"命令，弹出"单元格格式"对话框，选择"边框"选项卡，如图 3-21 所示。

（2）在"线条"区域的样式列表框中选择"单实线"，颜色选择"自动"，在"预置"区域分别选择"外边框""内部框"。在"边框"区域可以看到设置好的边框样式。

（3）如果需要对选中单元格的边框进行更个性化设置，可以在选择线条样式、颜色的前提下单击"边框"区域中相应的边框线即可完成边框设置。

4）设置图案

（1）选中"A2:F2"单元格区域并右击，在弹出的快捷菜单中选择"设置单元格格式"命令，弹出"单元格格式"对话框，选择"图案"选项卡，如图 3-22 所示。

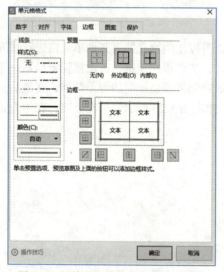

图 3-21 "单元格格式 - 边框"对话框

图 3-22 "单元格格式 - 图案"对话框

（2）在"图案样式"下拉列表框中可选择"实心""75% 灰色"等样式，此处选择"实心"，左侧"颜色"区域选择一种颜色作为填充色。

（3）单击"填充效果"按钮，弹出图 3-23 所示的"填充效果"对话框，在其中可对填充的双色进行设置，在"底纹样式"区域选择底纹样式。

（4）单击"其他颜色"按钮，弹出"颜色"对话框，有"标准""自定义""高级"三种选择颜色的方式，如图 3-24 所示。

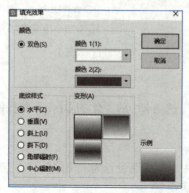

图 3-23 "填充效果"对话框

图 3-24 "颜色"对话框

5）设置数字分类

（1）选中"D3:E26"单元格区域并右击，在弹出的快捷菜单中选择"设置单元格格式"命令，弹出"单元格格式"对话框，选择"数字"选项卡。

（2）在"数字"选项卡中选择"数值"，"小数位数"设置为2，如图 3-25 所示，设置"房屋面积""花园面积"两列数据的小数位数为2。

选中"F3:F26"单元格区域，在"数字"选项卡中选择"货币"，"货币符号"选择"￥"，"小数位数"设置为"2"，"负数"选择默认值。将"价格"列设置成货币样式。

设置完毕后，"房屋基本信息表"的效果图如图 3-26 所示。

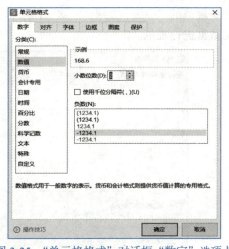

图 3-25 "单元格格式"对话框"数字"选项卡

房屋基本信息					
楼号	别墅类型	户型	房屋面积 （平方米）	花园面积 （平方米）	价格
A101	联排	四室两厅三卫	168.55	50.00	￥2,124,640.00
A102	联排	四室两厅三卫	168.55	50.00	￥2,124,640.00
A103	联排	四室两厅三卫	168.55	50.00	￥2,124,640.00
A104	联排	四室两厅三卫	168.55	50.00	￥2,124,640.00
A105	联排	四室两厅三卫	168.55	50.00	￥2,124,640.00
A106	联排	四室两厅三卫	168.55	50.00	￥2,124,640.00
A201	联排	五室三厅四卫	205.68	65.00	￥2,438,240.00
A202	联排	五室三厅四卫	205.68	65.00	￥2,438,240.00
A203	联排	五室三厅四卫	205.68	65.00	￥2,438,240.00
A204	联排	五室三厅四卫	205.68	65.00	￥2,438,240.00
A205	联排	五室三厅四卫	205.68	65.00	￥2,438,240.00
A206	联排	五室三厅四卫	205.68	65.00	￥2,438,240.00
B101	双拼	四室三厅四卫	228.00	100.00	￥3,300,640.00
B102	双拼	四室三厅四卫	228.00	100.00	￥3,300,640.00
B201	双拼	四室三厅四卫	228.00	100.00	￥3,300,640.00
B202	双拼	四室三厅四卫	228.00	100.00	￥3,300,640.00
B301	双拼	五室三厅五卫	353.00	200.00	￥5,476,240.00
B302	双拼	五室三厅五卫	353.00	200.00	￥5,476,240.00
B401	双拼	五室三厅五卫	353.00	200.00	￥5,476,240.00
B402	双拼	五室三厅五卫	353.00	200.00	￥5,476,240.00
C001	独栋	七室三厅五卫	450.00	400.00	￥10,662,400.00
C002	独栋	七室三厅五卫	450.00	400.00	￥10,662,400.00
C003	独栋	七室三厅五卫	450.00	400.00	￥10,662,400.00
C004	独栋	七室三厅五卫	450.00	400.00	￥10,662,400.00

图 3-26 "房屋基本信息表"效果图

子任务三：创建"销售员工信息"工作表

销售员工信息表用来描述公司销售员工的相关属性，包括"编号""姓名""性别""出生日期""销售级别"等相关信息。

1. 建立"销售员工信息表"

单击工作表末尾的"新工作表"按钮，插入一张工作表，将其重命名为"销售员工信息表"。

2. 插入"下拉列表"规范数据

"性别"列输入的数据"男""女"可以通过"数据有效性"或者插入"下拉列表"来规范数据输入。选中"性别"列的 C3:C14 单元格区域，单击"数据"选项卡中的"下拉列表"按钮，弹出图 3-27 所示的"下拉列表"对话框。选中"手动添加下拉选项"单选按钮，输入第一个选项"男"，单击 按钮，输入第二个选项"女"，单击"确定"按钮。设置完成后在该列中输入数据时，会出现下拉列表，如图 3-28 所示。同样，"级别"列由于输入的数据也是规范的"一级，二级，三级，四级，五级"，也需要使用"下拉列表"或者"数据有效性"对数据进行规范。

图 3-27 "插入下拉列表"对话框

图 3-28 "性别"列输入提示

3. 使用"格式刷"复制格式

参照房屋基本信息表中对表格格式设置的方法，完成对"销售员工信息表"的格式设置。为了避免阅读数据错行，对第二行数据用"淡蓝色"进行填充，方法在前面已经讲过，此处不再赘述。如何快速地对其他偶数行进行格式复制呢？可以使用"格式刷"功能。

选中第二行数据（即选中需要复制格式的对象），双击"开始"选项卡中的"格式刷"按钮，此时鼠标会变成刷子的形状，用刷子选中需要复制格式的偶数行数据，即可完成对第二行格式的复制。如果单击"格式刷"按钮，此格式被复制一次。双击"格式刷"按钮，格式可以被复制多次，结束时只要单击"格式刷"按钮即可。

"销售员工信息表"格式设置完毕后，效果如图 3-29 所示。

编号	姓名	性别	出生日期	销售级别
1001	于丽丽	女	1985/10/19	五级
1002	陈可	女	1987/4/21	四级
1003	黄大伟	男	1986/10/7	四级
1004	齐明明	女	1988/1/23	三级
1005	李思	女	1988/6/6	三级
1006	王晋	男	1988/3/30	三级
1007	毛华新	男	1989/9/10	二级
1008	金的的	女	1989/5/22	二级
1009	秦新月	女	1988/12/7	二级
1010	张楚玉	男	1989/11/8	二级
1011	吴姗姗	女	1991/1/15	一级
1012	张国丰	男	1990/2/10	一级

图 3-29 销售员工信息表效果图

子任务四：创建"客户资料表"

1. 新建工作表

单击工作表末尾的"新工作表"按钮，插入一张工作表，将其重命名为"客户资料表"。

2. 输入特殊字符

在"编号"列中，如果输入"001"，系统会自动处理为"1"，这是因为系统认为数值1左侧的"0"是无效的。如果要把这一列输入类似"001""002""003"这样的数据，需要将该列设置为文本类型的数据，选中该列并右击，在弹出的快捷菜单中选择"设置单元格格式"命令，弹出"单元格格式"对话框，在"数字"选项卡中选择"文本"类型，文本类型的数据就可以让单元格显示的内容与输入的内容完全一致。如果涉及的单元格较少，也可以在需要输入的文本之间输入单引号"'"，这样输入什么，系统就会显示什么（单引号不会显示）。

> **提示：**
>
> WPS 表格可以智能识别常见的文本型数据，当单元格输入长数字时（如身份证、银行卡等），或是以 0 开头的超过 5 位的数字编号（如 012345），WPS 表格将自动识别文本类型的数据，避免手动设置数字格式或添加半角引号（'）的麻烦。

3. 设置数据有效性

1）文本长度限制

对于类似身份证号码、手机号码这样的长数据，在输入时很容易输错。可以通过设置数据有效性，限制文本的长度，从而避免低级的输入出错。选中身份证号码列，单击"数据"选项卡中的"有效性"下拉按钮，在下拉列表中选择"有效性"命令，弹出"数据有效性"对话框，选择"设置"选项卡，在"有效性条件"区域中，允许选项中选择"文本长度"，数据选项中选择"等于"，数值中输入"18"，如图 3-30 所示。选择"出错警告"选项卡，在标题中输入"数据长度出错"，错误信息中输入"身份证长度应为 18 位"，如图 3-31 所示。

图 3-30 "数据有效性"对话框"设置"选项卡　　图 3-31 "数据有效性"对话框"出错警告"选项卡

设置之后，假如身份证号码长度输入错误，系统就会弹出出错警告，如图 3-32 所示，直到输入正确为止。

同样需要对手机号码列进行长度限制，限制文本长度为 11 位。此处不再赘述。

2）将数据输入限制为下拉列表中的值

本表中每位客户的服务代表，都应该是前面建立的"销售人员信息表"中的销售人员。可以通过设置数据有效性或者下拉列表，将该列数据验证条件设置为序列，来源为"销售人员信息表"的"姓名"列。选中"服务代表"列的 E3:E18 单元格区域，单击"数据"选项卡中的"有效性"下拉按钮，在下拉列表中选择"有效性"命令，弹出"数据有效性"对话框，选择"设置"选项卡，在"有效性条件"区域中，允许选择"序列"，光标定位于"来源"文本框中，单击此文本框右侧的折叠按钮，选择"销售人员信息表"中的 B3:B14 单元格区域，单击"确定"按钮，如图 3-33 所示，此时在该列单元格的右侧出现下拉按钮，单击即可完成对服务代表的选择，如图 3-34 所示。

图 3-32 身份证号码长度错误提示窗口

图 3-33 "数据有效性"对话框"设置"选项卡

图 3-34 有效性效果

4. 格式设置

参照房屋基本信息表中对表格格式设置的方法,完成对"客户资料表"的格式设置,设置完成后的效果如图 3-35 所示。

编号	姓名	身份证号	联系电话	服务代表
001	董江波	360202297202085512	35157316464	于丽丽
002	傅珊珊	330522398101300225	43083905603	金的的
003	谷金力	360681496205054234	58767315185	陈可
004	何再前	330182157101223121	73806831175	于丽丽
005	何宗文	342622166905205295	63641358591	张国丰
006	胡孙权	362524187409022039	43320171988	黄大伟
007	黄威	330481177505025835	23456250691	李思
008	黄芯	340121187903246723	38256098464	王晋
009	贾丽娜	330824297210276229	48767062387	齐明明
010	简红强	360429107809110038	53777418028	吴姗姗
011	郎怀民	360281106704168019	980798601988	姜新月
012	李小珍	340822108008103724	73738293001	毛华新
013	项文双	34162112790520411X	35988318793	黄大伟
014	肖凌云	330522188010152124	43185240598	姜新月
015	肖伟国	330702187803136030	55968388001	陈可
016	谢立红	330726296610302530	35924295509	李思

图 3-35 客户资料表效果图

技巧与提高

1. 工作表相关操作

1) 工作表标签颜色设置

如果工作表文件中包含多张工作表,可以通过设置工作表标签颜色,突出重点工作表、分类工作表、美化工作表标签等。

选中需要设置颜色的工作表标签并右击,在弹出的快捷菜单中选择"工作表标签颜色"→"主题颜色"命令,选择想要填充的颜色即可,如图 3-36 所示。

2) 插入工作表

单击工作表标签右侧的"+"按钮,或者右击某张已经存在的工作表,在弹出的快捷菜单中选择"插入工作表"命令,即可完成工作表插入操作。

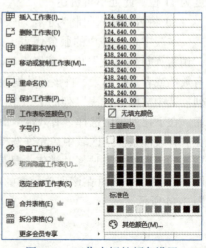

图 3-36 工作表标签颜色设置

3）删除工作表

右击需要删除的工作表标签，在弹出的快捷菜单中选择"删除工作表"命令，或者直接按【Delete】键，即可完成工作表的删除操作。值得注意的是，工作表一旦删除，将无法恢复。

4）创建副本

右击需要创建副本的工作表标签，在弹出的快捷菜单中选择"创建副本"命令，即可完成工作表副本创建，新生成的工作表将以原工作表标签后加2、3的方式命名。

5）移动工作表

右击需要移动的工作表标签，在弹出的快捷菜单中选择"移动或复制工作表"命令，或者选中工作表标签的情况下，按住鼠标左键拖动至相应位置即可。

WPS表格还为会员提供了"合并表格""拆分表格"等功能，此处不再赘述。

6）工作表样式设置

WPS表格提供了大量的表格样式供用户使用。单击"开始"选项卡中的"表格样式"下拉按钮，可以看到有"浅色系""中色系""深色系"三大类别的表格样式，同时还为会员提供了应用于不同场景的表格样式，选择其中一种，即可将该样式应用到表格中。

2. 特殊数据输入

1）数值型数据输入

（1）分数的输入，如输入"2/5"，应输入"0 2/5"。如果直接输入"2/5"，则系统将把它视为日期，显示成2月5日。

（2）负数的输入，如输入"-8"，应输入-8或(8)。

2）日期型数据输入

输入日期的分隔符可以使用"/"或"-"，不能使用"."或其他符号，例如"2022年12月20日"，应输入"2022-12-20"或者"2022/12/20"显示的日期格式可以在"单元格格式"对话框的"数字"选项卡中选择"日期"，然后进行设置，如图3-37所示。

图3-37　日期格式设置

测 评

1. 知识测评

1）填空题

（1）在数据输入过程中，有些数据的值是唯一的，如学号、工号、身份证号码等，为了防止输入重复数据，可通过设置_____来实现。

（2）输入身份证号码之类的数据信息时，需要将该列数据设置为_____类型。

（3）日期之间的分隔符可以是_____和_____。

（4）在WPS表格中输入有固定选项的数据，如性别、学历、婚否、部门等时，如果直接从下拉列表中进行选择，既可以提高数据输入的效率，又可以提高数据输入的规范性。下拉列表的形成，可以通过_____，将数据限制为_____。

（5）如果要在同一个单元格中输入多行数据，将光标定位于需要分行的位置，按住_____键的同时按下_____键即可。

(6) 在数据已经录入，要对无效数据进行管理，需要使用_____对无效数据进行_____。

(7) 在 WPS 表格中输入数据时，如果数据本身存在某些顺序上的关联特性，可以使用_____功能快速实现数据输入。

2) 简答题

(1) 简述 WPS 表格在输入数据时的注意事项。

(2) 简述 WPS 表格中单元格格式设置都有哪些功能。

2. 能力测评

按表 3-1 中所列的操作要求，对自己完成的文档进行检查，操作完成得满分，未完成或错误得 0 分。

表 3-1 技能测评表

序号	操作要求（具体见任务实现）	分值	完成情况	自评分
1	完成房屋基本信息表内容输入及格式设置	25		
2	完成销售人员信息表数据输入及格式设置	25		
3	完成客户资料表的数据输入及格式设置	25		
4	完成相关数据的数据验证	25		
总 分				

3. 素质测评

针对表 3-2 中所列出的素质与素养观察点，反思任务实现的过程，思考总结相关项目，做到即得分，未做到得 0 分。

表 3-2 素质测评表

序号	素质与素养	分值	总结与反思	得分
1	信息意识——具备使用 WPS 表格中数据有效性、下拉列表等方法和手段保证数据信息可靠性、真实性、准确性的意识	20		
2	团队意识——具备团队协作精神，善于与他人合作、共享信息，实现数据信息的更大价值	20		
3	数字化创新与发展——具备将 WPS 表格与所学专业相融合，具备创新思维、使用 WPS 表格解决专业问题的能力	20		
4	信息社会责任——数据处理过程中能遵守相关法律法规，信守信息社会的道德与伦理准则；具备较强的信息安全意识与防护能力，能有效维护个人、他人的合法权益和公共信息安全	20		
5	计算思维——具备利用 WPS 表格界定问题、抽象特征、建立模型、组织数据、管理数据、解决问题的能力	20		
总 分				

拓展训练

在接下来的任务中，将以小组为单位，围绕班级信息管理创建数据表，完成表的创建、数据输入与格式设置、利用公式与函数进行计算，利用 WPS 表格提供的各种数据管理工具对数据进行分析和统计等各项任务，通过任务实施，提升 WPS 表格的应用能力、团队协作能力、培养计算思维，养成数据规范和安全意识。

本阶段的任务是建立班级同学的学籍表、宿舍安排表、成绩表，具体要求如下：

1. 学籍表

（1）"学籍表"收集班级同学的学籍信息，包括"学号""姓名""性别""出生年月""民族""身份证号码""政治面貌""籍贯""联系电话""家长姓名""家长联系电话""家庭住址""所学专业"班级等信息。

（2）使用"数据有效性"或"下拉列表"完成对"性别""政治面貌""所学专业"列下拉按钮式的数据选择；对"身份证号码"文本长度限制为 18 位；"电话号码""家长联系电话"长度限制为 11 位；"学号"设置为唯一。

（3）对表格数据进行美化，设置表格对齐方式、字体、边框、图案等，具体参数不做要求。

2. 宿舍安排表

（1）"宿舍安排表"收集班级同学的住宿信息，包括"寝室号码""寝室长""寝室星级""成员姓名"等信息。

（2）对"寝室号码""寝室长""寝室星级"列实行"相同内容合并"。

（3）使用"数据有效性"完成对"寝室星级"列下拉按钮式的数据选择；"成员姓名"使用下拉按钮式的数据选择，序列来源为"学籍表"中的"姓名"列所在的范围。

（4）对表格数据进行美化，设置表格对齐方式、字体、边框、图案等，具体参数不做要求。

3. 学生成绩表

（1）"学生成绩表"收集班级同学期中考试成绩信息，包括"学号""英语""现代信息技术""高等数学""体育"等信息。

（2）使用"数据有效性"对单科成绩所在的范围约束为"整数：介于 0～100 之间"。

（3）对表格数据进行美化，设置表格对齐方式、字体、边框、图案等，具体参数不做要求。

任务 2　房产销售扩展数据表制作——WPS 表格公式与函数

任务描述

本任务将利用公式与函数在任务 1 的基础上，完成如下两张表格。

（1）销售信息表。记录客户编号、楼号、预定日期、一次性付款、原价、折扣 1、折扣 2、实际价格、销售员工等信息。

（2）销售员工业绩表。记录公司每位销售员工姓名、销售总额、排名等信息。并使用图表、条件格式等对数据进行管理。

知识准备

一、条件格式

条件格式通过为满足某些条件的数据应用特定的格式来改变单元格区域的外观，以达到突出显示、识别一系列数值中存在的差异效果。

条件格式的设置可以通过 WPS 表格预置的规则（突出显示单元格规则、项目选取规则、数据条色阶、图标集）来快速实现格式化，也可以通过自定义规则实现格式化。前者操作相对简单，这里不再赘述。下面重点介绍自定义规则格式化，以图 3-38 所示的学生成绩表为例。

学号	姓名	语文	数学	英语	总分
20041001	毛莉	75	85	80	240
20041002	杨青	68	75	64	207
20041003	陈小鹰	58	69	75	202
20041004	陆东兵	94	90	91	275
20041005	闻亚东	84	87	88	259
20041006	曹吉武	72	68	85	225
20041007	彭晓玲	85	71	76	232
20041008	傅珊珊	88	80	75	243
20041009	钟争秀	78	80	76	234
20041010	周昊璐	94	87	82	263
20041011	柴安琪	60	67	71	198
20041012	吕秀杰	81	83	87	251

图 3-38 学生成绩表

要求如下：

（1）将各科成绩小于 60 分的单元格字体红色加粗显示；

（2）将成绩表中总分最高的单元格用黄色填充标记。

第 1 题操作步骤如下：

（1）选择工作表中需要进行格式设置的数据区域范围：C2:E13。

（2）单击"开始"选项卡中的"条件格式"下拉按钮，弹出图 3-39 所示的下拉列表，选择"新建规则"命令，弹出"新建格式规则"对话框，如图 3-40 所示。

图 3-39 "条件格式"下拉列表

图 3-40 "新建格式规则"对话框

（3）在"选择规则类型"列表框中选择"只为包含以下内容的单元格设置格式"选项，在"编辑规则说明"区域设置单元格值为"小于"，值设置为"60"。

（4）单击"格式"按钮，弹出"单元格格式"对话框，选择"字体"选项卡，设置字形为"粗体"，颜色为"红色"，如图 3-41 所示。单击"确定"按钮，完成设置。设置完成的效果如图 3-42 所示。

图 3-41 "单元格格式"对话框

学号	姓名	语文	数学	英语	总分
20041001	毛莉	75	85	80	240
20041002	杨青	68	75	64	207
20041003	陈小鹰	58	69	75	202
20041004	陆东兵	94	90	91	275
20041005	闻亚东	84	87	88	259
20041006	曹吉武	72	68	85	225
20041007	彭晓玲	85	71	26	182
20041008	傅珊珊	88	80	75	243
20041009	钟争秀	78	80	76	234
20041010	周昊璐	94	87	82	263
20041011	柴安琪	60	67	71	198
20041012	吕秀杰	81	83	87	251

图 3-42 "条件格式"效果

第 2 题操作步骤如下：

（1）选择工作表中需要进行格式设置的数据区域范围：F2:F13。

（2）在"新建格式规则"对话框中，在"选择规则类型"列表框中选择"使用公式确定要设置格式的单元格"，在"只为满足以下条件的单元格设置格式"文本框中输入"=$F2=max($F$2:$F$13)"，如图 3-43 所示。

（3）单击"格式"按钮，在"图案"选项卡中选择"黄色"，单击"确定"按钮，效果如图 3-44 所示。

图 3-43 "新建格式规则"对话框　　　　图 3-44 "条件格式"效果图

二、公式

WPS 提供了公式功能，让用户可以灵活地设置运算规则。公式包括运算符和操作数两部分，公式可以进行以下操作：执行计算、返回信息、操作其他单元格的内容、测试条件等。公式始终以等号（=）开头。公式中可以包含常量、运算符、函数和引用。

常量是一个不是通过计算得出的值，它始终保持相同。例如，日期 2024-6-18、数字 210 以及文本"每季度收入"都是常量。表达式以及表达式产生的值都不是常量。

运算符用于指定要对公式中的元素执行的计算类型。运算符分为四种不同类型：算术、比较、文本连接和引用。

1. 算术运算符

使用算术运算符可进行基本的数学运算（如加法、减法、乘法或除法）以及百分比和乘方运算。

表 3-3 列出了 WPS 表格中可用的算术运算符以及该算术运算符的运算含义。

表 3-3 运算符

算术运算符	含　义	示　例
+（加号）	加法	A1+B1
-（减号）	减法	A1-B1
*（星号）	乘法	A1*B1
/（正斜杠）	除法	A1/B1
%（百分号）	百分比	20%
^（脱字号）	乘方	3^2

2. 比较运算符

可以使用表 3-4 所示运算符比较两个值。当使用这些运算符比较两个值时，结果为逻辑值 TRUE 或 FALSE。

表 3-4 比较运算符

比较运算符	含 义	示 例
=（等号）	等于	A1=B1
>（大于号）	大于	A1>B1
<（小于号）	小于	A1<B1
>=（大于或等于号）	大于或等于	A1>=B1
<=（小于或等于号）	小于或等于	A1<=B1
<>（不等号）	不等于	A1<>B1

3. 文本连接运算符

可以使用 & 连接一个或多个文本字符串，以生成一段文本。例如 "North" & "wind" 的结果为 "Northwind"。

4. 引用运算符

可以使用表 3-5 所示运算符对单元格区域进行合并计算。

表 3-5 引用运算符

引用运算符	含 义	示 例
:（冒号）	区域运算符，生成一个对两个引用之间所有单元格的引用（包括这两个引用）	B5:B15
,（逗号）	联合运算符，将多个引用合并为一个引用	SUM(B5:B15,D5:D15)
（空格）	交集运算符，生成一个对两个引用中共有单元格的引用	B7:D7 C6:C8
!（感叹号）	三维引用运算符，利用它可以引用另一张工作表中的数据	房屋资料表!B2:B20

1）相对引用

相对引用是指在公式中需要引用单元格的值时直接用单元格名称表示，例如公式："E2+F2+G2+H2"就是一个相对引用，表示在公式中引用了单元格：E2、F2、G2、H2；又如公式"SUM(B3:E3)"也是相对引用，表示引用 B3 到 E3 两个单元格区域的数值。

相对引用的特点：当包含相对引用的公式被复制到其他单元格时，WPS 表格会自动调整公式中的单元格名称。例如，在图 3-45 中，单元格"F2"中的求和公式为"SUM(C2:E2)"，图 3-46 中，单元格"F10"中的求和公式为"SUM(C10:E10)"，地址发生了相对位移。

2）绝对引用

绝对引用是指在公式中引用单元格时单元格名称的行列坐标前加"$"符号，例如，单元格 B2 中的公式为"=$A$1"，如果将其中的公式复制或填充到单元格 B3，则该绝对引用在两个单元格中一样，都是"=$A$1"。绝对引用一般用于指定数据范围的场景。

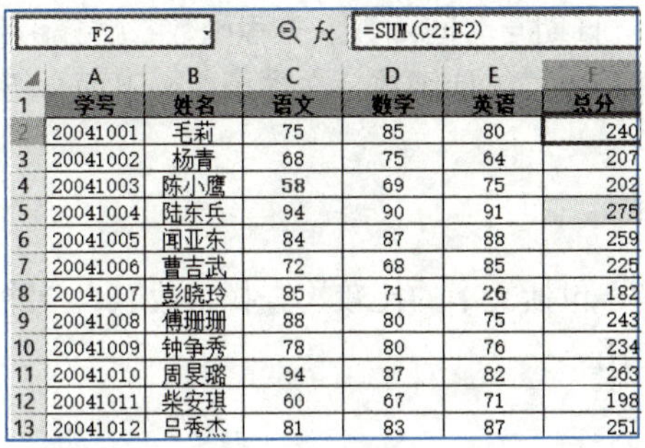

图 3-45 单元格 "F2" 的求和公式 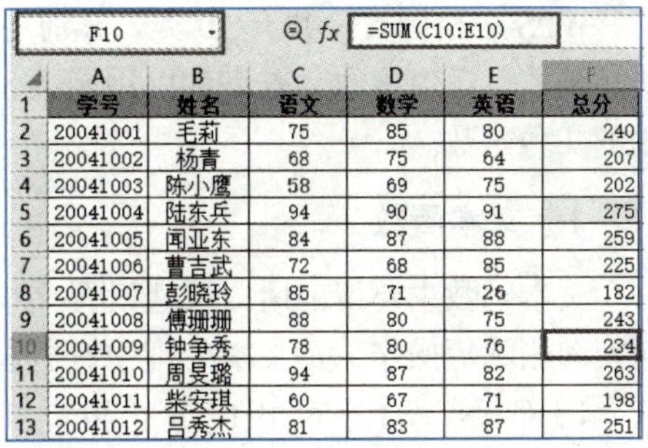　　　　图 3-46 单元格 "F10" 的求和公式

3）混合引用

混合引用是指列标和行号其中之一采用了相对引用，另一部分则采用绝对引用。绝对引用列采用 "$A1" "$B1" 等形式。绝对引用行采用 "A$1" "B$1" 等形式。如果公式所在单元格的位置改变，则相对引用将改变，而绝对引用将不变。例如，单元格 A2 中的公式为 "=A$1"，如果将其中的公式复制或填充到单元格 B3，则公式将调整为 "=B$1"按【F4】键可以在相对引用、绝对引用、混合引用之间切换。

5. 运算符优先级

如果一个公式中有若干个运算符，WPS 表格将按表 3-6 的次序进行计算。如果一个公式中的若干个运算符具有相同的优先顺序（例如，如果一个公式中既有乘号又有除号），将从左到右计算各运算符。但可以使用括号更改该计算次序。

表 3-6　运算符优先级

运算符	说　　明
:（冒号）（单个空格），（逗号）	引用运算符
−	负数（如 –1）
%	百分比
^	乘方
* 和 /	乘和除
+ 和 −	加和减
&	连接两个文本字符串（串连）
=、<>、<=、>=、<>	比较运算符

三、函数

WPS 表格中的函数其实是一些预定义的公式，通过使用一些称为参数的特定数值按特定的顺序或结构进行计算。参数可以是数字、文本、形如 "TRUE" 或 "FALSE" 的逻辑值、数组、形如 "#N/A" 的错误值或单元格引用。给定的参数必须能产生有效的值。

函数的结构以函数名称开始，后面是左圆括号、以逗号分隔的参数和右圆括号，如 SUM(A1,10,D5)。

用户可以直接用它们对某个区域内的数值进行一系列运算，如分析和处理日期值和时间值、确定贷款的支付额、确定单元格中的数据类型、计算平均值、排序显示和运算文本数据等。

WPS 表格函数一共有 10 类，分别是数据库函数、日期与时间函数、工程函数、财务函数、信息函数、逻辑函数、查询和引用函数、数学和三角函数、统计函数、文本函数。下面介绍常用的几种函数。

1. 文本函数

文本函数主要帮助用户快速设置文本方面的操作，包括文本的比较、查找、截取、合并、转换和删除等操作，在文本处理中有着极其重要的作用。

1）CONCAT(字符串 1,[字符串 2],…)

功能：可将最多 255 个文本字符串连接成一个文本字符串。连接项可以是字符串、单元格引用及其组合。

参数说明：

（1）字符串 1：必选项，是第一个需要连接的字符串。

（2）字符串 2：可选项，其他文本项，最多为 254 项。项与项之间用逗号分隔。

例如，A1 单元格输入"中国"，A2 单元格输入"浙江"，A3 单元格输入"=CONCAT(A1,A2," 嘉兴 ")"，函数返回值为"中国浙江嘉兴"。需要注意的是，第 3 个参数使用的是文本，所有文本内容必须使用英文符号的双引号引起来。

另外，也可以用"&"运算符代替 CONCAT 函数连接文本项。上述 A3 单元格如果输入"=A1&A2&" 嘉兴 ""也可以返回"中国浙江嘉兴"。

2）带指定分隔符的文本连接函数 TEXTJOIN

格式：TEXTJOIN(分隔符, 忽略空白单元格, 字符串 1,[字符串 2],…)

功能：使用分隔符将多个单元格区域或字符串的文本组合起来。

参数说明：

（1）分隔符：必需，分隔符可以是键盘上的任意符号，比如逗号、分号、#号、减号、感叹号等。

（2）忽略空白单元格：必需，若为 TRUE，则忽略空白单元格。

（3）字符串 1：必需，表示要连接的文本项 1（文本字符串或单元格区域等）。

（4）字符串 2：可选，表示要连接的文本项 2。

例如，若在 B12 单元格中输入字符串 " 嘉兴 "，C12 单元格空白，D12 单元格中输入字符串 " 南湖 "，E12 单元格中输入函数"=TEXTJOIN(";",TRUE,B12,C12,D12)"，返回值为"嘉兴；南湖"；若输入"=TEXTJOIN(";",FALSE,B12,C12,D12)"，返回值为"嘉兴;;南湖"。

3）文本比较函数 EXACT

格式：EXACT(字符串, 字符串)

功能：比较两个字符串是否相同。如果两个字符串相同，则返回测试结果为"TRUE"，否则返回"FALSE"。

例如，若在 B13 单元格中输入"abc"，C13 单元格中输入"aBC"，D13 单元格中输入"=EXACT(B13,C13)"，返回值为"FALSE"。

2. 数学与三角函数

1）条件求和函数 SUMIF

格式：SUMIF(区域, 条件, 求和区域)

功能：根据指定条件对指定数值单元格求和。

参数说明：

（1）区域代表用于条件计算的单元格区域或者求和的数据区域。

（2）条件为指定的条件表达式。

（3）求和区域为可选项，如果选择，是实际求和的数据区域，如果忽略，则第一个参数区域既为条件区域又为求和区域。

例如，公式：=SUMIF(A2:A13,">60") 表示对 A2:A13 单元格区域中大于 60 分的数值相加。再如公式：=SUMIF(C2:C13," 男 ",G2:G13)，假定 C2:C13 是性别列，G2:G13 是成绩，则该公式将返回男同学的成绩和。

2）求数组乘积的和函数 SUMPRODUCT

格式：SUMPRODUCT(数组 1,[数组 2],…)

功能：在给定的几组数组中，将数组间对应的元素相乘，并返回乘积之和。该函数一般用于解决用成绩求和的问题，也常用于多条件求和问题。

参数说明：

（1）数组 1 必需。其相应元素需要进行相乘并求和的第一个数组参数。

（2）数组 2、数组 3 等，可选。可以有 2～255 个数组参数，其相应元素需要进行相乘并求和。

注意：

（1）数组参数必须具有相同的维数，否则，SUMPRODUCT将返回错误值#VALUE!。

（2）函数SUMPRODUCT将非数值型的数组元素作为0处理。

例如，公式：=SUMPRODUCT(A2:B4,C2:D4) 表示将两个数组的所有元素对应相乘，然后把成绩相加。

再如公式：=SUMPRODUCT((C2:C13=" 男 ")*(D2:D13=" 软件技术 "),G2:G13)，假定 C2:C13 是性别列，D2:D13 表示专业，G2:G13 表示成绩，则该公式返回软件技术专业男生的所有成绩和。

3）条件求平均数函数 AVERAGEIF

格式：AVERAGEIF(区域, 条件,[求平均值区域])

功能：根据指定条件对指定数值单元格求算术平均值。

参数说明：

（1）区域代表用于条件计算的单元格区域或者求平均值的数据区域。

（2）条件为指定的条件表达式。

（3）求平均值区域为可选项，如果选择，是实际求平均值的数据区域，如果忽略，则第一个参数区域既为条件区域又为求平均值区域。

例如，公式：=AVERAGEIF(A2:A13,">60") 表示对 A2:A13 单元格区域中大于 60 分的数值求平均。再如公式：=AVERAGEIF(C2:C13," 男 ",G2:G13)，假定 C2:C13 是性别列，G2:G13 是成绩，则该公式将返回男同学的成绩平均值。

4）取整函数 INT

格式：INT(数值)

功能：将数字向下舍入到最接近的整数。

例如，=INT(6.5) 返回值为 6。

5）四舍五入函数 ROUND

格式：ROUND(数值, 小数位数)

功能：对指定数据，四舍五入保留指定的小数位数。

例如，=ROUND(4.65,1) 返回值为 4.7。

3. 统计函数

统计函数主要用于各种统计计算，在统计领域中有着极其广泛的应用。这里介绍几种最常用的统计函数。

1）统计计数函数 COUNT

格式：COUNT(值 1, 值 2, …)。

功能：统计指定数据区域中所包含的数值型数据的单元格个数。

与 COUNT 函数类似的函数还有：

COUNTA(值 1, 值 2, …)：统计指定数据区域中所包含的非空值的单元格个数。

COUNTBLANK(区域)：函数用于计算指定单元格区域中空白单元格的个数。

2）条件统计计数函数 COUNTIF

格式：COUNTIF(区域 , 条件)

功能：统计指定数据区域中满足单个条件的单元格个数。

其中，区域为需要统计单元格个数的数据区域，条件的形式可以是常值、表达式或者文本。

例如，公式：=COUNTIF(A2:A13,">60") 返回 A2:A13 单元格区域内大于 60 的单元格个数。

3）多条件统计计数函数 COUNTIFS

格式：COUNTIFS(区域 1, 条件 1,[区域 2, 条件 2,…])

功能：统计指定数据区域中满足多个条件的单元格个数。

参数说明：

（1）区域 1 为必选项，为满足第一个条件的要统计的单元格数据区域。

（2）条件 1 为必选项，是第一个统计条件，形式为数字、表达式、单元格引用或文本，用来定义哪些单元格将被统计。

（3）区域 2、条件 2 为可选项，是第二个需要统计的数据区域及关联条件。最多可允许 127 个区域 / 条件对。

> **注　意：**
>
> 每个附加区域都必须与参数区域1具有相同的行数和列数，但这些区域无须彼此相邻。

例如，"学生成绩表"中输入公式："=COUNTIFS(E2:E13,">=80",E2:E13,"<=90")"，假定 E2:E13 为英语成绩，该公式将返回英语成绩在 80～90 之间的学生人数。

4）排序函数 RANK.EQ

格式：RANK.EQ(数值 , 引用 , 排名方式)

功能：返回某数值在指定区域内的排名，如果多个值具有相同排名，则返回最佳排名。

参数说明：数值为需要排位的数字；引用为数字列表或对数据列表的单元格引用；排位方式为可选项，0 表示降序，非 0 表示升序，省略为降序排序。

例如，公式：=RANK.EQ(F2,$F$2:$F$13,0)，假定 $F$2:$F$13 列为总分列，该公式将返回当前总分按照降序排序后的位次。

4. 日期和时间函数

日期和时间函数主要用于对日期和时间进行运算和处理，下面介绍常用的几种函数：

1）当前系统日期函数 TODAY

格式：TODAY()

功能：返回当前系统的日期。

2）当前系统日期和时间函数 NOW

格式：NOW()

功能：返回当前系统的日期和时间。

3）年函数 YEAR

格式：YEAR(日期序号)

功能：返回指定日期对应的系统年份。

例如，公式：=YEAR(TODAY())将返回当前系统的年份，如果返回的是日期格式，只需将其设置为"常规"即可。

与 YEAR() 函数类似的还有 MONTH() 及 DAY() 函数，它们分别返回指定日期中两位的月值和两位的日值。

4）小时函数 HOUR

格式：HOUR(时间序号)

功能：返回指定时间值中的小时数。

例如，公式：=HOUR(NOW())返回当前系统时间中的小时数。与之类似的还有MINUTE(时间序号)，将返回指定时间值中的分钟数；SECOND(时间序号)，将返回时间中的秒数。

5. 查找和引用函数

在 WPS 表格中，可以利用查找和引用函数的功能实现按指定条件对数据进行查询、选择和引用的操作，下面介绍常用的几种函数。

1）列匹配查找函数 VLOOKUP

格式：VLOOKUP(查找值,数据表,列序数,匹配条件)

功能：在数据表首列查找与指定的数值相匹配的值，并将指定列的匹配值填入当前数据表列。

参数说明：

（1）查找值是要在数据表首列进行查找的值，可以是数值、单元格引用或文本字符串。

（2）数据表是要查找的单元格区域数值或数组。

（3）列序数为一个数值，代表要返回的值位于数据表中的列数。

（4）匹配条件取 TRUE 或默认时，返回近似匹配值，即如果找不到精确匹配值，则返回小于查找值的最大值所在行的值，若取 FALSE，则返回精确匹配值，如果找不到，则返回错误提示信息"#N/A"。

2）行匹配查找函数 HLOOKUP

格式：HLOOKUP(查找值,数据表,行序数,匹配条件)

功能：在数据表首行查找与指定的数值相匹配的值，并将指定行的匹配值输入当前数据表行。

参数说明：

（1）查找值是要在数据表首行进行查找的值，可以是数值、单元格引用或文本字符串。

（2）数据表是要查找的单元格区域数值或数组。

笔记栏

（3）行序数为一个数值，代表要返回的值位于数据表中的行数。

（4）匹配条件取 TRUE 或默认值时，返回近似匹配值，即如果找不到精确匹配值，则返回小于查找值的最大值所在行的值，若取 FALSE，则返回精确匹配值，如果找不到，则返回错误提示信息“#N/A”。

例如，图 3-47 所示的停车情况记录表中的单价列，可以使用 HLOOKUP 函数，将“停车价目表”中的价格填入到“单价”列。

在 C9 列输入公式：=HLOOKUP(B9,$A$2:$C$3,2,0)，其中，第一个参数 B9 为即将在数据表首行进行查找的数据，该参数是价格确定的依据；第二个参数为停车价目表中的 $A$2:$C$3 区域，要确保查找的第一个参数在数据表区域中位于第一行；第三个参数是确定了第一个参数在数据表中的列数以后，需要返回的行序号；第四个参数 0，表示精确查找，如果数据表区域找不到第一个参数，返回“#N/A”。

3）单行或单列匹配查找函数 LOOKUP

函数 LOOKUP 有两种语法形式：向量和数组。

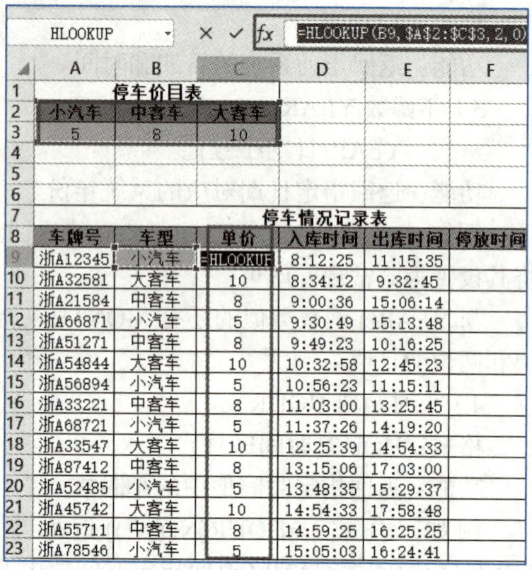
HLOOKUP　=HLOOKUP(B9,$A$2:$C$3,2,0)

	A	B	C	D	E	F
1	停车价目表					
2	小汽车	中客车	大客车			
3	5	8	10			
4						
5						
6						
7				停车情况记录表		
8	车牌号	车型	单价	入库时间	出库时间	停放时间
9	浙A12345	小汽车	=HLOOKUP	8:12:25	11:15:35	
10	浙A32581	大客车	10	8:34:12	9:32:45	
11	浙A21584	中客车	8	9:00:36	15:06:14	
12	浙A66871	小汽车	5	9:30:49	15:13:48	
13	浙A51271	中客车	8	9:49:23	10:16:25	
14	浙A54844	大客车	10	10:32:58	12:45:23	
15	浙A56894	小汽车	5	10:56:23	11:15:11	
16	浙A33221	中客车	8	11:03:00	13:25:45	
17	浙A68721	小汽车	5	11:37:26	14:19:20	
18	浙A33547	大客车	10	12:25:39	14:54:33	
19	浙A87412	中客车	8	13:15:06	17:03:00	
20	浙A52485	小汽车	5	13:48:35	15:29:37	
21	浙A45742	大客车	10	14:54:33	17:58:48	
22	浙A55711	中客车	8	14:59:25	16:25:25	
23	浙A78546	小汽车	5	15:05:03	16:24:41	

图 3-47　HLOOKUP 函数应用举例

（1）向量。向量是只包含一行或一列的区域。函数 LOOKUP 的向量形式是在单行区域或单列区域（向量）中查找数值，然后返回第二个单行区域或单列区域中相同位置的数值。如果需要指定包含待查找数值的区域，一般使用函数 LOOKUP 的向量形式。

格式：LOOKUP(查找值 , 查找向量 , 返回向量)

功能：在查找向量指定的区域中查找值所在的区间，并返回该区间所对应的值。

参数说明：

① 查找值是要在数据表首行进行查找的值，可以是数值、单元格引用或文本字符串。

② 查找向量为只包含一行或者一列的区域，可以是文本、数字或逻辑值，但要以升序方式排列，否则不会返回正确的结果。

③ 返回向量只包含一行或者一列的区域，其大小必须与查找向量相同。

例如，图 3-48 所示的停车情况记录表中的单价列，可以使用 LOOKUP 函数，将“价格表”中的单价填入到采购表中的“单价”列。

注　意：

价格表要预先以“类别”为主要关键字进行升序排序，否则将返回“#N/A”的错误提示。

在 D11 列输入公式：=LOOKUP(A11,$E$4:$E$6,$F$4:$F$6)，其中，第一个参数 A11 为即将在价格表进行查找的数据，该参数是单价确定的依据；第二个参数为价格表中的 $E$4:$E$6 单元格区域，这是查找向量；第三个参数 $F$4:$F$6 是返回向量，两个向量的地址范围均为绝对地址。获得第一个单价之后，使用填充柄将“单价”列的其余单元格进行填充。

D11 　 =LOOKUP(A11,$E$4:$E$6,$F$4:$F$6)

	A	B	C	D	E	F
1	折扣表					
2	数量	折扣率	说明		价格表	
3	0	0%	0-99件的折扣率		类别	单价
4	100	6%	100-199件的折扣率		裤子	120
5	200	8%	200-299件的折扣率		鞋子	80
6	300	10%	300件的折扣率		衣服	150
7						
8						
9			采购表			
10	项目	采购数量	采购时间	单价		
11	衣服	20	2022/1/12	150		
12	裤子	45	2022/1/13	120		
13	鞋子	70	2022/1/14	80		
14	衣服	125	2022/1/15	150		

图 3-48　使用 LOOKUP 向量形式获取单价的值

（2）数组：

格式：LOOKUP(查找值 , 数组)

功能：在数组中查找值所在的行或者列，返回查找值所在数组中匹配单元格的值。

参数说明：

① 查找值为函数 LOOKUP 所要在数组中查找的值，可以是数字、文本、逻辑值或单元格引用。

② 如果 LOOKUP 在数组中找不到查找值，将使用数组中小于或等于查找值的最大值。

③ 如果查找的值小于第一行或第一列中的最小值(取决于数组维度),LOOKUP 会返回“#N/A”错误。

④ 数组为包含要与查找值进行比较的文本、数字或逻辑值的单元格区域。

4）引用函数 OFFSET

OFFSET 函数是 WPS 表格引用类函数中非常实用的函数之一，无论是数组动态引用，还是在数据位置变换中，该函数的使用频率都非常高。

格式：OFFSET(参照区域 , 行数 , 列数 ,[高度],[宽度])

功能：以指定的引用为参照系，通过给定偏移量得到新的引用。返回的引用可以为一个单元格或单元格区域，并可以指定返回的行数或列数。

参数说明：

（1）参照区域表示偏移量参照系的引用区域。参照区域必须为单元格或相邻单元格区域的引用；否则，OFFSET 返回错误值“#VALUE”。

（2）行数表示相对于偏移量参照系的左上角单元格上（下）偏移的行数。如果使用 2 作为参数，则说明目标引用区域的左上角单元格比参照区域低 2 行。行数可以为正数（代表在起始引用的下方）或负数（代表在起始引用的上方）。

（3）列数表示相对于偏移量参照系的左上角单元格左（右）偏移的行数。如果使用 2 作为参数，则说明目标引用区域的左上角单元格比参照区域靠右 2 行。列数可以为正数（代表在起始引用的右边）或负数（代表在起始引用的左边）。

（4）高度为可选项，是所要返回的引用区域的行数。高度必须为正数。

（5）宽度为可选项，是所要返回的引用区域的列数，宽度必须为正数。

图 3-49 在工作表 I2 单元格中输入公式：=OFFSET(F2,2,-2)，返回值为 69。

第一个参数为 F2，即基点单元格为 F2，第二个参数为 2，表示从基点所在行往下偏移两行，

笔记栏

即第 4 行，第三个参数为 -2，表示从基点所在列往左偏移两列，即 D 列，在宽度与高度省略的情况下，将引用 D4 单元格的值，即 69。

I2　　f_x =OFFSET(F2,2,-2)

	A	B	C	D	E	F	G	H	I
1	学号	姓名	语文	数学	英语	总分	排名		
2	20041001	毛莉	75	85	80	240	6		69
3	20041002	杨青	68	75	64	207	9		
4	20041003	陈小鹰	58	69	75	202	10		
5	20041004	陆东兵	94	90	91	275	1		
6	20041005	闻亚东	84	87	88	259	3		
7	20041006	曹吉武	72	68	85	225	8		
8	20041007	彭晓玲	85	71	26	182	12		
9	20041008	傅珊珊	88	80	75	243	5		
10	20041009	钟争秀	78	80	76	234	7		
11	20041010	周旻璐	94	87	82	263	2		
12	20041011	柴安琪	60	67	71	198	11		
13	20041012	吕秀杰	81	83	87	251	4		

图 3-49　OFFSET 函数应用举例

6. 逻辑函数

WPS 表格共有 11 个逻辑函数，分别为 IF、IFS、SWITCH、IFERROR、IFNA、AND、NOT、OR、TRUE、FALSE、XOR，其中 TRUE 和 FALSE 函数没有参数，表示“真”和“假”。下面重点介绍常用的几种逻辑函数。

1）条件判断函数 IF

格式：IF(测试条件 , 真值 , 假值)

功能：根据测试条件决定相应的返回结果。

参数说明：

测试条件为要判断的逻辑表达式；真值表示条件判断为逻辑“真（TRUE）”时要输出的内容，如果省略返回“TRUE”；假值表示条件判断为逻辑“假（FALSE）”时要输出的内容，如果省略返回“FALSE”。具体使用 IF 函数时，如果条件复杂可以使用 IF 的嵌套实现，WPS 表格中的“.XLS”类型文件，IF 函数最多可以嵌套 7 层，“.XLSX”类型文件，IF 函数最多可以嵌套 64 层。

图 3-50 是 IF 函数的应用举例。在成绩表中 I2 单元格输入公式：=IF(G2>=70," 合格 "," 不合格 ")，第一个参数“G2>=70”表示判断当前平均分是否大于或等于 70；第二个条件表示如果表达式的结果为真，则显示值为“合格”；第三个条件表示如果表达式的结果为假，则显示值为“不合格”。得到一个等级后，使用填充柄填充其余单元格即可。

I2　　f_x =IF(G2>=70,"合格","不合格")

	A	B	C	D	E	F	G	H	I
1	学号	姓名	语文	数学	英语	总分	平均分	排名	等级
2	20041001	毛莉	75	85	80	240	80.0	6	合格
3	20041002	杨青	68	75	64	207	69.0	9	不合格
4	20041003	陈小鹰	58	69	75	202	67.3	10	不合格
5	20041004	陆东兵	94	90	91	275	91.7	1	合格
6	20041005	闻亚东	84	87	88	259	86.3	3	合格
7	20041006	曹吉武	72	68	85	225	75.0	8	合格
8	20041007	彭晓玲	85	71	26	182	60.7	12	不合格
9	20041008	傅珊珊	88	80	75	243	81.0	5	合格
10	20041009	钟争秀	78	80	76	234	78.0	7	合格
11	20041010	周旻璐	94	87	82	263	87.7	2	合格
12	20041011	柴安琪	60	67	71	198	66.0	11	不合格
13	20041012	吕秀杰	81	83	87	251	83.7	4	合格

图 3-50　IF 函数举例

2）逻辑与函数 AND

格式：AND(逻辑值 1, 逻辑值 2,…)

笔记栏

功能：返回逻辑值。如果所有参数值均为“真（TRUE）”，则返回逻辑值“TRUE”，否则返回逻辑值“FALSE”。

参数说明：

逻辑值 1, 逻辑值 2,…：表示待测试的条件或表达式，最多为 255 个。

图 3-51 所示为 AND 函数应用举例。在成绩表的 J2 单元格中输入公式：=AND(C2>=80, D2>=80,E2>=80)，用来判断三科大于或等于 80 的情况。

J2　fx =AND(C2>=80, D2>=80, E2>=80)

	A	B	C	D	E	F	G	H	I	J
1	学号	姓名	语文	数学	英语	总分	平均分	排名	等级	三科大于等于80
2	20041001	毛莉	75	85	80	240	80.0	6	合格	FALSE
3	20041002	杨青	68	75	64	207	69.0	9	不合格	FALSE
4	20041003	陈小鹰	58	69	75	202	67.3	10	不合格	FALSE
5	20041004	陆东兵	94	90	91	275	91.7	1	合格	TRUE
6	20041005	闻亚东	84	87	88	259	86.3	3	合格	TRUE
7	20041006	曹吉武	72	68	85	225	75.0	8	合格	FALSE
8	20041007	彭晓玲	85	71	26	182	60.7	12	不合格	FALSE
9	20041008	傅珊珊	88	80	75	243	81.0	5	合格	FALSE
10	20041009	钟争秀	78	80	76	234	78.0	7	合格	FALSE
11	20041010	周旻璐	94	87	82	263	87.7	2	合格	TRUE
12	20041011	柴安琪	60	67	71	198	66.0	11	不合格	FALSE
13	20041012	吕秀杰	81	83	87	251	83.7	4	合格	TRUE

图 3-51　AND 函数应用举例

与 AND 函数类似的还有以下函数：

（1）OR(逻辑值 1, 逻辑值 2,…)。当且仅当所有参数值为“假（FALSE）”时，返回逻辑值“FALSE”，否则返回逻辑值“TRUE”。

（2）NOT(逻辑值) 函数对参数值求反。

3）多条件判断函数 IFS

格式：IFS(测试条件 1, 真值 1,[测试条件 2, 真值 2,…])。

功能：根据测试条件决定相应的返回结果。

参数说明：

测试条件 1 为要判断的条件 1；真值 1 表示当条件 1 判断为逻辑“真（TRUE）”时要输出的内容；如果测试条件为假，接着判断测试条件 2，真值 2 表示当条件 2 判断为逻辑“真（TRUE）”时要输出的内容；依此类推。IFS 函数允许测试最多 127 个不同的条件，并且条件间必须按正确的序列（升序或降序）输入。

图 3-52 所示为 IFS 函数应用举例，在采购表的 D11 单元格中输入公式：=IFS(A11=$E$4, $F$4,A11=$E$5,$F$5,A11=$E$6,$F$6)，先判断 A11 单元格是否等于 $E$4，即“裤子”，如果条件成立，输出 120，否则判断 A11 单元格是否等于 $E$5，即“鞋子”，如果条件成立，输出 80，否则继续判断 A11 单元格是否等于 $E$6，即“衣服”，如果条件成立，输出 150。

D11　fx =IFS(A11=$E$4, $F$4, A11=$E$5, $F$5, A11=$E$6, $F$6)

	A	B	C	D	E	F	G	H
1	折扣表							
2	数量	折扣率	说明		价格表			
3	0	0%	0-99件的折扣率		类别	单价		
4	100	6%	100-199件的折扣率		裤子	120		
5	200	8%	200-299件的折扣率		鞋子	80		
6	300	10%	300件的折扣率		衣服	150		
7								
8								
9			采购表					
10	项目	采购数量	采购时间	单价				
11	衣服	20	2022/1/12	150				
12	裤子	45	2022/1/13	120				
13	鞋子	70	2022/1/14	80				
14	衣服	125	2022/1/15	150				
15	裤子	185	2022/1/16	120				
16	鞋子	140	2022/1/17	80				
17	衣服	225	2022/1/18	150				

图 3-52　IFS 函数举例

笔记栏

7. 数据库函数

数据库是包含一组相关数据的列表，其中包含相关信息的行为记录，而包含数据的列称为字段。列表的第一行为字段名称。WPS 表格中具有以上特征的工作表或一个数据清单就是一个数据库。

数据库函数可对存储在数据清单或数据库中的数据进行分析、判断，并求出指定数据区域中满足指定条件的值。这一类函数具有以下共同特点：

（1）每个函数有三个参数：数据库区域、操作域和条件。

（2）函数名以 D 开头。如果去掉 D，大多数数据库函数已经在 WPS 表格的其他类型函数中出现过。例如 DMAX 将 D 去掉，就是求最大值的函数 MAX。

数据库函数的格式与参数的含义如下：

格式：函数名(数据库区域，操作域，条件)

参数说明：

（1）数据库区域：构成数据清单或数据库的单元格数据区域。

（2）操作域：指定函数所使用的数据列，可以是文本，即两端标志引号的标志项，也可以用单元格引用，可以是代表数据清单中数据列位置的数字：1 表示第一列，2 表示第二列。

（3）条件：一组包含给定条件的单元格区域。可以为参数指定任意区域，只要它至少包含一个列标志和列标志下方用于设定条件的单元格。

如果能够灵活应用 WPS 表格的数据库函数，就可以方便地分析数据库中的数据信息。下面介绍常用的数据库函数。

1）DSUM

格式：DSUM(数据库区域，操作域，条件)

功能：返回列表或数据库中满足指定条件的记录字段（列）中的数值之和。

图 3-53 所示为 DSUM 函数举例。在 M3 单元格中输入公式：=DSUM(A2:J17,J2,C19:D20)，其中，A2:J17 是数据库区域，操作域为工资列，即“J2”，条件为：C19:D20。

M3 =DSUM(A2:J17,J2,C19:D20)

	A	B	C	D	E	F	G	H	I	J	K	L	M
1						员工信息表							
2	员工姓名	员工代码	性别	出生年月	年龄	参加工作时间	工龄	职称	岗位级别	工资		统计条件	统计结果
3	毛莉	PA103	女	1977年12月		1995年8月		技术员	2级	5000		男性高级职称工资和：	16000
4	杨青	PA125	女	1978年2月		2000年8月		助工	5级	6000			
5	陈小鹰	PA128	男	1963年11月		1987年11月		助工	5级	6000			
6	陆东兵	PA212	女	1976年7月		1997年8月		助工	5级	6000			
7	闻亚东	PA216	男	1963年12月		1987年12月		高级工程师	8级	8000			
8	曹吉武	PA313	男	1982年10月		2006年5月		技术员	1级	5000			
9	彭晓玲	PA325	女	1960年3月		1983年3月		技术员	5级	5000			
10	傅珊珊	PA326	女	1969年1月		1987年1月		技术员	3级	5000			
11	钟争秀	PA327	男	1956年12月		1980年12月		技术员	3级	5000			
12	周旻璐	PA329	女	1970年4月		1992年4月		技术员	5级	5000			
13	柴安琪	PA330	男	1977年1月		1999年8月		工程师	6级	7000			
14	吕秀杰	PA401	男	1963年10月		1983年10月		高级工程师	8级	8000			
15	陈华	PA402	男	1948年10月		1969年10月		技术员	5级	5000			
16	姚小玮	PA403	女	1969年3月		1991年3月		工程师	6级	7000			
17	刘晓瑞	PA405	男	1979年3月		2000年8月		助工	5级	6000			
18													
19			性别	职称									
20			男	高级工程师									

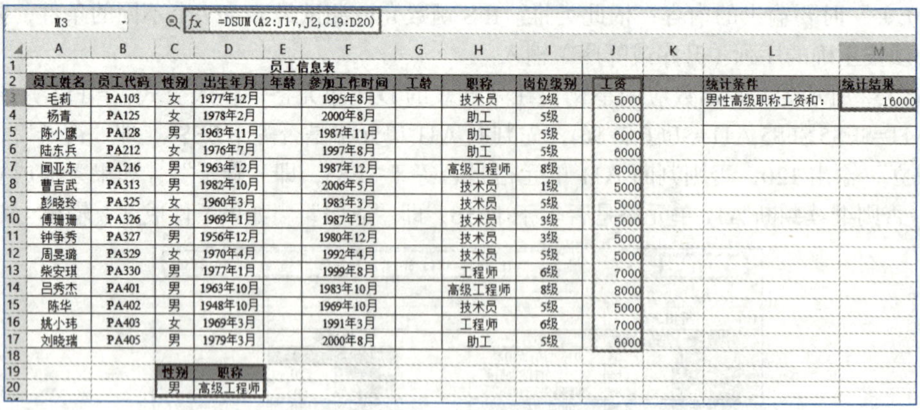

图 3-53 DSUM 函数应用举例

注意：

（1）条件区域至少应离开原始表格数据一行的距离，以便与数据库区域分开。

（2）条件区域中，条件写在同行中，标明条件与条件之间是逻辑与的关系。如果条件与条件之间是逻辑或的关系，那么条件应以错开位的方式进行表达。

笔记栏

2）DAVERAGE

格式：DAVERAGE(数据库区域，操作域，条件)

功能：返回列表或数据库中满足指定条件的记录字段（列）中的数值平均值。

图 3-54 所示为 DAVERAGE 函数举例。在 M4 单元格中输入公式：=DAVERAGE(A2:J17,G2,F19:G20)，其中，A2:J17 是数据库区域，操作域为工龄列，即“G2”，条件为：F19:G20。

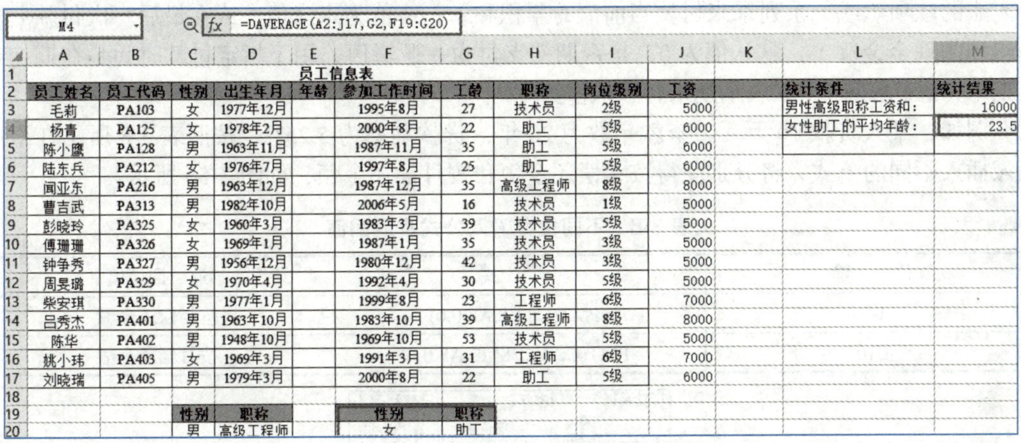

M4 =DAVERAGE(A2:J17,G2,F19:G20)

	A	B	C	D	E	F	G	H	I	J	K	L	M
1					员工信息表								
2	员工姓名	员工代码	性别	出生年月	年龄	参加工作时间	工龄	职称	岗位级别	工资		统计条件	统计结果
3	毛莉	PA103	女	1977年12月		1995年8月	27	技术员	2级	5000		男性高级职称工资和：	16000
4	杨青	PA125	女	1978年2月		2000年8月	22	助工	5级	6000		女性助工的平均年龄：	23.5
5	陈小鹰	PA128	男	1963年11月		1987年11月	35	助工	5级	6000			
6	陆东兵	PA212	女	1976年7月		1997年8月	25	助工	5级	6000			
7	闻亚东	PA216	男	1963年12月		1987年12月	35	高级工程师	8级	8000			
8	曹吉武	PA313	男	1982年10月		2006年5月	16	技术员	1级	5000			
9	彭晓玲	PA325	女	1960年3月		1983年3月	39	技术员	5级	5000			
10	傅珊珊	PA326	女	1969年1月		1987年1月	35	技术员	3级	5000			
11	钟争秀	PA327	男	1956年12月		1980年12月	42	技术员	3级	5000			
12	周旻璐	PA329	女	1970年4月		1992年4月	30	技术员	5级	5000			
13	柴安琪	PA330	男	1977年1月		1999年8月	23	工程师	6级	7000			
14	吕秀杰	PA401	男	1963年10月		1983年10月	39	高级工程师	8级	8000			
15	陈华	PA402	男	1948年10月		1969年10月	53	技术员	5级	5000			
16	姚小玮	PA403	女	1969年3月		1991年3月	31	工程师	6级	7000			
17	刘晓瑞	PA405	男	1979年3月		2000年8月	22	助工	5级	6000			
18													
19			性别	职称		性别	职称						
20			男	高级工程师		女	助工						

图 3-54 DAVERAGE 函数举例

8. 财务函数

财务函数是财务计算分析的重要工具，可使财务数据的计算更便捷和准确。下面介绍几个常用的财务函数。

1）求财产折旧值函数 SLN

格式：SLN(原值，残值，折旧期限)

功能：返回某项资产在一段时间内的线性折旧值。

参数说明：

原值为资产原值；残值为资产在折旧期末的价值（又称资产残值），折旧期限为资产的使用寿命。

例如，某企业拥有固定资产 200 万元，使用 20 年后估计资产残值为 30 万元，求固定资产年、月、日的折旧值，按照表 3-7 所示在不同区域插入不同公式，将分别得到年月日的折旧值，如图 3-55 所示。

表 3-7 不同位置输入公式及返回值

位置	公式	返回值
B3	=SLN(A2,B2,C2)	每年折旧值
B4	=SLN(A2,B2,C2*12)	每月折旧值
B5	=SLN(A2,B2,C2*365)	每日折旧值

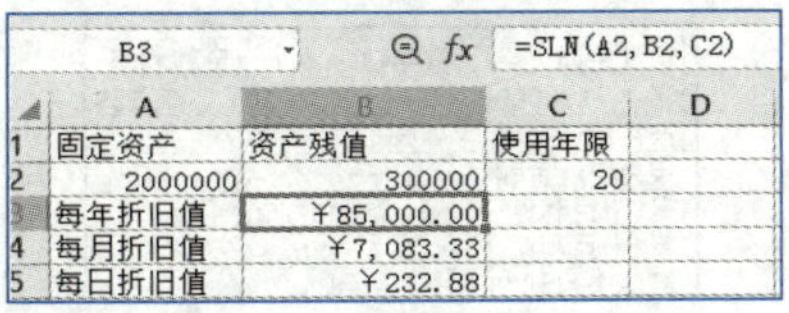

B3 =SLN(A2,B2,C2)

	A	B	C	D
1	固定资产	资产残值	使用年限	
2	2000000	300000	20	
3	每年折旧值	￥85,000.00		
4	每月折旧值	￥7,083.33		
5	每日折旧值	￥232.88		

图 3-55 SLN 函数举例

2）求贷款按年（或月）还款数函数 PMT

格式：PMT(利率，支付总期数，现值，终值，是否期初支付)

功能：返回贷款按年（或月）还款数。

参数说明：

利率为贷款利率；支付总期数为该项贷款的总贷款期限；现值为从该项贷款开始计算时已经入账的款项（或一系列未来付款当前值的累积和）；终值为未来值（或在最后一次付款后希望得到的现金金额），默认值为 0；是否期初支付为一逻辑值，用于指定付款时间是在期初还是期末（1 表示期初，0 表示期末，默认值为 0）。

例如，某人贷款 10 万元，贷款年数为 20 年，贷款利率为 5.25%，按照表 3-8 所示在不同区域插入不同的公式，将分别获得按年偿还金额和按月偿还金额，如图 3-56 所示。

表 3-8　不同位置输入公式及返回值

位　置	公　式	返 回 值
B9	=PMT(C8,B8,A8,0,0)	按年偿还金额
B10	=PMT(C8/12,B8*12,A8,0,0)	按月偿还金额

贷款金额	贷款年数	贷款利率
100000	20	5.25%
按年偿还金额	￥-8,195.23	
按月偿还金额	￥-673.84	

图 3-56　PMT 函数应用举例

3）求贷款每月应付利息数函数 IPMT

格式：IPMT(利率，期数，支付总期数，现值，终值，支付类型)

功能：求指定贷款期限的某笔贷款，按固定利率及等额分期付款方式在某一给定期限内每月应付的贷款利息。

参数说明：利率为贷款利率；期数为计算利率的期数（如计算第一个月的利息为 1，计算第二个月的利息为 2，依此类推），支付总期数为该项贷款的总贷款期数；现值为从该项贷款开始计算时已入账的款项（或一系列未来付款当前值的累积和），终值为未来值（或在最后一次付款后希望得到的现金金额），默认值为 0；支付类型为可选项，值为数字 0 或 1，用以指定各期的付款时间是在期初还是期末。

例如，某人贷款 10 万元，贷款年数为 20 年，贷款利率为 5.25%，求第 1 个月、第 2 个月、第 13 个月应付的贷款利息。按照表 3-9 所示在不同区域插入不同公式，将分别获得按年偿还金额和按月偿还金额，如图 3-57 所示。

表 3-9　不同位置输入公式及返回值

位　置	公　式	返 回 值
B11	=IPMT(C8/12,1,B8*12,A8,0)	第 1 个月利息
B12	=IPMT(C8/12,2,B8*12,A8,0)	第 2 个月利息
B13	=IPMT(C8/12,13,B8*12,A8,0)	第 13 个月利息

贷款金额	贷款年数	贷款利率
100000	20	5.25%
按年偿还金额	￥-8,195.23	
按月偿还金额	￥-673.84	
第1个月利息	￥-437.50	
第2个月利息	￥-436.47	
第13个月利息	￥-424.79	

图 3-57　IPMT 函数应用举例

9. 信息函数

信息函数共有 19 个,其中比较常用的是 IS 类函数(共 12 个)、TYPE 测试函数和 N 转函数,下面重点介绍这三类函数。

1) IS 类函数

IS 类函数包括 ISBLANK、ISTEXT、ISERR、ISERROR、ISEVEN、ISODD、ISLOGICAL、ISNA、ISNONTEXT、ISNUMBER、ISREF、ISFORMULA 等函数,统称为 IS 类函数,可以检验数值的数据类型并根据参数取值的不同而返回 TRUE 或 FALSE。IS 类函数具有相同的函数格式和相同的参数。

IS 类函数的格式及功能见表 3-10。

表 3-10 IS 类函数说明

函 数 名	格 式	功 能
ISBLANK	ISBLANK(值)	测试值是否为空
ISTEXT	ISTEXT(值)	测试值是否为文本
ISERR	ISERR(值)	测试值是否为任意错误值(#N/A)除外
ISERROR	ISERROR(值)	测试值是否为任意(包括 #N/A、#VALUE、#REF、#DIV/0!、#NUM!、#NAME? 或 #NULL!)
ISLOGICAL	ISLOGICAL(值)	测试值是否为逻辑值
ISNA	ISNA(值)	测试值是否为错误值 #N/A(值不存在)
ISNONTEXT	ISNONTEXT(值)	测试值是否不是文本的任意项(注意此函数在值为空白单元格时返回 TRUE)
ISNUMBER	ISNUMBER(值)	测试值是否为数值
ISREF	ISREF(值)	测试值是否为引用
ISODD	ISODD(值)	测试值是否为奇数
ISEVEN	ISEVEN(值)	测试值是否为偶数
ISFORMULA	ISFORMULA(值)	测试值是否存在包含公式的单元格引用

2) TYPE 类函数

格式:TYPE(值)

功能:测试数据的类型。

参数说明:值可以为任意类型的数据,如数值、文本、逻辑值等。函数的返回值为一数值,具体意义为:1 表示数字;2 表示文本;4 表示逻辑;16 表示误差值;64 表示数组。如果 VALUE 是一个公式,则 TYPE 函数将返回此公式运算结果的类型。

3) N 转数值函数

格式:N(值)

功能:将不是数值形式的值转化为数值形式。

参数说明:值可以为任意类型的值,如果值为一日期,则返回日期表示的序列值;如果值为逻辑值 TRUE,返回 1,若为 FALSE,返回 0;如果值是文本数字,则返回对应的值;如果值为其他类型值,则返回 0。

10. 工程函数

工程函数是属于工程专业领域计算分析用的函数,接下来介绍最常用的工程函数。

1）进制转换函数

WPS 表格工程函数中提供了二进制（BIN）、八进制（OCT）、十进制（DEC）、十六进制（HEX）之间的数值转换函数。其函数名非常容易记忆，用数字 2 表示转换，故二进制转换成八进制的函数是 BIN2OCT，二进制转换为十进制的函数是 BIN2DEC 等。这类函数的语法格式是：

函数名(数值,[字符数])

数值表示待转换的数值，其位数不能多于 10 位，最高位为符号位，后 9 位为数字位。

字符数为可选项，表示所要使用的字符位数。如果省略，函数用能表示此数的最少字符来表示。当转换结果的位数少于指定的位数时，在返回值的左侧自动追加 0。如果需要返回的数值前置零时，字符数尤其有用。

注意：

从其他进制转换为十进制的函数只有数值一个参数。

2）度量系统转换函数 CONVERT

格式：CONVERT(数值,初始单位,结果单位)

功能：将数值从一个度量系统转换到另一个度量系统。

参数说明：

数值表示需要进行转换的值；初始单位表示数值的单位；结果单位表示转换后的结果单位。

注意：

单位名称区分大小写。

例如，将气温 35 摄氏度转换为华氏度的值，可以用如下公式实现：=CONVERT(35,"C","F")，转换结果为 95。

3）检验两个值是否相等函数 DELTA

格式：DELTA(待测值 1,[待测值 2])

功能：测试两个值是否相等，如果待测值 1= 待测值 2，则返回 1，否则返回 0。

参数说明：

（1）待测值 1 表示第一个数值；

（2）待测值 2 为可选项，表示第二个数值。如果省略，假设待测值 2 的值为零。如果待测值 1 和待测值 2 为非数值型，则函数返回错误值 #VALUE!。

通过统计多个 DELTA 的返回值，可以知道两组数据相符的个数，如图 3-58 所示。

图 3-58　DELTA 函数应用实例

任务实现

子任务一：创建销售信息工作表

销售信息工作表用来描述项目销售过程中产生的各种信息，包括客户编号、楼号、预定日期、一次性付款、原价、折扣 1、折扣 2、实际价格、销售员工、总房价、平均房价等。其中，客户编号、楼号、预定日期、是否一次性付款等信息，要根据实际情况如实输入，而原价、折扣 1、折扣 2、实际价格、销售员工、总房价、平均房价等信息，需要使用公式与函数完成计算和统计。基础数据的输入此处不再赘述，下面针对原价、折扣 1、折扣 2、实际价格、销售员工、总房价、平均房价分别进行详细说明。

1. 使用 VLOOKUP 函数引用"房屋基本信息表"的价格,完成"原价"列数据获取

选中 E2 单元格,单击编辑栏左侧的"插入函数"按钮,弹出"插入函数"对话框,找到"查找与引用"中的"VLOOKUP"函数,单击"确定"按钮,弹出"函数参数"对话框,设置各项参数如图 3-59(a)所示,单击"确定"按钮完成。使用填充柄将 E2 单元格的公式复制填充到 E3:E19 单元格区域,完成原价列的获取,完成后的效果图如图 3-59(b)所示。

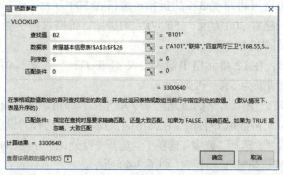

(a)

(b)

图 3-59 使用 VLOOKUP 函数获取原价列数值

注 意:

(1)第一个参数B2即楼号"B201"作为确定原价的依据,是即将在数据表首列进行搜索的数据。

(2)第二个参数"房屋基本信息表!$A$3:$F$26",是要搜索的数据区域。对该数据区域有如下要求:

① 选择数据区域时,从第一个参数所在的列开始选择,即保证搜索数据位于数据区域的首列。

② 数据区域默认按首列进行升序排序,如未排序,请先以首列作为关键字对表格进行升序排序。

③ 数据区域必须为绝对地址。

（3）第三个参数是待返回的匹配值的列序号，数据区域的首列列序号值为1，第三个参数的列序号是相对于搜索数据区域首列的相对列序号。

（4）第四个参数值为"0"，即FALSE，返回精确匹配值，如果找不到，则返回错误提示信息"#N/A"。

2. 使用 IF 函数及 IF 函数嵌套计算"折扣 1""折扣 2"

按照公司的相关规定，凡一次性付清房款的客户，可以享受房价 5% 的折扣；价格在 1 000 万元以上房屋，价格可再享受 3% 的折扣；价格在 500 万元～1 000 万元的房屋，价格可再享受 2% 的折扣；价格在 300 万元～500 万元的房屋，价格可再享受 1% 的折扣。

1）使用 IF 函数计算"折扣 1"

（1）根据任务要求，在 F2 单元格中输入公式"=IF(D2="是",5%,0)"，其含义是，如果 D2 的值等于"是"，则结果为 5%，否则为 0。

（2）选中 F2 单元格，使用填充柄填充至 F19 单元格，即可填入所有客户的折扣 1。

（3）选中 F2:F19 单元格区域并右击，在弹出的快捷菜单中选择"设置单元格格式"命令，弹出"单元格格式"对话框，选择"数字"选项卡，选择"百分比"分类，小数位数设置为"0"，单击"确定"按钮，完成"折扣 1"计算，如图 3-60 所示。

	A	B	C	D	E	F
					fx =IF(D2="是",5%,0)	
1	客户编号	楼号	预定日期	一次性付款	原价	折扣1
2	001	B101	2013/1/5	是	¥3,300,640.00	5%
3	002	A206	2013/1/12	否	¥2,438,240.00	0%
4	003	B201	2013/2/25	是	¥3,300,640.00	5%
5	003	B202	2013/2/25	是	¥3,300,640.00	5%
6	004	B102	2013/4/6	否	¥3,300,640.00	0%
7	005	C001	2013/4/15	是	¥10,662,400.00	5%
8	006	A106	2013/4/19	是	¥2,124,640.00	5%
9	007	A201	2013/4/23	否	¥2,438,240.00	0%
10	008	A101	2013/4/27	是	¥2,124,640.00	5%
11	009	A102	2013/4/30	是	¥2,124,640.00	5%
12	010	A202	2013/5/4	否	¥2,438,240.00	0%
13	011	C002	2013/5/6	是	¥10,662,400.00	5%
14	012	A103	2013/5/6	是	¥2,124,640.00	5%
15	013	A104	2013/5/12	是	¥2,124,640.00	5%
16	014	A105	2013/5/26	否	¥2,124,640.00	0%
17	015	B301	2013/6/17	是	¥5,476,240.00	5%
18	016	B401	2013/6/18	是	¥5,476,240.00	5%
19	016	B402	2013/6/18	是	¥5,476,240.00	5%

图 3-60　使用 IF 函数计算折扣 1

> **注意：**
> 公式中的符号必须是英文符号。

2）使用 IF 函数嵌套计算"折扣 2"

折扣 2 的计算需要使用 IF 函数嵌套完成，判断的流程如图 3-61 所示。

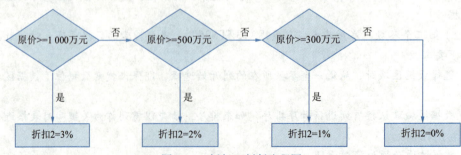

图 3-61　折扣 2 判断流程图

（1）在 G2 单元格中输入公式"=IF(E2>=10000000,3%,IF(E2>=5000000,2%,IF(E2>=3000000,1%,0)))",其含义为：判断 E2 单元格的值是否大于或等于 1 000 万元，如果"是"，值为"3%"，否则继续使用 IF 函数判断 E2 单元格的值是否大于或等于 500 万元，如果"是"，值为"2%"，否则继续使用 IF 函数判断 E2 单元格的值是否大于或等于 300 万元，如果"是"，值为"1%"，否则值为"0%"。

（2）选中 G2 单元格，使用填充柄填充至 G19 单元格。

（3）选中 G2:G19 单元格区域并右击，在弹出的快捷菜单中选择"设置单元格格式"命令，弹出"单元格格式"对话框，选择"数字"选项卡，选择"百分比"分类，小数位数设置为"0"，单击"确定"按钮，完成"折扣 1"计算，如图 3-62 所示。

图 3-62 使用 IF 函数嵌套完成折扣 2 计算

3. 使用公式计算"实际价格"

（1）在实际价格列的 H2 单元格中输入公式"=E2*(1-F2)*(1-G2)"。其含义是原价乘以（1-折扣 1）乘以（1-折扣 2）。

（2）选中 H2 单元格，使用填充柄填充至 H19 单元格。

（3）选中 H2:H19 单元格区域并右击，在弹出的快捷菜单中选择"设置单元格格式"命令，弹出"单元格格式"对话框，选择"数字"选项卡，选择"货币"分类，单击"确定"按钮，完成"实际价格"计算，如图 3-63 所示。

图 3-63 使用公式完成实际价格计算

笔记栏

4. 使用求和函数（SUM）和求平均函数（AVERAGE）计算“总房价”和“平均房价”

（1）在“总房价”右侧单元格H20中输入公式“=SUM(H2:H19)”，或者单击“开始”选项卡中的“求和”下拉按钮，在下拉列表中选择“求和”命令，确认数据范围后单击“确定”按钮。

（2）在“平均房价”右侧单元格H21中输入公式“=AVERAGE(H2:H19)”，或者单击“开始”选项卡中的“求和”下拉按钮，在下拉列表中选择“平均值”命令 Avg 平均值(A)，确认数据范围为“H2:H19”，单击“确定”按钮，完成平均值计算。

5. 使用LOOKUP函数引用“客户资料表”中的服务代表，完成“销售员工”列数据的获取

在“客户资料表”中，为每一位客户指定了“服务代表”，因此，“销售数据表”的“销售员工”只需要引用该列即可，这里可以使用VLOOKUP函数，也可以使用LOOKUP函数，接下来介绍使用LOOKUP函数引用的过程。

选中I2单元格，单击编辑栏左侧的“插入函数”按钮，弹出“插入函数”对话框，找到“查找与引用”中的“LOOKUP”函数，单击“确定”按钮，弹出“函数参数”对话框，设置各项参数如图3-64所示，单击“确定”按钮完成。使用填充柄将I2单元格的公式复制填充到I3:I19单元格区域，完成“销售员工”列的获取，效果如图3-65所示。

图3-64 LOOKUP函数对话框

I2 fx =LOOKUP(A2,客户资料表!$A$3:$A$18,客户资料表!$E$3:$E$18)

	A	B	C	D	E	F	G	H	I
1	客户编号	楼号	预定日期	一次性付款	原价	折扣1	折扣2	实际价格	销售员工
2	001	B101	2013/1/5	是	¥3,300,640.00	5%	1%	¥3,104,251.92	于丽丽
3	002	A206	2013/1/12	否	¥2,438,240.00	0%	0%	¥2,438,240.00	金的的
4	003	B201	2013/2/25	是	¥3,300,640.00	5%	1%	¥3,104,251.92	陈可
5	003	B202	2013/2/25	是	¥3,300,640.00	5%	1%	¥3,104,251.92	陈可
6	004	B102	2013/4/6	否	¥3,300,640.00	0%	1%	¥3,267,633.60	于丽丽
7	005	C001	2013/4/15	是	¥10,662,400.00	5%	3%	¥9,825,401.60	张国丰
8	006	A106	2013/4/19	是	¥2,124,640.00	5%	0%	¥2,018,408.00	黄大伟
9	007	A201	2013/4/23	否	¥2,438,240.00	0%	0%	¥2,438,240.00	李思
10	008	A101	2013/4/27	是	¥2,124,640.00	5%	0%	¥2,018,408.00	王晋
11	009	A102	2013/4/30	是	¥2,124,640.00	5%	0%	¥2,018,408.00	齐明明
12	010	A202	2013/5/4	否	¥2,438,240.00	0%	0%	¥2,438,240.00	吴姗姗
13	011	C002	2013/5/6	是	¥10,662,400.00	5%	3%	¥9,825,401.60	姜新月
14	012	A103	2013/5/6	是	¥2,124,640.00	5%	0%	¥2,018,408.00	毛华新
15	013	A104	2013/5/12	是	¥2,124,640.00	5%	0%	¥2,018,408.00	黄大伟
16	014	A105	2013/5/26	否	¥2,124,640.00	0%	0%	¥2,124,640.00	姜新月
17	015	B301	2013/6/17	是	¥5,476,240.00	5%	2%	¥5,098,379.44	陈可
18	016	B401	2013/6/18	是	¥5,476,240.00	5%	2%	¥5,098,379.44	李思
19	016	B402	2013/6/18	是	¥5,476,240.00	5%	2%	¥5,098,379.44	李思
20							总房价	¥67,057,730.88	
21							平均房价	¥3,725,429.49	

图3-65 使用LOOKUP完成销售员工列数据获取

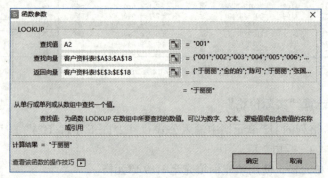

子任务二：创建销售员工业绩表

在销售员工业绩表中，完成每位销售员工的销售总额、排名计算。为了让重点数据更直观地显示，可以使用条件格式和图表对图表数据进行处理。

1. 使用 SUMIF 函数计算销售总额

SUMIF 函数的作用是对指定区域中符合指定条件的值求和，本例中，销售总额的计算是有条件的求和，接下来用 SUMIF 函数计算每位销售员工的销售总额。

选中"销售业绩表"的 B2 单元格，单击编辑栏左侧的"插入函数"按钮，弹出"插入函数"对话框，找到"数学和三角函数"中的"SUMIF"函数，单击"确定"按钮，弹出"函数参数"对话框，设置各项参数如图 3-66 所示，单击"确定"按钮完成。

图 3-66　SUMIF 函数参数对话框

> **注　意:**
>
> 因为要复制此公式来计算其他人的总销售额，因此条件检验区域和实际求和区域应该保持不变，唯一变化的是条件中的员工姓名，所以公式中，参数"区域"和参数"求和区域"均要使用绝对地址引用（"$I$2:$I$19"和"$H$2:$H$19"），而参数条件则要使用相对地址引用（"A2"）。

使用填充柄将 I2 单元格的公式复制填充到 I3:I19 单元格区域，完成"销售员工"列的获取，效果图如图 3-67 所示。

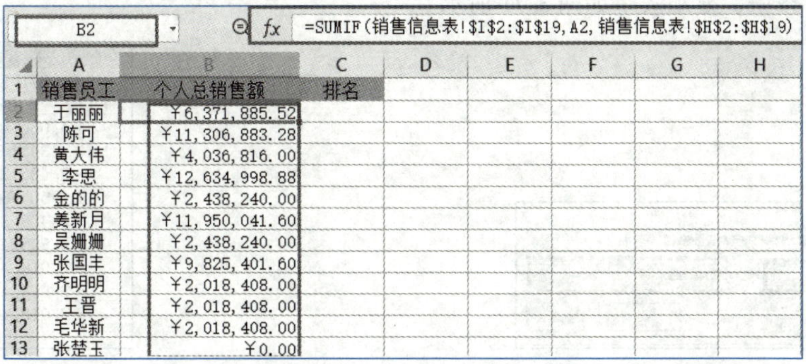

图 3-67　使用 SUMIF 完成个人总销售额计算

2. 使用 RANK.EQ 函数计算排名

"排名"计算需要使用 RANK.EQ 函数。RANK.EQ 函数的作用是返回某一个数字在一段数字列表中的排位。其大小与列表中的其他值相关，如果多个值具有相同的排位，则返回该组数值的最高排位。

选中"销售业绩表"的 C2 单元格，单击编辑栏左侧的"插入函数"按钮，弹出"插入函数"对话框，找到"统计"中的"RANK.EQ"函数，单击"确定"按钮，弹出"函数参数"对话框，设置各项参数如图 3-68 所示，单击"确定"按钮完成。使用填充柄将 C2 单元格的公式复制填充到 C3:C19 单元格区域，完成"排名"列的获取，效果如图 3-69 所示。

图 3-68　RANK.EQ 函数参数对话框　　　　图 3-69　使用 RANK.EQ 计算排名

注　意：

同前面个人总销售额类似，因为要复制此公式来计算其他人的名次，因此引用的数据区域应该保持不变，使用绝对引用"$B$2:$B$19"，排序的数值要发生变化，使用相对地址。参数 0 表示降序排序。

3. 使用条件格式突出显示部分数据

销售业绩表中，使用条件格式突出显示个人销售总额前三名的数据，使其以"字体：粗体，颜色：红色"的方式显示。

选中"个人总销售额"列中的 B2:B13 单元格区域，单击"开始"选项卡中的"条件格式"下拉按钮，在下拉列表中选择"项目选取规则"→"前 10 项"命令，弹出图 3-70 所示的"前 10 项"对话框，在左侧文本框中选择"3"，右侧"设置为"下拉列表中选择"自定义格式"选项，弹出"单元格格式"对话框，在"字体"选项卡中定义"字体：粗体，颜色：红色"，单击"确定"按钮，显示效果如图 3-71 所示。

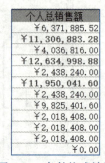

图 3-70　"前 10 项"对话框　　　　图 3-71　条件格式效果

4. 使用数据图表将个人总销售额可视化

二维表格中的数据，往往不够直观。接下来建立销售员工的销售总额柱状图表，可视化显示每位员工的销售总额。

将数据用图形表示出来能够更直观地进行对比分析。在 WPS 表格中，利用图表功能可以很方便地将表格中的数据转换成各种图形，并且图表中的图形会根据表格中数据的修改而自动调整。

选中"销售员工业绩表"中的 A1:B13 单元格区域，单击"插入"选项卡中的"全部图表"下拉按钮，在下拉列表中选择"全部图表"命令，在左侧图表类型列表中选择"柱形图"，选择簇状柱形图（预设图表），即在当前鼠标指针所在位置插入柱形图，如图 3-72 所示。

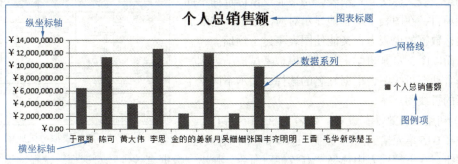

图 3-72　个人总销售额柱形图

说　明：

（1）图表标题：图表标题默认为选中区域数值列的字段名，双击可以修改。

（2）数据系列：数据系列为选中区域的数值列，选中后右击，可对数据系列的格式进行修改。

（3）纵坐标轴：又称数值轴。根据数值列数据的范围，在最小值到最大值区间内，确定主要单位和次要单位，显示主要刻度线。选中后右击，可对相关属性进行修改。

（4）横坐标轴：又称分类轴。一般选择数据区域中的文本类型列作为分类轴。选中后右击，可对横坐标轴属性进行设置。

（5）数据系列：以不同大小色块形式显示数据。如要修改属性，选中后右击即可修改。

（6）网格线：纵坐标轴主要刻度值的延伸线。

（7）图例项：标明数据系列中颜色和数据系列的对应关系。选中后右击，可以修改图例项位置及其他相关属性。

图表选中的情况下，选项卡中会增加"绘图工具"和"图表工具"两个选项卡。可以根据需要完成对图表相关属性的修改。

销售业绩表完成后的效果如图 3-73 所示。

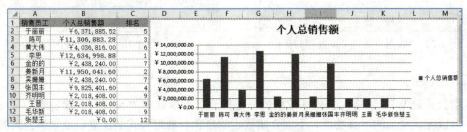

图 3-73　销售业绩表效果图

笔记栏

技巧与提高

一、创建动态图表

WPS 表格提供了柱形图、折线图、饼图、条形图、面积图、XY 散点图、股价图、雷达图、组合图和在线图表等图形。前面在任务实现的过程中，已经讲述了普通图表的创建，接下来介绍动态图表的创建。

动态图表又称交互式图表，是指通过鼠标选择不同的预设项目，在图表中动态地显示对应的数据，它既能充分表达数据的说服力，又能使图表不过于烦琐。

下面以图 3-74 某班学生的数学模拟考试成绩为例，创建一个动态折线图，根据姓名的选择，展示不同学生模拟考的折线图。

	A	B	C	D	E
1	学号	姓名	模拟1	模拟2	模拟3
2	20041001	毛莉	75	85	80
3	20041002	杨青	68	75	64
4	20041003	陈小鹰	58	69	75
5	20041004	陆东兵	94	90	91
6	20041005	闻亚东	84	87	88
7	20041006	曹吉武	72	68	85
8	20041007	彭晓玲	85	71	26
9	20041008	傅珊珊	88	80	75
10	20041009	钟争秀	78	80	76
11	20041010	周旻璐	94	87	82
12	20041011	柴安琪	60	67	71
13	20041012	吕秀杰	81	83	87

图 3-74　数学模拟考试成绩表

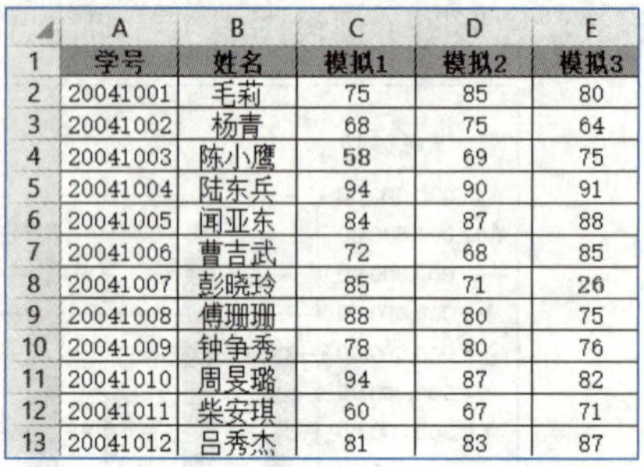

1）利用“有效性”设置“姓名”的下拉按钮

选择 B15 单元格，单击“数据”选项卡中的“有效性”下拉按钮，在下拉列表中选择“有效性”命令，弹出“数据有效性”对话框，选择“设置”选项卡，在“有效性条件”区域中，“允许”选择“序列”，单击“来源”文本框后面的折叠按钮，选择“B2:B13”单元格区域，如图 3-75 所示。设置完成之后，单击 B15 单元格，出现下拉按钮，从而实现姓名的选择。

2）利用 VLOOKUP 函数获取模拟考试成绩

选中 C15 单元格，输入公式“=VLOOKUP($B$15,$B$2:$E$13,COLUMN()-1,0)”，再用填充柄填充其余模拟成绩列。即填充 D15 及 E15。

选择“B1:E1”（横坐标轴数据），按住【Ctrl】键选择“B15:E15”（纵坐标轴数据），单击“插入”选项卡中的“全部图表”下拉按钮，在下拉列表中选择“全部图表”中的折线图，即生成图 3-76 所示的折线图。单击 B15 处“姓名”的下拉按钮，选择不同的姓名，即可看到不同学生模拟考试的动态折线图。

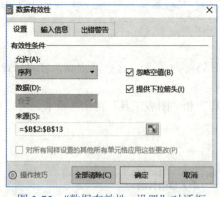

图 3-75　“数据有效性 - 设置”对话框

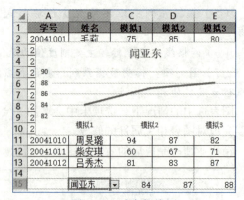

图 3-76　动态折线图

二、数组

数组公式是 WPS 表格对公式和数组的一种扩充，是以数组为参数的一种公式。利用这些公式，可以完成复杂的运算功能。下面介绍数组的概念、数组公式的建立以及数组公式的运算规则与应用。

1. 数组概念

数组是指一组数据元素集合。这些元素可以共同参与运算，也可以个别参与运算。在 WPS 表格中，数组是指一行、一列或多行多列的一组数据元素的集合。数组元素可以是数值、文本、日期、逻辑值或错误值。数组可以是一维数组，也可以是二维的，这些维对应着行和列。例如，一维数组可以存储在一行（横向数组）或一列（纵向数组）的范围内；二维数组可以存储在一个矩形的单元格范围内。

WPS 表格中的数组分为两种：一种是区域数组；一种是常量数组。

如果在公式或函数参数中引用工作表中的某个单元格区域，且其中的参数不是单元格引用或区域类型，也不是向量时，WPS 表格会自动将该区域引用转换为同维数同尺寸的数组，这个数组就称为区域数组。区域数组通常指矩形的单元格区域，如 B1:C18、D2:E20 等。

常量数组是指直接在公式中写入数组元素，并以大括号 {} 括起来的字符串表达式。

例如，{45,32,78,98} 是一个常量数组。在同一个数组中，可以使用不同类型的值，如 {45,32,78,98,"hello",false}。

常量数组不能包含公式、函数和其他数组，数字值不能包含 "$" "," "(" ")" "%" 等。

常量数组可以分为一维数组和二维数组，一维数组包括行数组和列数组。一维行数组中的元素用英文符号 ","分隔，如 {45,32,78,98}；一维列数组中的元素用英文符号 ";"进行分隔，如 {23;32;78;98}。由于二维数组中包含行和列，所以，二维数组行内的元素用逗号进行分隔，行与行之间用分号分隔。例如 {1,2,3;4,5,6} 表示两行三列的二维数组。

2. 数组公式

在对 WPS 表格工作表中的数进行运算时，通常会遇到下列三种情况：

（1）要求运算结果返回的是一个集合。

（2）运算中存在一些需要通过复杂中间运算才能得到最终结果。

（3）要求保证公式集合的完整性，防止用户无意间修改公式。

针对以上三种情况，通常可以使用数组公式来解决。

数组公式是用于建立可以产生多个结果或对可以存放在行和列中的一组参数进行运算的单个公式，它的特点是可以执行多重计算，返回一组数据结果，并按【Ctrl+Shift+Enter】组合键产生一对 {} 完成编辑的数组公式。

数组公式最大的特征就是所引用的参数是数组参数，包括区域数组和常量数组。区域数组是一个矩形的单元格区域，如 $B$1:$C$18。

1）数组公式建立

输入数组公式时，首先选择用来存放结果的单元格区域（可以是一个单元格），在编辑栏中输入公式，然后按【Ctrl+Shift+Enter】组合键生成数组公式，将出现数组公式标识符 {}。

> **注 意：**
>
> 如果手动输入 "{}"，系统认为输入的是一个正文标签，不是数组公式标识符。因此，一定要按【Ctrl+Shift+Enter】组合键生成数组公式。

下面以任务 2 中 "数据销售表"中 "实际价格"列数据的获取为例，介绍数组公式的使用。

（1）选定需要输入数组公式的实际价格列 H2:H19。

（2）在编辑栏中输入公式：E2:E19*(1-F2:F19)*(1-G2:G19)。

笔记栏

（3）按【Ctrl+Shift+Enter】组合键，此时生成数组公式 {E2:E19*(1−F2:F19)*(1−G2:G19)}。结果如图 3-77 所示。

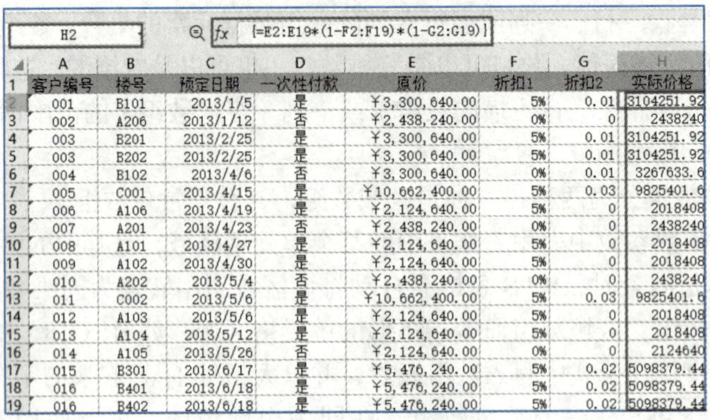
H2　fx　{=E2:E19*(1-F2:F19)*(1-G2:G19)}

	A	B	C	D	E	F	G	H
1	客户编号	楼号	预定日期	一次性付款	原价	折扣1	折扣2	实际价格
2	001	B101	2013/1/5	是	￥3,300,640.00	5%	0.01	3104251.92
3	002	A206	2013/1/12	否	￥2,438,240.00	0%	0	2438240
4	003	B201	2013/2/25	是	￥3,300,640.00	5%	0.01	3104251.92
5	003	B202	2013/2/25	是	￥3,300,640.00	5%	0.01	3104251.92
6	004	B102	2013/4/6	否	￥3,300,640.00	0%	0.01	3267633.6
7	005	C001	2013/4/15	是	￥10,662,400.00	5%	0.03	9825401.6
8	006	A106	2013/4/19	是	￥2,124,640.00	5%	0	2018408
9	007	A201	2013/4/23	否	￥2,438,240.00	0%	0	2438240
10	008	A101	2013/4/27	是	￥2,124,640.00	5%	0	2018408
11	009	A102	2013/4/30	是	￥2,124,640.00	5%	0	2018408
12	010	A202	2013/5/4	否	￥2,438,240.00	0%	0	2438240
13	011	C002	2013/5/6	是	￥10,662,400.00	5%	0.03	9825401.6
14	012	A103	2013/5/6	是	￥2,124,640.00	5%	0	2018408
15	013	A104	2013/5/12	是	￥2,124,640.00	5%	0	2018408
16	014	A105	2013/5/26	否	￥2,124,640.00	0%	0	2124640
17	015	B301	2013/6/17	是	￥5,476,240.00	5%	0.02	5098379.44
18	016	B401	2013/6/18	是	￥5,476,240.00	5%	0.02	5098379.44
19	016	B402	2013/6/18	是	￥5,476,240.00	5%	0.02	5098379.44

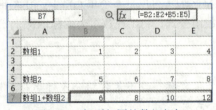

图 3-77　数组公式建立

2）数组公式修改

一个数组包含若干个数据和单元格，这些单元格构成一个整体，不能单独修改某个单元格的值。如果要修改数组公式，必须选中整个数组，然后再进行修改。

（1）选定数组公式所包含的所有单元格。

（2）单击编辑栏中的数组公式，便可以对数组公式进行修改。

（3）修改完毕后按【Ctrl+Shift+Enter】组合键，而不是直接按【Enter】键，才能完成对整个数组公式的修改。

3）数组公式应用

使用数组公式可以把一组数据当成一个整体来处理，传递给函数或公式。可以对一批单元格应用一个公式，返回结果可以是一个数，也可以是一组数（每个数占一个单元格）。

（1）数组公式的运算规则：

① 两个同行同列的数组间的运算是对应元素间的运算，并返回同样大小的数组。

例如，图 3-78 所示，两个相同大小的数组相加，运算时，对应元素间求和，运算结果为相同大小的数组。

② 一个数组与一个单元格的数据进行运算，则将数组中的每一个元素均与单元格元素进行运算，返回与数组相同大小的数组。

如图 3-79 所示，“数组 1*B3”单元格是将每个元素与 B3 单元格的值相乘，得到的是与数组 1 相同大小的数组。

B7　fx　{=B2:E2+B5:E5}

	A	B	C	D	E
1					
2	数组1	1	2	3	4
3					
4					
5	数组2	5	6	7	8
6					
7	数组1+数组2	6	8	10	12

图 3-78　行列相同的数组相加

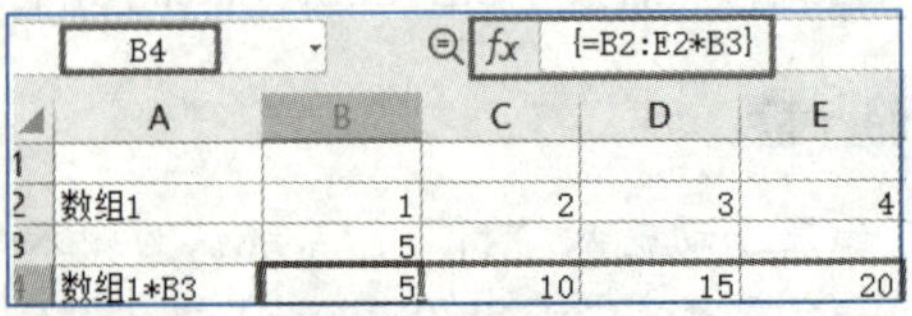
B4　fx　{=B2:E2*B3}

	A	B	C	D	E
1					
2	数组1	1	2	3	4
3		5			
4	数组1*B3	5	10	15	20

图 3-79　数组与一个单元格的值相乘

③ 单行数组（M 列）与单列数组（N 列）运算，将返回一个 M*N 的数组。

如图 3-80 所示，一个包含 3 个元素的单行数组 1 与一个包含 3 个元素的单列数组 2 相加，得到一个 3 行 3列的两维数组。

④ 不匹配行列的数组间运算，将返回“#N/A”错误。

如图 3-81 所示，数组 1 包含 4 个元素，数组 2 包含 3 个元素，将数组 1 和数组 2 相加，前三个元素为数组 1 和数组 2 对应元素之和，最后一个元素返回“#N/A”错误。

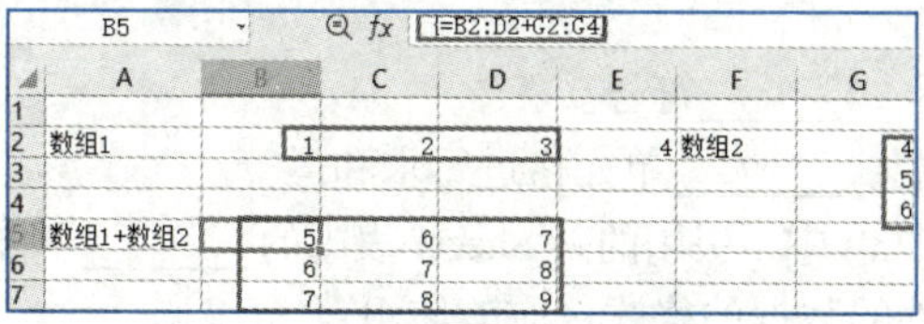

图 3-80　单行数组 + 单列数组

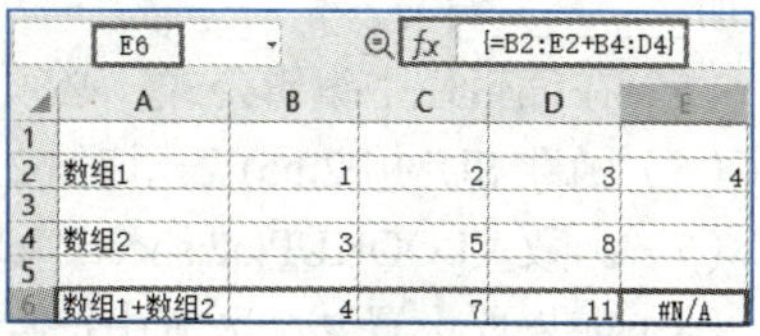

图 3-81　不匹配行列数组间运算

（2）数组公式的应用：

① 计算商品销售总额。在不使用数组公式的情况下，如果要计算采购表中的“总额”，需要增加一列“金额”，先用公式求得每种商品的销售额，再对销售额进行求和，操作步骤相对烦琐。

如果使用数组公式，可以直接在总额列中输入公式：=SUM(B3:B16*D3:D16)，然后按【Ctrl+Shift+Enter】组合键，即可获取总额，如图 3-82 所示。

② 计算裤子销售总额。计算裤子销售总额，是在计算总额的基础上增加了一个条件（项目为裤子），因此增加一个判断 A3:A16 区域是否是“裤子”的条件判断，即“A3:A16=" 裤子 "”，这是一个关系运算表达式，如果当前单元格的值是“裤子”，返回 TRUE(1)，否则返回 FALSE(0)。再将该值与“采购数量”列及“单价”列相乘，如果当前单元格的值是“裤子”，乘积得以保留并参与求和，否则，乘积为零，不参与求和。最后对各项进行求和。完整的公式是：=SUM((A3:A16=" 裤子 ")*B3:B16*D3:D16)，输入完毕，按【Ctrl+Shift+Enter】组合键，即可获取裤子销售总额，如图 3-83 所示。

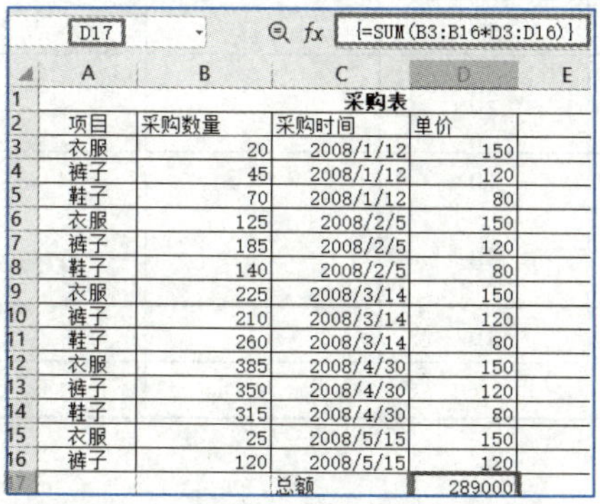

D17　{=SUM(B3:B16*D3:D16)}

	A	B	C	D
1			采购表	
2	项目	采购数量	采购时间	单价
3	衣服	20	2008/1/12	150
4	裤子	45	2008/1/12	120
5	鞋子	70	2008/1/12	80
6	衣服	125	2008/2/5	150
7	裤子	185	2008/2/5	120
8	鞋子	140	2008/2/5	80
9	衣服	225	2008/3/14	150
10	裤子	210	2008/3/14	120
11	鞋子	260	2008/3/14	80
12	衣服	385	2008/4/30	150
13	裤子	350	2008/4/30	120
14	鞋子	315	2008/4/30	80
15	衣服	25	2008/5/15	150
16	裤子	120	2008/5/15	120
17			总额	289000

图 3-82　使用数组公式获取总额

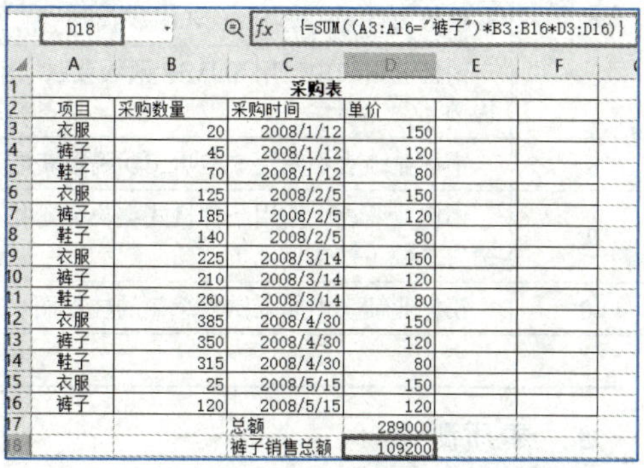

D18　{=SUM((A3:A16="裤子")*B3:B16*D3:D16)}

	A	B	C	D
1			采购表	
2	项目	采购数量	采购时间	单价
3	衣服	20	2008/1/12	150
4	裤子	45	2008/1/12	120
5	鞋子	70	2008/1/12	80
6	衣服	125	2008/2/5	150
7	裤子	185	2008/2/5	120
8	鞋子	140	2008/2/5	80
9	衣服	225	2008/3/14	150
10	裤子	210	2008/3/14	120
11	鞋子	260	2008/3/14	80
12	衣服	385	2008/4/30	150
13	裤子	350	2008/4/30	120
14	鞋子	315	2008/4/30	80
15	衣服	25	2008/5/15	150
16	裤子	120	2008/5/15	120
17			总额	289000
18			裤子销售总额	109200

图 3-83　使用数组公式获取裤子销售总额

要分析上述公式的含义，可以按【F9】键查看公式分步计算的结果。

数组公式十分有用且效率很高，但真正理解和熟练掌握并不是一件容易的事情，只有通过多次实践，从中找出规律，才能不断总结与提高。

测　　评

1. 知识测评

1）填空题

（1）运算符分为四种不同类型：________、________、________和________。

（2）可以使用_____连接一个或多个文本字符串，以生成一段文本。

（3）绝对引用是指在公式中引用单元格时单元格名称的行列坐标前加"_____"符号。

（4）相对引用和绝对引用如果要切换，可以使用_____键，也可以直接在列号与行号前添加_____符号。

（5）在编辑栏中编辑公式，必须首先输入_____符号。

（6）函数 SUM(b2:b5) 表示对 b2 到 b5 总共_____单元格进行求和运算。

（7）函数 VLOOKUP(a2,sheet1!a3:f12,2,0) 中，引用的是 Sheet1 表中的_____列数据。

（8）如果要设置某个区域中符合一定条件的数据的格式，应该使用_____。

2）简答题

（1）简述 WPS 表格函数的类型。

（2）简述本任务中使用过的函数。

2．能力测评

按表 3-11 中所列的操作要求，对自己完成的文档进行检查，操作完成得满分，未完成或错误得 0 分。

表 3-11 技能测评表

序号	操作要求（具体见任务实现）	分值	完成情况	自评分
1	销售信息表中使用 VLOOKUP 函数获取"原价"	10		
2	销售信息表中使用 IF 函数获取"折扣 1"	10		
3	销售信息表中使用 IF 嵌套函数获取"折扣 2"	10		
4	销售信息表中使用数组公式获取"实际价格"	10		
5	销售信息表中使用 LOOKUP 函数获取"销售员工"	10		
6	销售信息表中使用 SUM 函数获取"销售总额"	10		
7	销售业绩表中使用 SUMIF 函数获取"个人总销售额"	10		
8	销售业绩表中使用 RANK.EQ 函数获取"排名"	10		
9	销售业绩表中使用条件格式突出显示排名前 3 的销售总额（格式自定）	10		
10	销售业绩表中插入销售总额的柱形图表	10		
	总　　分			

3．素质测评

针对表 3-12 中所列出的素质与素养观察点，反思任务实现的过程，思考总结相关项目，做到即得分，未做到得 0 分。

表 3-12 素质测评表

序号	素质与素养	分值	总结与反思	得分
1	信息意识——数据处理过程中具备使用公式与函数进行数据运算的意识和能力，能主动地寻求恰当的方式分析数据、计算数据	25		
2	数字化创新与发展——能合理运用 WPS 表格的公式与函数解决专业学习中的问题，养成使用 WPS 表格解决生活、学习、工作中的数据处理问题的习惯	25		

续表

序号	素质与素养	分值	总结与反思	得分
3	信息社会责任——具备使用 WPS 表格中查找和引用函数保证数据的一致性的意识和能力	25		
4	计算思维——具备利用 WPS 表格界定问题、抽象特征、建立模型、组织数据、管理数据、解决问题的能力	25		
总　分				

 拓展训练

本阶段的任务是在任务 1 拓展训练作业中所建立的班级同学学籍表、宿舍安排表、成绩表的基础上，使用公式与函数、条件格式、图表等工具，完成"学生成绩表"的完善。具体要求如下：

1. 在"学生成绩表"中最右侧增加一列"总分 1"，使用公式与函数计算总分 1。
2. 在"学生成绩表"中最右侧增加一列"总分 2"，使用数组公式计算总分 2。
3. 在"学生成绩表"中最右侧增加一列"平均分"，使用公式与函数计算平均分。
4. 在"学生成绩表"中最右侧增加一列"名次"，使用公式与函数计算名次。
5. 在"学生成绩表"中学号列右侧增加一列"姓名"，使用公式与函数引用"学籍表"中的"姓名"列。
6. 设置"学生成绩表"中"英语""现代信息技术""高等数学""体育"各列对应的单科成绩的条件格式，大于或等于 90 分的用蓝色粗体格式，小于 90 分的使用红色粗体格式。
7. 建立总分的柱形图表，根据表格需要，设置柱形图表的位置、大小及其他相关属性。

任务 3　房产销售汇总数据表制作——WPS 表格数据分析与统计

任务描述

为了公司能够更好地发展，作为房产公司的管理层，通常都会关注诸如此类的一些问题：
5 月的销售数据如何？
4 月和于丽丽的销售数据是怎样的？
每个月的销售总额是多少？
什么样的户型最好卖？
不同的别墅类型每个月销售套数是多少？
为了解答这些问题，可以使用 WPS 表格的数据分析工具对数据进行对比分析，分类比较，从中找出规律。同时为了能够更直观地观察和分析，还需要利用图表、数据透视图等工具将数据可视化后进行研究。
本任务将在前面两个任务的基础上，利用筛选、排序、分类汇总、数据透视表与数据透视图等数据分析工具，完成对数据销售表数据的分析和统计。

 知识准备

一、排序

创建数据记录单时，它的数据排列顺序是按照记录输入的先后排列的，没有什么规律。

笔记栏

WPS 表格提供了多种方法对数据进行排序，用户可以根据需要按行或列、按升序或降序或使用自定义序列进行排序。

1. 按单一关键字排序

以图 3-84 所示的数据排序为例，按照“售出月份”进行升序排序。

（1）单击“售出月份”列中的任一单元格。

（2）单击“数据”选项卡中的“排序”按钮，或者单击“排序”下拉按钮，在下拉列表中选择“升序”命令，或者单击“排序”下拉按钮，在下拉列表中选择“自定义排序”命令，弹出图 3-85 所示的“排序”对话框，主要关键字默认为“售出月份”，排序依据默认为“数值”，次序默认为“升序”，单击“确定”按钮完成排序。

	A	B	C	D	E	F	G
1	客户编号	楼号	别墅类型	户型	售出月份	实际价格	销售
2	002	A206	联排	五室三厅四卫	1	¥2,438,240.00	金的
3	001	B101	双拼	四室三厅四卫	1	¥3,104,251.92	于丽
4	003	B201	双拼	四室三厅四卫	2	¥3,104,251.92	陈可
5	003	B202	双拼	四室三厅四卫	2	¥3,104,251.92	陈可
6	005	C001	独栋	七室三厅五卫	4	¥9,825,401.60	张国
7	006	A106	联排	四室两厅三卫	4	¥2,018,408.00	黄大
8	007	A201	联排	五室三厅四卫	4	¥2,438,240.00	李思
9	008	A101	联排	四室两厅三卫	4	¥2,018,408.00	王晋
10	009	A102	联排	四室两厅三卫	4	¥2,018,408.00	齐明
11	004	B102	双拼	四室三厅四卫	4	¥3,267,633.60	于丽
12	011	C002	独栋	七室三厅五卫	5	¥9,825,401.60	姜新
13	010	A202	联排	五室三厅四卫	5	¥2,438,240.00	吴姗
14	012	A103	联排	四室两厅三卫	5	¥2,018,408.00	毛华
15	013	A104	联排	四室两厅三卫	5	¥2,018,408.00	黄大
16	014	A105	联排	四室两厅三卫	5	¥2,124,640.00	姜新
17	015	B301	双拼	五室三厅五卫	6	¥5,098,379.44	陈可
18	016	B401	双拼	五室三厅五卫	6	¥5,098,379.44	李思

图 3-84 按“售出月份”升序排序

2. 按多关键字排序

遇到排序字段的数据出现相同值时，单个关键字无法确定数据顺序。此时可以通过添加关键字的方式确定数据的准确顺序。

仍以图 3-84 中的销售数据为例，先按“售出月份”升序排序，如果“售出月份”相同，再按“实际价格”降序排序。

操作步骤如下：

（1）单击“售出月份”列中的任一单元格，单击“数据”选项卡中的“排序”下拉按钮，在下拉列表中选择“自定义排序”命令，弹出“排序”对话框。

（2）在“排序”对话框中单击“添加条件”按钮，在“主要关键字”中选择“售出月份”，排序依据选择“数值”，次序选择“升序”。在“次要关键字”中选择“实际价格”，排序依据选择“数值”，次序选择“降序”，如图 3-86 所示。

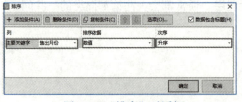

图 3-85 “排序”对话框

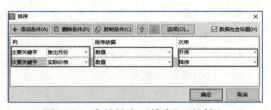

图 3-86 多关键字“排序”对话框

为了防止数据记录单的标题被加入到排序数据区中，在“排序”对话框中可勾选“数据包含标题”复选框。

3. 自定义序列排序

用户在使用 WPS 表格对相应数据进行排序时，无论是按拼音还是按笔画，可能都达不到所需要求。在图 3-87 所示的工作表中，如果要按照销售员工的级别排序，必须要按照自定义序列进行排序，即按照“一级”“二级”“三级”“四级”“五级”进行排序。操作步骤如下：

（1）创建一个自定义序列。

选择“文件”→“选项”命令，弹出“选项”对话框，如图 3-88 所示。在左侧列表中选择“自定义序列”选项卡，打开“自定义序列”列表，在“输入序列”文本框中输入“一级，二级，三级，四级，五级”，单击“添加”按钮，此时此序列被添加到左侧“自定义序列”列表中。

	A	B	C	D	E	F	G	H
1	客户编号	楼号	别墅类型	户型	售出月份	实际价格	销售员工	销售级别
2	005	C001	独栋	七室三厅五卫	4	￥9,825,401.60	张国丰	一级
3	010	A202	联排	五室三厅四卫	5	￥2,438,240.00	吴姗姗	一级
4	002	A206	联排	五室三厅四卫	1	￥2,438,240.00	金的的	二级
5	011	C002	独栋	七室三厅五卫	5	￥9,825,401.60	姜新月	二级
6	014	A105	联排	四室两厅三卫	5	￥2,124,640.00	姜新月	二级
7	012	A103	联排	四室两厅三卫	5	￥2,018,408.00	毛华新	二级
8	007	A201	联排	五室三厅四卫	4	￥2,438,240.00	李思	三级
9	008	A101	联排	四室两厅三卫	4	￥2,018,408.00	王晋	三级
10	009	A102	联排	四室两厅三卫	4	￥2,018,408.00	齐明明	三级
11	016	B401	联排	四室两厅三卫	6	￥5,098,379.44	李思	三级
12	016	B402	双拼	五室三厅五卫	6	￥5,098,379.44	李思	三级
13	003	B201	双拼	四室三厅四卫	2	￥3,104,251.92	陈可	四级
14	003	B202	双拼	四室三厅四卫	2	￥3,104,251.92	陈可	四级
15	006	A106	联排	四室两厅三卫	4	￥2,018,408.00	黄大伟	四级
16	013	A104	联排	四室两厅三卫	5	￥2,018,408.00	黄大伟	四级
17	015	B301	双拼	五室三厅五卫	6	￥5,098,379.44	陈可	四级
18	001	B101	双拼	四室三厅四卫	1	￥3,104,251.92	于丽丽	五级
19	004	B102	双拼	四室三厅四卫	4	￥3,267,633.60	于丽丽	五级

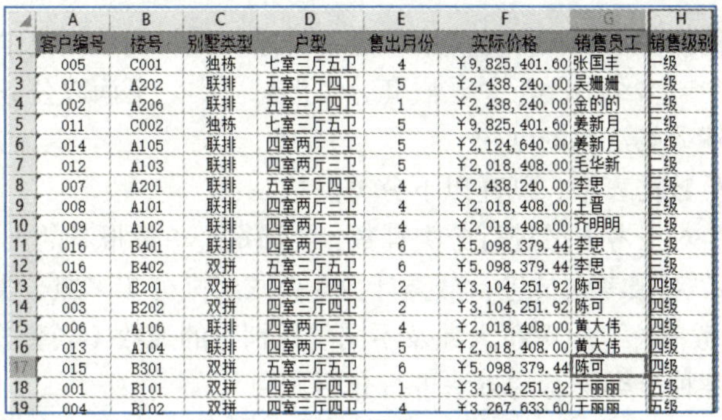

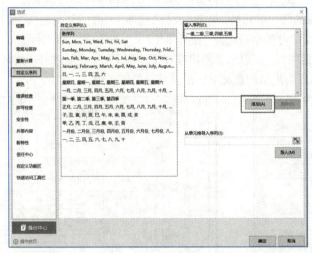

图 3-87　自定义序列排序

图 3-88　自定义序列

（2）单击数据区域中的任一单元格。

（3）单击“数据”选项卡中的“排序”下拉按钮，在下拉列表中选择“自定义排序”命令，弹出“排序”对话框，如图 3-89 所示。

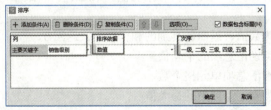

图 3-89　“排序”对话框

（4）“主要关键字”选择“销售级别”，“排序依据”选择“数值”，“次序”选择“自定义序列”，弹出“自定义序列”对话框，选择刚添加的序列，单击“确定”按钮，完成排序。

二、分类汇总

分类汇总可以将数据记录单中的数据按某一字段进行分类，并实现按类求和、计数、平均值、最大值、最小值等运算,还能将计算的结果进行分级显示。

1. 创建分类汇总

创建分类汇总的前提是:先按照分类字段进行排序,使相同数据集中在一起后汇总。分类汇总分为单级分类汇总、多级分类汇总、嵌套分类汇总三类。下面以公务员报考人员数据(非真实数据)为例,讲述分类汇总的创建。

在公务员报考人员数据表中,创建以下分类汇总:

①按"报考单位"对报考人员进行分类计数,统计每个单位报考的人数(单级分类汇总)。

②按"报考单位"对报考人员进行分类计数,并求最高分(多级分类汇总)。

③统计不同"报考单位"报考总人数及不同"性别"的人数(嵌套分类汇总)。

下面分别对以上三种分类汇总的方法进行介绍。

(1)按"报考单位"对报考人员进行分类计数,统计每个单位报考的人数。

①按分类字段"报考单位"进行排序(排序升序和降序都可以)。

②单击数据区域的任一单元格,单击"数据"选项卡中的"分类汇总"按钮,弹出"分类汇总"对话框,如图 3-90 所示。分类字段选择"报考单位",汇总方式选择"计数",选定汇总项选择"姓名"(也可以选择其他项目,汇总结果将出现在汇总项下方。此处选择"姓名",人数出现在"姓名"列下方,更容易理解汇总的意义),汇总结果如图 3-91 所示。

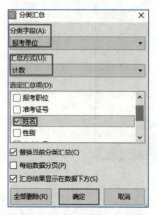

图 3-90 "分类汇总"对话框　　图 3-91 按"报考单位"统计人数

"汇总方式"分别有"求和""计数""平均值""最大值""最小值""乘积""标准偏差"等,其意义分别如下:

- 求和:汇总项若为数值,返回各类别的和,否则,返回 0。
- 平均值:返回各类别汇总项的平均值。
- 计数:返回各类别汇总项单元格个数。
- 最大值:返回各类别汇总项中的最大值。
- 最小值:返回各类别汇总项中的最小值。
- 乘积:返回各类别汇总项乘积值。
- 标准偏差:返回各类别汇总项中所包含的数据相对于平均值的离散程度。

对话框的下面有三个复选框,其意义分别是:

- 替换当前分类汇总:用新分类汇总的结果替换原有的分类汇总结果。
- 每组数据分页:表示以每个分类值作为一组分页显示。

笔记栏

- 汇总结果显示在数据下方：每组的汇总结果放在该组数据下方，如果不选，汇总结果放在该数据的上方。

（2）按“报考单位”对报考人员分类计数，并求最高分。

第（1）种方式的汇总中，已经完成了按“报考单位”对报考人员分类计数，因此只需要在前面操作的基础上，完成对“成绩”列最高分的分类汇总。

单击数据区域的任一单元格，单击“数据”选项卡中的“分类汇总”按钮，弹出“分类汇总”对话框（见图 3-90）。分类字段选择“报考单位”，汇总方式选择“最高分”，选定汇总项选择“成绩”，取消勾选“替换当前分类汇总”复选框，汇总结果如图 3-92 所示。

	A	B	C	D	E	F	G	H
1	报考单位	报考职位	准考证号	姓名	性别	出生年月	学历	成绩
2	区法院	法官(刑事)	050008505460	傅珊珊	男	1973/07/15	本科	90.00
3	区法院	法官(民事、行政	050008502550	黄芯	男	1979/07/16	本科	89.50
4	区法院	法官(男)	050008505099	肖伟国	男	1974/04/14	大专	78.00
5	区法院	法官(民事)	050008503790	谢立红	男	1977/03/04	本科	58.17
6	法院 最大值							90.00
7	区法院 计数			4				
8	三中院	法官(民事、行政	050008503258	胡孙权	男	1980/07/28	本科	89.75
9	三中院	法官(民事、行政	050008501073	简红强	男	1972/12/11	本科	90.25
10	三中院	法官	050008500508	肖凌云	男	1972/06/07	本科	67.50
11	中院 最大值							90.25
12	中院 计数			3				
13	市高院	法官(刑事)	050008502132	董江波	女	1973/03/07	博士研究生	68.75
14	市高院	法官(刑事)	050008503756	何再前	女	1969/05/04	本科	76.00
15	市高院	法官(民事、行政	050008502813	何宗文	男	1974/08/12	大专	75.75
16	市高院	法官(民事、行政	050008500383	黄威	男	1979/09/04	硕士研究生	76.75
17	市高院	法官(民事、行政	050008504650	贾丽娜	男	1973/11/04	硕士研究生	78.00
18	高院 最大值							78.00
19	市高院 计数			5				
20	一中院	法官(刑事)	050008501144	谷金力	女	1971/12/04	博士研究生	89.75
21	一中院	法官(刑事、男)	050008502309	郎怀民	男	1970/07/30	硕士研究生	86.50
22	一中院	法官(民事、男)	050008501663	李小珍	男	1979/02/16	硕士研究生	90.67
23	一中院	法官(民事、男)	050008504259	项文双	男	1972/10/31	硕士研究生	85.00
24	一中院 最大值							90.67
25	一中院 计数			4				
26	总最大值							90.67

图 3-92　按“报考单位”对报考人员分类计数，并求最高分

（3）统计不同“报考单位”报考总人数及不同“性别”的人数。

① 因分类关键字是两个字段，因此要先按照主要关键字“报考单位”，次要关键字“性别”进行排序。

② 单击数据区域的任一单元格，单击“数据”选项卡中的“分类汇总”按钮，弹出“分类汇总”对话框，分类字段选择“报考单位”，汇总方式选择“计数”，选定汇总项选择“姓名”，完成按“报考单位”统计人数的分类汇总。

③ 在上述分类汇总的基础上，单击数据区域的任一单元格，单击“数据”选项卡中的“分类汇总”按钮，弹出“分类汇总”对话框，分类字段选择“性别”，汇总方式选择“计数”，选定汇总项选择“性别”，取消勾选“替换当前分类汇总”复选框，完成按“性别”统计人数的操作，汇总结果如图 3-93 所示。

2. 删除分类汇总

（1）单击分类汇总结果中的任一单元格。

（2）单击数据区域的任一单元格，单击“数据”选项卡中的“分类汇总”按钮，弹出“分类汇总”对话框，单击“全部删除”按钮即可完成删除。

3. 汇总结果分级显示

在图 3-93 所示分类汇总结果中，左边有几个标有“1”“2”“3”“4”的按钮，利用这些按钮可以实现数据的分级显示。单击外括号下的“−”，则将数据折叠，仅显示汇总的总计，单击“+”展开。单击左上方“1”，仅显示汇总总计；单击左上方“2”，显示二级汇总；单击左上方“3”，显示三级汇总；单击左上方“4”，显示所有数据。

笔记栏

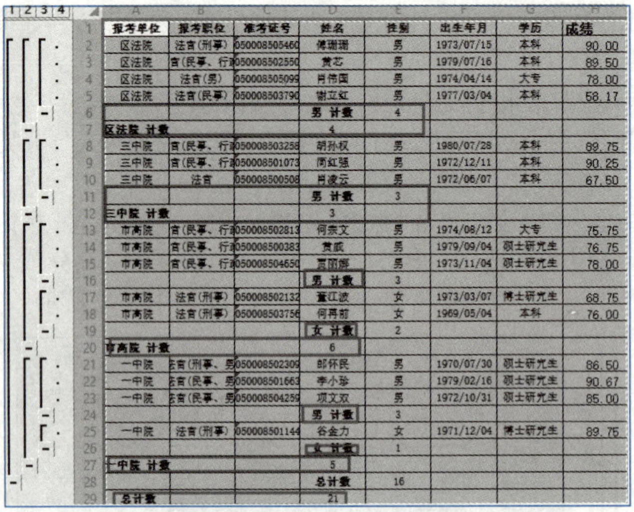

行	报考单位	报考职位	准考证号	姓名	性别	出生年月	学历	成绩
2	区法院	法官(刑事)	050008505460	傅珊珊	男	1973/07/15	本科	90.00
3	区法院	官(民事、行	050008502550	黄芯	男	1979/07/16	本科	89.50
4	区法院	法官(男)	050008505099	肖伟国	男	1974/04/14	大专	78.00
5	区法院	法官(民事)	050008503790	谢立红	男	1977/03/04	本科	58.17
6				男 计数	4			
7	区法院 计数			4				
8	三中院	官(民事、行	050008503258	胡孙权	男	1980/07/28	本科	89.75
9	三中院	官(民事、行	050008501073	简红强	男	1972/12/11	本科	90.25
10	三中院	法官	050008500508	肖凌云	男	1972/06/07	本科	67.50
11				男 计数	3			
12	三中院 计数			3				
13	市高院	官(民事、行	050008502813	何宗文	男	1974/08/12	大专	75.75
14	市高院	官(民事、行	050008500383	黄威	男	1979/09/04	硕士研究生	76.75
15	市高院	官(民事、行	050008504650	贾丽娜	男	1973/11/04	硕士研究生	78.00
16				男 计数	3			
17	市高院	法官(刑事)	050008502132	董江波	女	1973/03/07	博士研究生	68.75
18	市高院	法官(刑事)	050008503756	何再前	女	1969/05/04	本科	76.00
19				女 计数	2			
20	市高院 计数			6				
21	一中院	法官(刑事、男	050008502309	郎怀民	男	1970/07/30	硕士研究生	86.50
22	一中院	法官(民事、男	050008501663	李小珍	男	1979/02/16	硕士研究生	90.67
23	一中院	法官(民事、男	050008504259	项文双	男	1972/10/31	硕士研究生	85.00
24				男 计数	3			
25	一中院	法官(刑事)	050008501144	谷金力	女	1971/12/04	博士研究生	89.75
26				女 计数	1			
27	一中院 计数			5				
28				总计数	16			
29	总计数			21				

图 3-93　不同“报考单位”报考总人数及不同“性别”的人数

三、筛选

数据筛选是在数据表中只显示出满足条件的行，而隐藏不满足条件的行。WPS 表格提供了筛选和高级筛选两种操作来筛选数据。

1. 筛选

筛选是一种简单方便的方法，当用户确定筛选条件后，可以只显示符合条件的数据，隐藏不符合条件的数据。

在公务员报考人员数据表中，筛选以下数据。

① 硕士研究生的数据；

② 成绩在 80 ～ 90 分的报考人员数据；

③ 市高院的成绩 75 分及以上的报考人员数据。

通过完成上述三个案例，介绍筛选的用法。

（1）硕士研究生的数据筛选。

① 单击数据区域中的任一单元格。

② 单击“数据”选项卡中的“筛选”按钮，或者单击“筛选”下拉按钮中的“筛选”命令，每个字段右边出现一个下拉按钮，如图 3-94 所示。

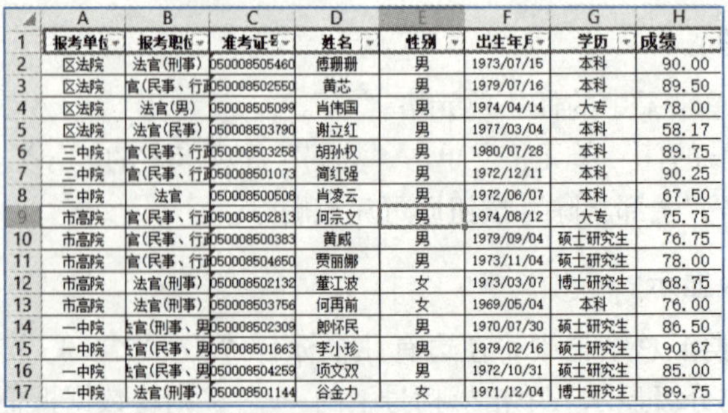

	A	B	C	D	E	F	G	H
1	报考单位	报考职位	准考证号	姓名	性别	出生年月	学历	成绩
2	区法院	法官(刑事)	050008505460	傅珊珊	男	1973/07/15	本科	90.00
3	区法院	官(民事、行	050008502550	黄芯	男	1979/07/16	本科	89.50
4	区法院	法官(男)	050008505099	肖伟国	男	1974/04/14	大专	78.00
5	区法院	法官(民事)	050008503790	谢立红	男	1977/03/04	本科	58.17
6	三中院	官(民事、行	050008503258	胡孙权	男	1980/07/28	本科	89.75
7	三中院	官(民事、行	050008501073	简红强	男	1972/12/11	本科	90.25
8	三中院	法官	050008500508	肖凌云	男	1972/06/07	本科	67.50
9	市高院	官(民事、行	050008502813	何宗文	男	1974/08/12	大专	75.75
10	市高院	官(民事、行	050008500383	黄威	男	1979/09/04	硕士研究生	76.75
11	市高院	官(民事、行	050008504650	贾丽娜	男	1973/11/04	硕士研究生	78.00
12	市高院	法官(刑事)	050008502132	董江波	女	1973/03/07	博士研究生	68.75
13	市高院	法官(刑事)	050008503756	何再前	女	1969/05/04	本科	76.00
14	一中院	法官(刑事、男	050008502309	郎怀民	男	1970/07/30	硕士研究生	86.50
15	一中院	法官(民事、男	050008501663	李小珍	男	1979/02/16	硕士研究生	90.67
16	一中院	法官(民事、男	050008504259	项文双	男	1972/10/31	硕士研究生	85.00
17	一中院	法官(刑事)	050008501144	谷金力	女	1971/12/04	博士研究生	89.75

图 3-94　“筛选”示意图

③ 单击“学历”下拉按钮，打开的下拉列表中提供了有关“筛选”和“排序”的详细选项，

如图 3-95 所示。

④ 在"名称"列表框中勾选"硕士研究生"复选框,即可完成数据的筛选,筛选结果如图 3-96 所示。

图 3-95 筛选选项　　　　　　　图 3-96 "硕士研究生"筛选数据

注　意:

自动筛选完成以后,数据记录单中只显示满足筛选条件的记录,不满足条件的记录被隐藏。如果需要显示全部数据,单击"数据"选项卡中的"全部显示"按钮即可。

(2)成绩在 80～90 分的报考人员数据筛选。

① 单击表格中的任一单元格。

② 单击"数据"选项卡中的"筛选"按钮,单击"成绩"下拉按钮,选择"数字筛选"→"介于"命令,弹出"自定义自动筛选方式"对话框,如图 3-97 所示。

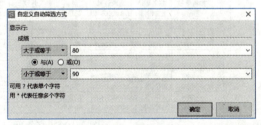

图 3-97 "自定义自动筛选方式"对话框

③ 在"大于或等于"文本框中输入"80",在"小于或等于"文本框中输入"90",单击"确定"按钮。完成成绩在 80～90 分的报考人员数据筛选。

(3)市高院的成绩 75 分及以上的报考人员数据筛选。

① 单击表格中的任一单元格。

② 单击"数据"选项卡中的"筛选"按钮,单击"报考单位"下拉按钮,"内容筛选"中选择"市高院",将完成"市高院"的数据筛选,再单击"成绩"下拉按钮,选择"数字筛选"→"大于或等于"命令,弹出"自定义自动筛选方式"对话框,在"大于或等于"文本框中输入"75",即可完成市高院的成绩 75 分及以上的报考人员数据筛选。

总结前面三个案例,可以看到筛选操作能够解决如下三种情况的筛选:

• 只有一个条件的数据筛选;

• 针对同一列的多条件数据筛选;

- 条件针对多列数据，且条件与条件之间是逻辑"与"的关系。

如果条件针对多列数据，且条件与条件之间是逻辑"或"的关系时，就必须使用高级筛选进行筛选。

2. 高级筛选

仍以公务员报考人员数据表为例，筛选学历为硕士研究生和分数在85分及以上的人员数据。高级筛选在进行数据筛选之前，先要完成条件区域的定义。条件区域有如下要求：

（1）条件区域要放在与数据列表至少隔开一行或者一列的位置，以便与数据列表区分开。

（2）条件区域的第一行输入所有作为筛选条件的字段名，这些字段名与数据列表中的字段名必须一致。

（3）条件区域的构造规则：不同行的条件之间是"或"关系，同一行中的条件之间是"与"关系。

操作步骤如下：

（1）建立条件区域：将条件涉及的字段名"学历"和"成绩"复制到数据记录下方的空白区域，然后在不同的字段中输入筛选条件"硕士研究生"和">=85"，用条件错开位的方式表达条件与条件之间的"或者"关系，如图3-98所示。

学历	成绩
硕士研究生	
	>=85

图3-98　条件区域

（2）单击数据记录表中的任一单元格。

（3）单击"数据"选项卡中的"筛选"下拉按钮，在下拉列表中选择"高级筛选"命令，弹出"高级筛选"对话框，如图3-99所示。方式选择"在原有区域显示筛选结果"，列表区域默认为数据列表区域，条件区域选择第1步建立的条件区域，单击"确定"按钮，完成高级筛选，筛选结果如图3-100所示。

图3-99　"高级筛选"对话框　　　　图3-100　高级筛选结果

用于筛选数据的条件，有时并不能明确指定某项内容，而是指定某一类内容，如所有"陈"姓考生，这种情况下，可以使用WPS表格提供的通配符进行筛选。

通配符仅用于文本型数据，对数字和日期无效。WPS表格允许两种通配符："?"和"*"。"*"表示任意多个字符，"?"表示任意一个字符，如果要表示字符"*"本身，则需要用"~*"表示。如果要表示字符"?"本身，则需要用"~?"表示。

四、数据透视表

数据透视表是一种对大量数据快速汇总和建立交叉列表的交互式报表。它可以快速分类汇总、比较大量数据，并可以随时选择其中页、行和列中的不同元素，以达到快速查看源数据的不同统计结果的目的。使用数据透视表可以深入分析数值数据，以不同的方式查看数据，从而挖掘数据之间的关系与规律。合理使用数据透视表进行计算和分析，能将复杂问题简单化，并能极大地提高工作效率。

1. 创建数据透视表

（1）单击数据表的任一单元格。

（2）选择"插入"或者"数据"选项卡中的"数据透视表"按钮，弹出图3-101所示的"创建数据透视表"对话框。

（3）由于在插入数据透视表之前，单击了数据表中的任一单元格，所以数据表区域会默认被选中。如果"请选择单元格区域"中不是数据表区域，可以单击右侧的折叠按钮，对数据区域进行重新选择。

（4）如果"请选择放置数据透视表的位置"区域选中"新工作表"，单击"确定"按钮之后，将会添加一张新的工作表，数据透视表被放置到新的工作表中。如果选择"现有工作表"，需要指定数据透视表所在的区域。本案例选择"新工作表"，单击"确定"按钮，弹出数据透视表布局窗口，如图3-102所示。

图3-101 "创建数据透视表"对话框

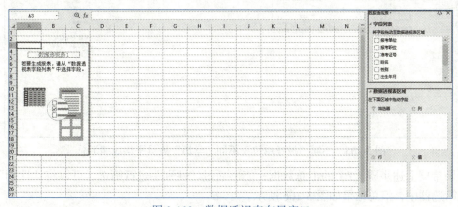

图3-102 数据透视表布局窗口

（5）数据透视表布局窗口中，被划分成三个区域。左侧主窗口区域为"数据透视表"，生成的数据透视表即将显示在此处。右侧窗口区域的上方区域为"字段列表"区域，该区域中显示的是数据表中的所有字段名。下方区域为"数据透视表区域"，对数据透视表的"行字段""列字段""值""筛选器"设置均在此处完成。

（6）通过选中字段名，拖动鼠标的方式，可将字段添加到数据透视表中。如果完成不同"报考单位"的人员的平均分统计，可选中"报考单位"拖动到行字段，然后将"成绩"字段拖到值字段，值字段默认的统计方式为"求和"，可单击值字段中"求和项：成绩"的下拉按钮，选择"值字段设置"，弹出"值字段设置"对话框，如图3-103所示，计算类型选择"平

图3-103 "值字段设置"对话框

均值"。即可完成对不同报考单位的人员平均分的计算,如图3-104所示。

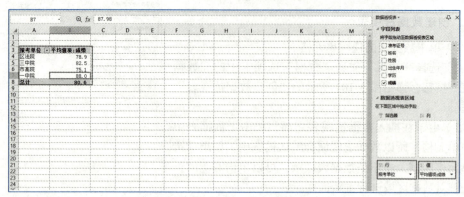

图3-104 不同"报考单位"的人员的平均分统计

(7)如果想要汇总每个报考单位不同学历人员的平均成绩,可以在第(6)步操作的基础上,将"学历"字段拖动到列字段中,汇总结果如图3-105所示。

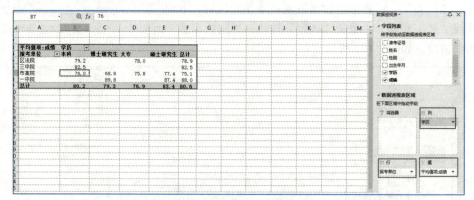

图3-105 不同"报考单位"不同"学历"人员平均成绩汇总

如果希望上述步骤(7)的汇总数据,能够通过"性别"进行筛选,可以将"性别"字段拖动在筛选器中,汇总结果如图3-106所示。

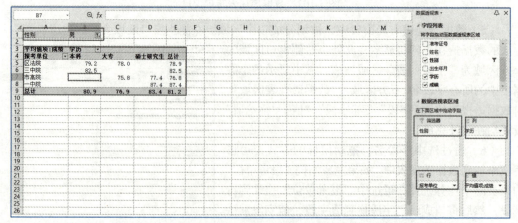

图3-106 通过"性别"筛选不同"报考单位"不同"学历"人员平均成绩汇总

通过上述案例操作过程可以认识到,数据透视表的本质是分类汇总+筛选。通过对行字段、列字段、值字段、筛选字段进行不同方式的组合,可以根据需要快速实现数据的分析与统计。

2. 修改数据透视表

创建数据透视表后,根据需要可以对布局、样式、数据汇总方式、值的显示方式、字段分组、计算字段和计算项、切片器等进行修改。

(1)修改数据透视表结构。数据透视表创建完成后,可以根据需要对其布局进行修改。对已创建的数据透视表,如果要改变行、列、数字、筛选器中的字段,可直接选中字段,拖动鼠标完成删除,也可以单击标签编辑框右侧的下拉按钮,在下拉列表中选择"删除字段"命令,然后将新的字段拖入到相应位置即可。如果一个标签中添加了多个字段,想改变字段的顺序,只需选中字段向上拖动或向下拖动即可调整字段的顺序。字段顺序发生改变,透视表的外观也将发生改变。

(2)修改数据透视表样式。数据透视表可以像工作表一样进行样式的设置,用户可以单击"设计"选项卡中的任意一个样式,将 WPS 内置的数据透视表样式应用到选中的数据透视表中,同时也可以新建数据透视表样式。

(3)设置数据透视表字段分组。数据透视表提供了强大的分类汇总功能,但由于数据分析需求的多样性,使得数据透视表的常规分类方式不能适用所有应用场景。通过对数字、日期、文本等不同类型的数据进行分组,可增强数据透视表分类汇总的适应性。

例如,如果要统计不同报考单位不同出生年份的人员的人数,可将"报考单位"设置为行字段,将"出生年月"设置为列字段,计数项为"出生年月"。为完成按年份计数的要求,需要进行如下操作:

单击数据透视表任一日期单元格并右击,在弹出的快捷菜单中选择"组合"命令,弹出图 3-107 所示的"组合"对话框,步长选择"年",即可完成对不同报考单位不同出生年月的人员按年份分组计数的要求,完成后的结果如图 3-108 所示。

图 3-107 "组合"对话框

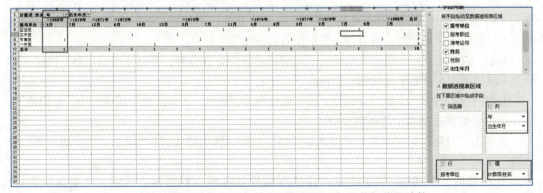

图 3-108 按年份对各报考单位人员的出生年月进行分组计数

(4)使用计算字段和计算项。数据透视表创建完成后,不允许手工更改或者移动数据透视表中的任何区域,也不能在数据透视表中插入单元格或者添加公式进行计算。如果需要在数据透视表中添加自定义计算,则必须使用"计算字段"或"计算项"功能。

计算字段是指通过对数据透视表中现有的字段执行计算后得到的新字段。

计算项是指在数据透视表的现有字段中插入新的项，通过对该字段的其他项执行计算后得到该项的值。

例如，完成对公务人员报名信息表中笔试成绩折算列的计算。首先将行字段设置为"姓名"，将值字段设置为"成绩"求和（由于分类字段是"姓名"，每个人成绩只有一个，因此此处求和即意味着显示每个人的成绩），通过添加计算字段，完成"笔试成绩折算"列的添加，使其值为成绩*0.5。操作步骤如下：

① 单击数据透视表中的任一单元格。

② 单击"分析"选项卡中的"字段、项目"下拉按钮，在下拉列表中选择"计算字段"命令，弹出图 3-109 所示的"插入计算字段"对话框，在"名称"文本框中输入"笔试成绩折算"，在"公式"文本框中输入"="，然后选择字段中的"成绩"，单击"插入字段"按钮，此时"成绩"将出现在公式中，输入"*0.5"，完成公式编辑，单击"确定"按钮。

③ 此时在数据透视表"成绩"列右侧将显示"笔试成绩折算"列，如图 3-110 所示。

图 3-109 "插入计算字段"对话框

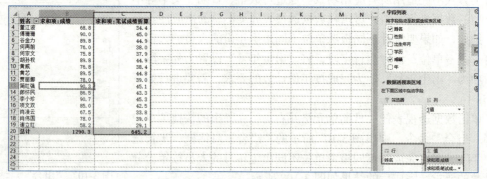

图 3-110 笔试成绩折算列的添加

（5）插入切片器。数据透视表中的"切片器"功能，不仅能对数据透视表进行筛选操作，而且可以直观地在切片器内查看该字段的所有数据项信息。

例如，对不同"报考单位"人员的平均成绩进行汇总查看时，可以使用切片器，快速了解两个不同学历的人员的平均成绩，操作步骤如下：

① 将行字段设置为"报考单位"，值字段设置为"成绩"，将汇总方式设置为"平均值"。

② 单击数据透视表中任一单元格。

③ 单击"分析"选项卡中的"插入切片器"按钮，弹出图 3-111 所示的"插入切片器"对话框。

④ 在对话框中选择"学历"，"学历"切片器将插入到透视表区域，结果如图 3-112 所示。

插入切片器以后利用切片器对数据透视表筛选后如果要恢复到筛选前的状态，只要单击切片器右上角的按钮，即可清除筛选。如果要删除切片器，只需右击切片器，在弹出的快捷菜单中选择"删除***"（***表示切片器名称）命令即可。

单击不同学历，即可快速查看相应人员不同报考单位的平均成绩。

笔记栏

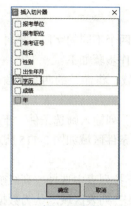

图 3-111 “插入切片器”对话框

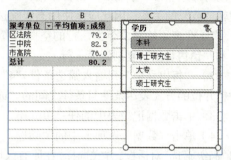

图 3-112 使用切片器查看不同学历人员的平均成绩

3. 创建数据透视图

数据透视图是利用数据透视表的结果制作的图表，它将数据以图形的方式进行表达，更形象、直观地表达了汇总数据之间的对比关系和变化规律。

建立“数据透视图”需要单击“插入”选项卡中的“数据透视图”按钮即可。建立“数据透视图”的步骤和操作与建立“数据透视表”类似。

例如，使用“学历”切片器快速查看不同“报考单位”人员的平均成绩的数据透视图。在前面所创建的数据透视表的基础上，单击数据透视表中的任一单元格，单击“插入”选项卡中的“数据透视图”按钮，弹出“图表”窗口，选择“柱形图”，即可完成“数据透视图”的插入，完成后效果如图 3-113 所示。

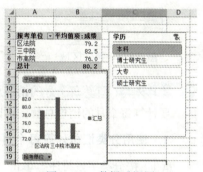

图 3-113 数据透视图

任务实现

子任务一：筛选 5 月的销售数据

筛选“新销售数据表”中 5 月的销售数据，只有一个条件，因此只需要筛选功能即可完成筛选，操作步骤如下：

（1）单击“新销售数据表”中的数据区域的任一单元格。

（2）单击“数据”选项卡中的“筛选”按钮，或者单击“筛选”下拉按钮中的“筛选”命令，每个字段右侧出现一个下拉按钮。

（3）单击“售出月份”下拉按钮，在“内容筛选”中选择“5”，单击“确定”按钮，完成 5 月销售数据筛选，如图 3-114 所示

	A	B	C	D	E	F	G
1	客户编	楼号	别墅类	户型	售出月份	实际价格	销售员
12	011	C002	独栋	七室三厅五卫	5	￥9,825,401.60	姜新月
13	010	A202	联排	五室三厅四卫	5	￥2,438,240.00	吴姗姗
14	012	A103	联排	四室两厅三卫	5	￥2,018,408.00	毛华新
15	013	A104	联排	四室两厅三卫	5	￥2,018,408.00	黄大伟
16	014	A105	联排	四室两厅三卫	5	￥2,124,640.00	姜新月

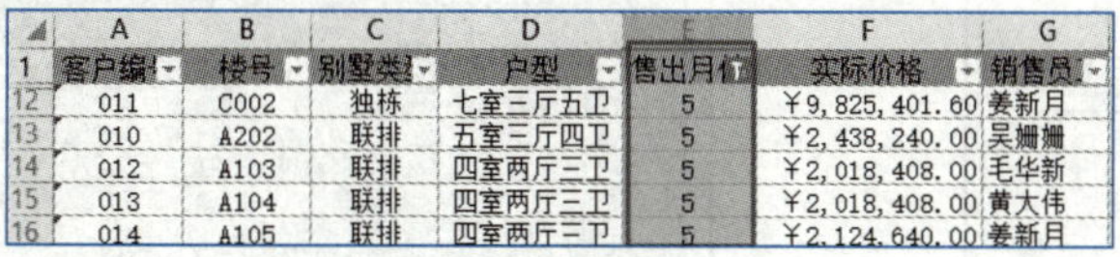

图 3-114 5 月销售数据

子任务二：筛选4月和于丽丽的销售数据

同时筛选4月和于丽丽的销售数据，两个条件分别涉及两个不同的字段，条件与条件之间是逻辑"或"的关系，因此应该使用高级筛选完成任务。操作步骤如下：

（1）在离原始表格至少一行的空白位置处建立条件区域，将涉及的两个字段名"售出月份"和"销售员工"复制到第一行。

（2）"售出月份"列输入筛选条件"4"，"销售员工"列输入筛选条件"于丽丽"，用条件错开位的方式表达条件与条件之间的"或"关系。建立条件区域如图3-115所示。

（3）单击数据记录表中的任一单元格。

（4）单击"数据"选项卡中的"筛选"下拉按钮，在下拉列表中选择"高级筛选"命令，弹出"高级筛选"对话框，方式选择"在原有区域显示筛选结果"，列表区域默认为数据列表区域，条件区域选择第（1）步建立的条件区域，单击"确定"按钮，完成高级筛选，筛选结果如图3-116所示。

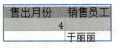

图3-115 条件区域

图3-116 4月和于丽丽的销售数据

子任务三：计算每个月的销售总额

要计算每个月的销售总额，可以使用分类汇总实现，也可以通过数据透视表实现。

1. 使用分类汇总计算每个月的销售总额

（1）按分类字段排序。单击"新销售数据表"中"销售月份"字段列中的任一单元格，单击"数据"选项卡中的"排序"下拉按钮，在下拉列表中选择"升序"命令，数据表按照月份的升序排序（降序排序也可以），相同月份的数据汇聚到一起。

（2）单击数据表中任一单元格，单击"数据"选项卡中的"分类汇总"按钮，弹出"分类汇总"对话框，如图3-117所示。分类字段设置为"售出月份"，汇总方式选择"求和"，汇总项选择"实际价格"，其他保持默认设置，单击"确定"按钮，完成每个月销售总额计算，如图3-118所示。

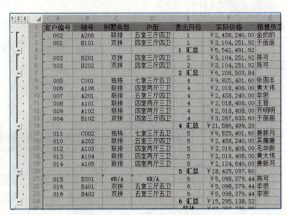

图3-117 "分类汇总"对话框

图3-118 每个月销售总额汇总

2. 使用数据透视表计算每个月的销售总额

（1）单击"新销售数据表"中的任一单元格。

（2）单击"数据"或者"插入"选项卡中的"数据透视表"按钮，弹出"数据透视表"对话框，选择"现有工作表"，位置选择"新销售数据表"中的任一空白单元格。

（3）行字段设置为"售出月份"（列字段设置为"售出月份"也可以），值字段设置为"实际价格"求和。完成每个月的汇总计算，如图 3-119 所示。

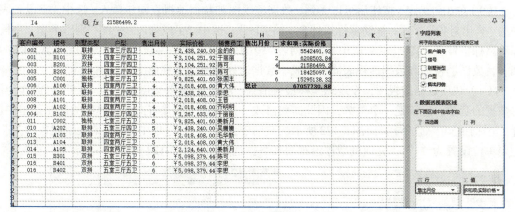

图 3-119　每个月销售总额汇总

子任务四：分析各户型销售情况，确定最受欢迎的户型

要确定最受欢迎的户型，可以使用分类汇总和排序两个功能完成统计和分析。

（1）按分类字段排序。单击"新销售数据表""户型"列中任一单元格，单击"数据"选项卡中的"排序"下拉按钮，在下拉列表中选择"降序"命令，数据表按照"户型"降序排序（升序排序也可以），相同户型的数据汇聚到一起。

（2）单击数据表中任一单元格，单击"数据"选项卡中的"分类汇总"按钮，弹出"分类汇总"对话框，如图 3-120 所示。分类字段设置为"户型"，汇总方式选择"计数"，汇总项选择"户型"，其他保持默认设置，单击"确定"按钮，完成不同户型销售套数统计。

（3）为了更清晰地对汇总数据进行分析，单击窗口左侧"2"级显示级别，仅显示汇总数据，如图 3-121 所示。

图 3-120　"分类汇总"对话框　　　图 3-121　不同户型销售套数汇总并排序

（4）对图 3-121 进行分析，可得出最受欢迎的户型是"四室两厅三卫"。

要达到子任务四的目的，还可以使用数据透视表完成统计，此处不再赘述。

子任务五：统计不同的别墅类型每个月销售套数

要统计不同别墅类型每个月的销售套数，同时，为了更直观地实现统计数据之间的对比，可以使用数据透视图完成统计任务。

（1）单击"新销售数据表"中的任一单元格。

（2）单击"数据"或者"插入"选项卡中的"数据透视图"按钮，弹出"数据透视表"对话框，选择"现有工作表"，位置选择"新销售数据表"中的任一空白单元格。

（3）单击"确定"按钮后可以看到，数据透视图和数据透视表同步插入。选中"字段列表"中的"售出月份"字段，拖动鼠标指针至"轴字段"；选中"字段列表"中的"别墅类型"字段，拖动鼠标指针至"值字段"；选中"字段列表"中的"别墅类型"字段，拖动鼠标指针至图例（系列），数据透视图和数据透视表同步生成。数据透视图默认为柱形图。

（4）观察数据透视图，发现纵坐标最大值为"4.5"，主要刻度单位为"0.5"，而作为汇总数据的套数，应该是一个整数，因此需要修改。选中纵坐标并右击，在弹出的快捷菜单中选择"坐标轴选项"命令，弹出图 3-122 所示的对话框，在坐标轴选项中，边界最大值设置为"5"，主要单位设置为"1"。完成的数据透视表和数据透视图如图 3-123 所示。

图 3-122 "坐标轴选项"对话框

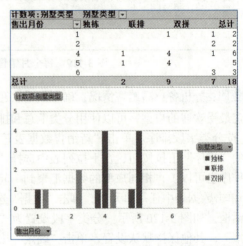

图 3-123 不同的别墅类型每个月销售套数数据透视图（表）

图 3-123 清晰地表达了独栋、联排、双拼三种不同类型的别墅类型在不同月份的销售情况。数据透视图的使用更是让数据之间形成鲜明对比。

技巧与提高

1. 合并计算

合并计算也是数据分析和统计时常用的工具，有两种类型的合并计算，分别是按照位置合并和按照分类合并计算。

1）按照位置合并计算

如果待合并的数据来自同一模板创建的多个工作表，则可以通过位置合并计算。

例如，图 3-124 所示为某班级 2022-1 学期的成绩，图 3-125 所示为 2022-2 学期的成绩，若要合并两个学期的成绩，求 2022 学年的平均成绩，其操作步骤如下：

（1）打开"成绩表"工作簿，在工作表标签处单击"新建工作表"按钮，新建一个工作表，标签重命名为"2022 学年平均成绩"。

	A	B	C	D	E
1	2022-1学期成绩				
2	学号	姓名	期中	期末	平均分
3	1001	赵一	78	89	83.5
4	1002	钱二	67	72	69.5
5	1003	孙三	95	96	95.5
6	1004	李四	82	89	85.5

图 3-124 2022-1 学期成绩

	A	B	C	D	E
1	2022-2学期成绩				
2	学号	姓名	期中	期末	平均分
3	1001	赵一	82	90	86
4	1002	钱二	65	71	68
5	1003	孙三	92	98	95
6	1004	李四	87	80	83.5

图 3-125 2022-2 学期成绩

（2）在新建的工作表中输入汇总表的标题、与前面两张表相同的第一行文本、第一列文本，如图 3-126 所示。

（3）单击新建工作表的 C3 单元格，单击“数据”选项卡中的“合并计算”按钮，弹出图 3-127 所示的“合并计算”对话框。

	A	B	C	D	E
1	2022学年				
2	学号	姓名	期中	期末	平均分
3	1001	赵一			
4	1002	钱二			
5	1003	孙三			
6	1004	李四			

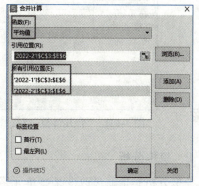

图 3-126 合并数据工作表中输入的内容

图 3-127 “合并计算”对话框

（4）函数选择“平均值”，引用位置处，如果要引用的数据在另一个工作簿中，可单击“浏览”按钮，找到相应数据进行引用。本例引用当前工作簿的数据区域，需单击“引用位置”文本框右侧的折叠按钮，选择 '2022-1' 工作表中的 $C$3:$E$6 单元格区域，单击折叠按钮返回到对话框后，单击“添加”按钮，按照同样操作添加 '2022-2' 工作表中的 $C$3:$E$6 单元格区域，不勾选“标签位置”区域的“首行”“最左列”复选框，单击“确定”按钮，完成两个工作表数据的合并运算，运算结果如图 3-128 所示。

2）按分类合并计算

“按分类合并计算”与“按位置合并计算”的主要区别是：

（1）多个待合并的数据源前者不一定要求具有相同模板，后者要具有相同模板。

（2）在“合并计算”对话框中，“标签位置”区域的“首行”和“最左列”复选框前者是一定要勾选其中一个或两个，按照勾选的复选框对数据进行分类合并计算。后者则不勾选，即按照相应位置进行合并计算。

例如，图 3-129 所示的销售表 1 和图 3-130 所示的销售表 2，不同类别的数据出现的次数、位置都不一样，无法按照位置进行合并计算，只能按照类别进行合并。操作步骤如下：

	A	B	C	D	E
1	2022学年				
2	学号	姓名	期中	期末	平均分
3	1001	赵一	80.0	89.5	84.8
4	1002	钱二	66.0	71.5	68.8
5	1003	孙三	93.5	97.0	95.3
6	1004	李四	84.5	84.5	84.5

图 3-128 合并计算结果

	A	B
1	类别	销量
2	a	10
3	a	20
4	b	35
5	b	47
6	c	34
7	d	33
8	e	34
9	f	23

图 3-129 销售表 1

	A	B
1	类别	销量
2	a	45
3	a	32
4	b	33
5	c	45
6	d	61

图 3-130 销售表 2

（1）打开"销售数据表"工作簿，添加一个工作表，命名为"销售合并"。

（2）单击"销售合并"表格中的A1单元格，单击"数据"选项卡中的"合并计算"按钮，弹出"合并计算"对话框，如图3-131所示。

（3）函数选择"求和"，引用位置分别选择"销售表1!$A$1:$B$9"和"销售表2!$A$1:$B$6"，在"标签位置"区域勾选"首行""最左列"复选框，单击"确定"按钮。

（4）合并计算的结果如图3-132所示。

图3-131 "合并计算"对话框　　　　图3-132 合并计算结果

2. 模拟分析

模拟分析是指通过改变某些单元格的值来观察工作表中引用这些单元格的特定公式的计算结果的变化过程。也就是说，系统允许用户提问"如果……"，系统回答"怎么样……"。例如，要达到预期的利润，商品的单价应该如何调整等。通过模拟分析工具，可以定量地了解当某些参数变动时对相关指标的影响。

WPS表格提供了两种模拟分析工具：单变量求解和规划求解。单变量求解和规划求解是通过设定预期的结果确定可能的输入值。

1）单变量求解

单变量求解，顾名思义，变量的引用单元格只能是一个，它是解决假定一个公式要取某一目标结果，其中变量的引用单元格应取值多少的问题（类似数学中的若$y=f(x)$，已知y，求x的过程）。

例如，图3-133所示的水果定价表，当前利润值之所以都是负数，是因为"单价"列当前值没有确定，默认值为0，假定每种水果的利润值都确定为500元，使用"单变量求解"确定每种水果的单价，操作步骤如下：

（1）选中E3单元格，单击"数据"选项卡中的"模拟分析"下拉按钮，在下拉列表中选择"单变量求解"命令，弹出"单变量求解"对话框，如图3-134所示。单击"确定"按钮后，系统将对可变单元格（此处为B3）的值进行计算，显示求解值，单击"确定"按钮，可变单元格将获得已求解的值，如图3-135所示。

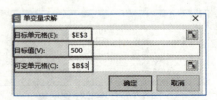

图3-133 水果定价表　　　　图3-134 "单变量求解"对话框

图 3-135　单变量求解结果

（2）使用同样方法获得"单价"列其余单元格的值，并统一设置小数点后位数为"1"，效果如图 3-136 所示。

2）规划求解

单变量求解功能非常有用，但只能针对一个单元格变量进行求解，存在一定的局限性。规划求解可以针对多个单元格变量求解，并可对多个可变的单元格设置约束条件，求出最大值、最小值或目标值的解。

下面举例说明如何建立规划求解。

例如，图 3-137 所示为水果定价表，假如五种商品单价均不高于 10 元，总利润要达到 3 000 元，如何确定每种水果的单价呢？操作步骤如下：

	A	B	C	D	E
1	水果定价表				
2	名称	单价	成本（元）	数量（kg）	利润
3	苹果	4.7	3	300	500
4	梨	3.9	2.2	300	500
5	橙子	4.5	2.8	300	500
6	凤梨	4.9	3.2	300	500
7	红枣	6.5	4.8	300	499.9999

图 3-136　"单价"计算结果

	A	B	C	D	E
1	水果定价表				
2	名称	单价	成本（元）	数量（kg）	利润
3	苹果		3	300	
4	梨		2.2	300	
5	橙子		2.8	300	
6	凤梨		3.2	300	
7	红枣		4.8	300	

图 3-137　水果定价表

（1）输入公式计算利润。在 E3 单元格中输入"=SUM((B3-C3)*D3,(B3-C4)*D4,(B4-C5)*D5,(B6-C6)*D6,(B7-C7)*D7)"，按【Enter】键完成利润计算。因为单价为空，因此当前的计算结果都是负数。

（2）选中 E3 单元格，单击"数据"选项卡中的"模拟分析"下拉按钮，在下拉列表中选择"规划求解"命令，弹出"规划求解"对话框，如图 3-138 所示。

（3）设置目标值为"$E$3"，选择"目标值"，并设定为"3000"，通过更改可变单元格为"$B$3:$B$7"，单击"添加"按钮，弹出"改变约束"对话框，如图 3-139 所示设置 B3>=C3，即单价高于成本价，单击"添加"按钮，设置 B3<=10。同时设置其余单价列的值的约束条件，全部设置完成后，单击"确定"按钮，完成约束条件设置，选择求解方法为"非线性内点法"，单击"求解"按钮，弹出"规划求解结果"对话框，提示规划求

图 3-138　"规划求解参数"对话框

解找到一组值，可满足所有的约束及最优情况，此时工作表中可看到求解结果，如图 3-140 所示。

如果规划模型设置的约束条件矛盾，或者在限制条件下无解，系统将给出规划求解失败的信息。规划求解失败也有可能是当前设置的最大求解时间太短，或者目标值太大，约束条件与

目标值冲突等问题引起。可以通过修改规划求解选项来解决。

笔记栏

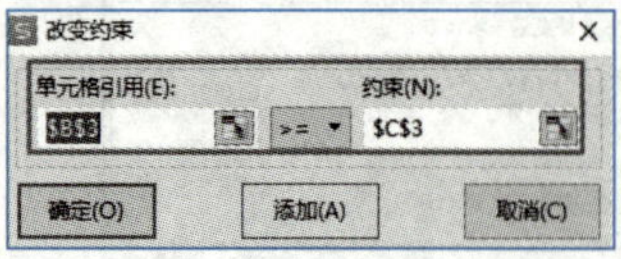

图 3-139 “改变约束”对话框

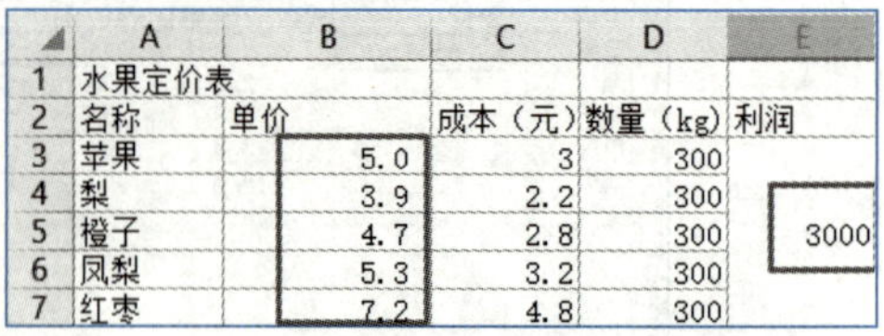

	A	B	C	D	E
1	水果定价表				
2	名称	单价	成本（元）	数量（kg）	利润
3	苹果	5.0	3	300	
4	梨	3.9	2.2	300	
5	橙子	4.7	2.8	300	3000
6	凤梨	5.3	3.2	300	
7	红枣	7.2	4.8	300	

图 3-140 规划求解结果

测 评

1. 知识测评

1）填空题

（1）________可以将数据记录单中的数据按某一字段进行分类，并实现按类求和、计数、平均值、最大值、最小值等运算，还能将计算结果进行分级显示。

（2）进行高级筛选之前，必须建立________区域。

（3）如果筛选的数据条件针对不同列，且条件与条件之间是________逻辑关系，必须使用________筛选。

（4）WPS 表格允许两种通配符：“________”和“________”。“________”表示任意多个字符，“________”表示任意一个字符。

（5）________是一种对大量数据快速汇总和建立交叉列表的交互式报表。它可以快速分类汇总、比较大量数据，并可以随时选择其中页、行和列中的不同元素，以达到快速查看源数据的不同统计结果。

（6）合并计算也是数据分析和统计时常用的工具，有两种类型的合并计算，分别是________和________计算。

（7）WPS 提供了两种模拟分析工具：________求解和________求解。

2）简答题

（1）常用的 WPS 表格数据分析工具有哪些？

（2）结合本任务，描述你最喜欢的数据分析工具及其使用方法和使用场景。

2. 能力测评

按表 3-13 中所列的操作要求，对自己完成的文档进行检查，操作完成得满分，未完成或错误得 0 分。

表 3-13 技能测评表

序号	操作要求（具体见任务实现）	分值	完成情况	自评分
1	筛选 5 月的销售数据	20		
2	筛选 4 月和于丽丽的销售数据	20		
3	使用分类汇总计算每个月的销售总额	20		
4	使用数据透视表计算每个月的销售总额	20		
5	使用数据透视图统计不同的别墅类型每个月销售套数	20		
总 分				

3. 素质测评

针对表 3-14 中所列出的素质与素养观察点，反思任务实现的过程，思考总结相关项目，做到即得分，未做到得 0 分。

表 3-14　素质测评表

序号	素质与素养	分值	总结与反思	得分
1	计算思维——具备利用 WPS 表格中的筛选、分类汇总、数据透视表等工具对数据进行分析和统计的意识和能力	25		
2	信息意识——能主动地寻求恰当的方式提取和分析数据，能使用数据分析工具对数据隐藏的规律、趋势、可能产生的影响进行预期分析，能自觉地充分利用 WPS 表格数据分析工具解决生活、学习和工作中的实际问题	25		
3	数字化创新与发展——具备使用数据分析统计工具创造性地支持专业发展问题的意识和能力	25		
4	信息社会责任——具备使用 WPS 表格数据分析工具进行数据分析、理性判断和选择的能力	25		
	总　　分			

拓展训练

本阶段的任务是在任务 2 拓展训练作业中所建立的学生成绩表的基础上，使用排序、分类汇总、数据透视表和数据透视图等工具，完成"学生成绩表"的数据分析与统计。具体要求如下：

1. 在"学生成绩表"中姓名列右侧增加一列"性别"，使用公式与函数引用"学籍表"中的"性别"列。

2. 在"学生成绩表"中最右侧增加一列"寝室号码"，使用公式与函数引用"宿舍安排表"中的"寝室号码"列。（若"寝室号码"列在任务 1 中已完成相同内容单元格合并，请在引用前完成拆分。）

3. 按照性别统计"学生成绩表"中"平均分"的最高分。

4. 统计"学生成绩表"中不同寝室的人员的平均成绩。

5. 建立"学生成绩表"的数据透视图，显示每个寝室的平均分的对比图。

模块 4 演示文稿制作

随着多媒体设备的普及和应用，演示文稿的应用场景越来越广泛。公司会议、商业推广、产品介绍、培训教育、投标竞标等，都要用到演示文稿，因此演示文稿的设计与制作能力也越来越成为办公一族必备的职场技能。本模块将以"广州印象"的演示文稿制作为例，讲述演示文稿的设计原则和制作流程、图片与多媒体应用、演示文稿的美化与修饰、动画设计与制作、演示文稿的放映与输出等内容。通过本模块的学习，提高应用 WPS 演示软件的能力，提升演示文稿的设计能力和创新水平，培养艺术审美素养和文化素质。

知识目标

1. 了解演示文稿的应用场景，熟悉相关工具的功能、操作界面和制作流程；
2. 掌握演示文稿的创建、打开、保存、退出等基本操作；
3. 熟悉演示文稿不同视图方式的应用；
4. 掌握幻灯片的创建、复制、删除、移动等基本操作；
5. 理解幻灯片的设计及布局原则；
6. 掌握在幻灯片中插入各类对象的方法，如文本框、图形、图片、表格、音频、视频等对象；
7. 理解幻灯片母版的概念，掌握幻灯片母版、备注母版的编辑及应用方法；
8. 掌握幻灯片切换动画、对象动画的设置方法及超链接、动作按钮的应用方法；
9. 了解幻灯片的放映类型，会使用排练计时进行放映；
10. 掌握幻灯片不同格式的导出方法。

能力目标

1. 能进行演示文稿的创建、打开、保存、退出等基本操作；
2. 能创建、复制、删除、移动幻灯片；
3. 能在幻灯片中插入各类对象（如文本框、图形、图片、表格、音频、视频等）并进行属性设置；
4. 会使用母版完成幻灯片的共性设置；
5. 能设置动画、超链接、动作按钮；
6. 会根据不同的应用场景设置放映方式，进行排练计时；
7. 能理解并应用演示文稿设计的原则和理念；
8. 能根据需要导出不同的幻灯片格式。

素质目标

1. 具备数字化创新与发展意识，能够用 WPS 演示文稿技术解决工作、学习、生活中的实际问题；
2. 具有团队协作精神，善于与他人合作、共享信息，实现信息的更大价值；

3. 具备基本的审美素养,善于通过演示文稿制作表达美、传递美、分享美;
4. 具备信息意识,善于使用 WPS 演示工具提取、分析、表达、分享信息;
5. 具备计算思维,能利用 WPS 演示软件界定问题、抽象特征、管理信息。

任务 1　演示文稿框架搭建——WPS 演示基础知识

设计与制作演示文稿之前,必须要了解演示文稿与语言之间的关系,明确演示文稿制作的目的,如果不思考这一点,做出来的演示文稿可能就成了各种图片和内容堆积的容器,变成设计者炫技的载体,变成可有可无的装饰品。

演示文稿通常用在需要向观众展示思想观点、推广产品、分享知识的场景,在这些场景中,演讲者通过演示文稿配合语言、肢体动作等,通过声音、幻灯片中的图像、动画、视频等媒介,传达和分享演讲者的思想。也就是说,演示文稿需要与演讲者语言配合,共同提升演示效果。

既然演示文稿要跟语言配合,那就必须了解语言表达的特点。

1. 语言表达的主要特点

1)抽象性

语言是一种约定的符号,使用语言沟通需要双方具有共同的知识背景和语言表达习惯。假定需要向观众描述清楚一个人的长相、一个建筑物的外部特征、一个单位的地址,这对演讲者的语言表达能力是个不小的挑战,无论演讲者语言表达能力有多强,都不如一张图片直接明了。

2)瞬时性

语言表达是瞬时的,留给观众理解和记忆的时间非常有限。一旦观众没听清或者忘记了,语言的效应就失去了。

3)线性

语言表达是个线性的过程,传输效率低,准确性差,容易隐藏复杂的逻辑关系,让观众很难认清全貌。

2. 设计目的

基于语言上述三个特点,作为辅助表达的演示文稿,其设计目的有五个:

1)提纲挈领

使用演示文稿,概括语言表述的核心和关键,克服语言表达瞬时性缺陷,帮助观众理解、记忆演讲者的思想内容。

2)使用图片、图形、视频等多媒体元素,弥补语言表达过于抽象的缺陷

一张图胜过千言万语,一段视频胜过无数推理和逻辑。演示文稿设计时,要充分利用多媒体元素,帮助观众理解、具象演讲者的思想内容。

3)利用目录将内容整体呈现和管理,克服语言表达的线性缺陷

利用目录对内容进行纲要列述,通过超链接和按钮等工具对内容页进行管理,从而帮助观众理解演讲内容的整体框架。

4)利用动画、切换等手段,强调和突出表达重点内容

人类的眼睛天生对动画敏感。演示文稿可以通过动画和切换的设计,强调主题和关键内容,呈现内容之间的先后顺序、逻辑关系等。

5)美化页面,满足观众审美需要

演示文稿制作是一门综合的视觉表达艺术,优秀的演示文稿作品,不仅可以满足内容表达

的需要，更可以满足观众的审美需要。

任务描述

本阶段的任务将为"广州印象"城市宣传准备一份演示文稿。在制作演示文稿之前，前期的素材收集和准备工作已经完成，主题也已经确定，当前阶段的任务是完成演示文稿首页、目录页和主题页制作，搭建演示文稿的框架。

知识准备

一、演示文稿的设计原则

要制作一个专业的演示文稿并非一件容易的事情，明确演示文稿的设计原则之后，演示文稿的制作才能得心应手。

1. 主题明确

制作演示文稿之前，先要明确演示文稿应用的场景，分析制作演示文稿的核心目标和使用场合。了解听众的年龄、社会角色等基础属性，大致推断观众喜欢的文字风格、设计风格和演讲风格，了解听众的知识结构与所讲的内容是否存在较大的专业跨度，如果存在跨度，要避免使用太多专业术语，尽量用简单易懂的方式讲述专业的内容。

在上述分析的基础上，确定演示文稿的主题。主题是演示文稿的灵魂和核心。要对内容提炼归纳，形成鲜明的主题。

2. 内容精练

演示内容是一个演示文稿成功的关键，如果内容不恰当，无论演示文稿制作得多精美，都无法达到预期目的。初学者往往把幻灯片当成筐，什么都往里装。如果文字充满了整张幻灯片，观众不仅无法从幻灯片获取有效信息，甚至会因此放弃对演讲内容的关注。

3. 逻辑清晰

明确主题，提炼内容之后，如何组织、管理这些内容成为当务之急。成功的演示文稿必须有清晰而完整的逻辑，所有的幻灯片内容围绕着主题表达的需要缓缓展开，各司其职，相互配合，相互呼应，从而达到有效传输信息的目的。

通常一个完整的演示文稿应该包含首页、目录页、主题页、内容页、小结页、致谢页等页面，各自的角色和内容为：

（1）首页：演示文稿的封面，也是演示文稿的"门面"。首页中应明确主题，明确作者、时间，如果还有其他关键性信息，必须在首页中明确。

（2）目录页：展示演示文稿的整体结构，是演示文稿的提纲，是观众了解认识整体演讲内容的页面。

（3）主题页：又称过渡页、章节页，把不同的内容部分划分开，呼应目录页，保障整个演示文稿的连贯。

（4）内容页：对主题页主题的详细说明。如果说首页、目录页、主题页是演示文稿的骨架，那内容页就是演示文稿的血肉。

（5）小结页：对演讲内容的总结，引导观众回顾重点，归纳要点。

（6）致谢页：用来结束演讲，向观众致谢。

4. 风格一致

统一的外观、配色背景会给观众一种规范专业的感觉，所以正式的演示文稿往往都会设置统一的演示文稿模板。这里所讲的统一并不是说从头到尾都需要一模一样。比如说在介绍某个产品时，风格、色彩、文字的格式应该做到统一。但就整个演示文稿而言，标题、封面、目录、摘要内容和片尾的幻灯片，则可以在统一的前提下进行适当的变化。

（1）不同主题的幻灯片，应选取不同的风格。比如年终表彰大会上用的演示文稿，应该选取红色、金色等喜庆色调的主题风格，毕业论文答辩时用的演示文稿则应该选择蓝色、白色、黑色等客观理性的主题风格。

（2）所有幻灯片的格式应保持一致，包括字体、颜色、背景等。

5. 形象生动

为了能够让观众更好地记住演示文稿的内容，在设计演示文稿时应尽量采用简洁大方的风格，而且要避免过多的文字呈现，介绍事物之间的关系时能用图形来表达的，尽量不要用整段的文字来描述，在分析数据结果时能用表格的就不要用文字。

二、演示文稿的制作流程

演示文稿的制作流程大致分为如下几个步骤：

1. 提炼大纲，搭建框架

设计演示文稿的第一步就是在明确主题的前提下，提炼演示文稿的核心内容，搭建整体框架，可以通过首页、目录页、主题页的制作来实现。

2. 设计内容页，充实内容

利用文本、图片、图形、视频等元素对各个主题进行详细说明。在设计内容页时，应注意如下几个原则：

（1）一张幻灯片表达一个主题，如不够，可以添加多张幻灯片。

（2）能用图片，不用表格；能用表格，不用文字。

（3）图片要满足内容表达的需要，不要选择无关图片。

3. 选择主题和模板

利用主题和模板可以统一幻灯片的颜色、字体和效果，使幻灯片具有统一的风格，如果WPS 演示提供的主题不能满足需要，可以通过母版进行修改，添加背景图、LOGO 图片、装饰图片等。

4. 美化页面

（1）要将演示文稿内容可视化，将表格中的数据信息转变成更直观的饼形图、柱形图、条形图、折线图等。

（2）将文字删减、序列化后根据其内在的并列、递进、冲突、总分等逻辑关系制作成对应的图表，尝试将复杂的原理通过进程图和示意图等表达。

（3）避免演示文稿制作过程中的各种随意，让一切设置都有理有据。排版是对信息的进一步组织。根据接近、对齐、重复、对比四个原则，区分出信息的层次和要点，通过点、线、面三种要素对页面进行修饰，并通过稳定和变化改善页面版式，使其更有美感。

5. 动画设计

动画是吸引观众注意力的重要手段。除了完成对页面元素动画的设计，还要根据需要制作自然、无缝的页面切换。动画设计时，首先根据演示文稿使用场合考虑是否使用动画，然后谨慎选择动画形式，保证每一个动画都有存在的道理。必须抵制绚丽动画的诱惑，避免华而不实的动画效果。动画完成之后需要多次放映，仔细地检查，修改顺序错误的动画以及看起来稍显刻意的效果。

6. 计时和排练

演示型演示文稿是为了提升演讲效果设计的，因此制作讲稿，多次进行计时和排练是绝对不能跳过的，是需要非常重视的一步。如果对演示文稿的内容不熟练，记不清动画的先后顺序，甚至准备站在台上即兴发挥，演示文稿的存在就毫无意义，因此在演示文稿完成后，演讲者应该在每页幻灯片的备注中写下每一页的详细讲稿，然后多次排练、计时、修改讲稿，直至完全能将演讲内容和演示文稿完美配合为止。

三、认识 WPS 演示窗口构成

启动 WPS 演示软件，进入图 4-1 所示窗口。

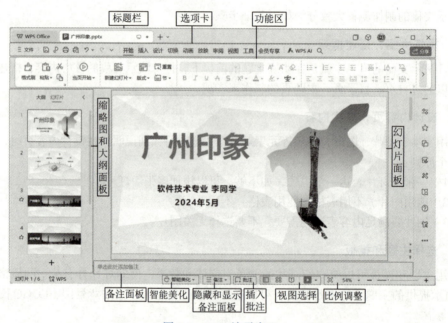

图 4-1 WPS 演示窗口

（1）标签栏：显示正在编辑文档的文件名及常用按钮，包括标准的"最小化""还原""关闭"按钮。可使用微信、钉钉、QQ、手机短信等方式登录 WPS，登录后将在标题栏中显示用户头像。

（2）选项卡：WPS 演示采用选项菜单的方式组织管理功能选项。选择不同的选项，功能区将出现不同的命令组合。

（3）功能区：功能区以选项组的方式组织管理相应的功能按钮。单击选项卡最右侧的"隐藏功能区"按钮 ∧，可以将功能区隐藏起来。

（4）大纲/幻灯片窗格：选择"幻灯片"视图，窗格中显示每张幻灯片的缩略图，可以完成整张幻灯片的复制、粘贴、移动、删除等操作。选择"大纲"视图，可以快速完成演示文稿大纲框架的搭建。如图 4-2 所示，可以按【Tab】键完成文本降级，按【Shift+Tab】组合键完成文本升级。

图 4-2　大纲视图快速完成框架搭建示例

（5）幻灯片面板：幻灯片编辑区域，对幻灯片内容编辑、格式设置、动画设置在此窗格中完成。

（6）备注面板：对幻灯片的解释、说明和补充可以在该窗格中进行编辑，幻灯片放映时不会显示备注窗格的内容。

（7）智能美化：为 WPS 会员提供的付费美化功能，可以自主选择风格、颜色，系统会自动美化页面。

（8）隐藏和显示备注面板：实现备注窗格的显示、隐藏切换。

（9）批注：可以为幻灯片内容添加批注。

（10）视图选择区：

① 普通视图：该视图是幻灯片编辑使用的视图，主窗口默认分成三个区域，即"大纲/幻灯片窗口""幻灯片面板""批注面板"。

② 幻灯片浏览视图：该视图中，将以缩略图的形式对幻灯片进行显示。当幻灯片设计完毕，需要浏览幻灯片的整体构成时，可以使用该视图。在该视图中，可以完成对幻灯片整体的复制、粘贴、移动和删除等操作。

③ 阅读视图：阅读视图是以阅读视角放映幻灯片的。在这种视图中，幻灯片放映窗口中提供了"标签栏"和"视图切换"区域以及"菜单"，在"菜单"中可以选择"前一张""后一张"来切换幻灯片。

④ "从当前幻灯片开始播放"按钮：从当前幻灯片开始放映，整张幻灯片的内容占满整个屏幕，这也是最终的演示效果。

（11）比例调整区：可以根据个人需求调整窗口显示比例。

四、图片处理和应用

在演示文稿中，图片比文字能够产生更大的视觉冲击力，也能够使页面更加简洁、美观。制作演示文稿，经常需要对图片进行各种处理，以达到更好的视觉效果。WPS 演示提供了丰富的图片处理工具，选中任一图片时，在图 4-3 所示的"图片工具"选项卡中可以完成对图片的多图轮播、图片拼接、抠除背景、压缩图片、裁剪、重新着色、设置图片轮廓以及图片效果等操作。

笔记栏

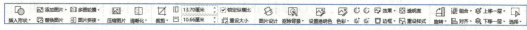

图 4-3 “图片工具”选项卡

1. 给图片添加边框

如果图片是文本截图，为了让图片边界更加清晰，轮廓更加分明，可以为图片添加边框。选中图片并右击，在弹出的快捷菜单中选择“设置对象格式”命令，打开“对象属性”任务窗格，如图 4-4 所示。选择“形状选项”选项卡，选择“实线”线条，完成颜色、宽度设置。添加边框前后的效果对比如图 4-5 所示。

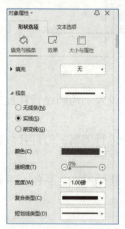

图 4-4 “对象属性”任务窗格

五羊石像

“五羊石像”是广州最著名的标志之一。建于1959年，位于越秀公园西侧木壳岗上，由130多块花岗岩雕刻组砌而成，高11米，体积53立方米。

石像中大山羊居中，昂首远眺，羊髯微拂，口衔“一茎六出”谷穗，雄浑有力的羊角伸向半空，显得深沉、威武。余下四羊环列四周，或小羊跪乳，或母羊回首，或吃草，或嬉戏，形态可爱，栩栩如生。

五羊石像

“五羊石像”是广州最著名的标志之一。建于1959年，位于越秀公园西侧木壳岗上，由130多块花岗岩雕刻组砌而成，高11米，体积53立方米。

石像中大山羊居中，昂首远眺，羊髯微拂，口衔“一茎六出”谷穗，雄浑有力的羊角伸向半空，显得深沉、威武。余下四羊环列四周，或小羊跪乳，或母羊回首，或吃草，或嬉戏，形态可爱，栩栩如生。

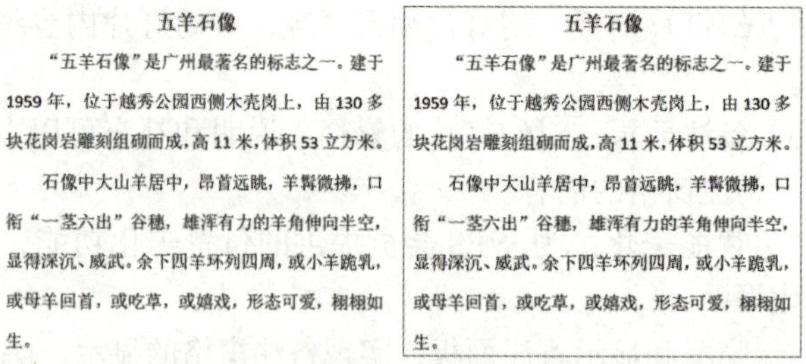

图 4-5 图片及图片加边框效果对比

2. 图片重新着色

利用 WPS 制作演示文稿时，如果插入的图片不符合内容和主题表达的需要，可以对图片进行重新着色。选中图片，单击“图片工具”选项卡中的“色彩”下拉按钮，下拉列表中有四个选项，分别是“自动”“灰度”“黑白”“冲蚀”效果。图 4-6 所示为同一张图片的不同色彩对比图。

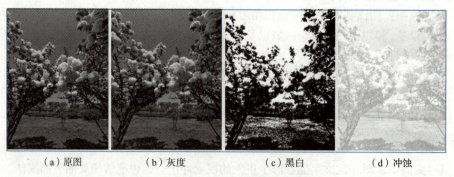

（a）原图　（b）灰度　（c）黑白　（d）冲蚀

图 4-6 “色彩”四个选项对比效果

3. 多图拼接

如果一张幻灯片中有多张图片，可以通过“多图拼接”工具完成多张图片的组合，从而克服因图片大小、位置等不同造成的对齐困难问题，让图片组合更加专业。

选中需要拼接的多张图片，单击“图片工具”选项卡中的“图片拼接”下拉按钮，显示

图 4-7 所示的拼图样式窗口，根据选中的图片数量，WPS 演示将自动推荐同等数量的样式，完成图片拼接。拼接的前后效果对比如图 4-8 所示。

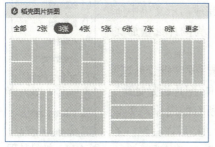

图 4-7　图片拼接样式

（a）未拼接前　　　　　（b）拼接后

图 4-8　图片拼接前后对比图

4. 多图轮播

如果幻灯片中有多图需要依次播放，可以选择"多图轮播"功能。WPS 演示为 VIP 会员提供了品类丰富的多图轮播方式。选中需要轮播的多张图片，单击"图片工具"选项卡中的"多图轮播"下拉按钮，显示图 4-9 所示的"多图动画"窗口，根据图片属性及播放需求，选择相应的播放方式，完成多图轮播设置。

5. 图片清晰化

如果插入的图片清晰化程度不够，或者图片中的文字清晰度不够，可以使用"清晰化"功能对图片和文字的清晰度进行改善。如果需要提高图中文字的清晰度，选中该图，单击"图片工具"选项卡中的"清晰化"下拉按钮，在下拉列表中选择"文字增强"命令，弹出"图片清晰化"对话框，如图 4-10 所示。

有三种增强效果，分别是色彩增强，对比增强和黑白增强。

图 4-9　"多图动画"样式

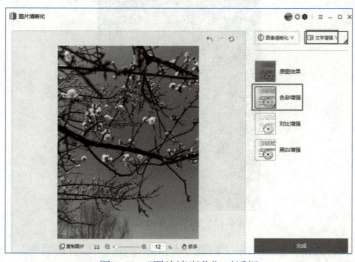

图 4-10　"图片清晰化"对话框

6. 批量处理

WPS 演示提供了图片的批量处理功能，单击"图片工具"选项卡中的"批量处理"下拉按钮，弹出图 4-11 所示的下拉列表，可以完成演示文稿中所有图片的批量导出、批量压缩、批量裁剪等操作。下面以为图片批量加文字水印为例，说明批量处理的应用。

在演示文稿中选中任一图片，单击"图片工具"选项卡中的"批量处理"下拉按钮，在下拉列表中选择"批量加文字水印"命令，弹出"图片批量处理"对话框，如图 4-12 所示。对话框左侧将列出演示文稿中所有的图片，文本水印的文本框默认位于图片中央，调整文本框大小和位置，然后在右侧"文字水印"文本框中输入文字水印的内容："信息技术基础"，位置选择"自定义"，单击"批量替换原图"按钮，完成演示文稿中所有图片添加文字水印的操作，添加水印后的效果图如图 4-13 所示。

图 4-11　批量处理

图 4-12　"图片批量处理"对话框

图 4-13　添加文字水印效果

WPS 演示"图片处理"还提供了"剪裁""抠除背景""设置透明色""效果"等工具，此处不再赘述。

五、母版

演示文稿的母版可以分成三类：幻灯片母版、讲义母版和备注母版。幻灯片母版是一种特殊的幻灯片，用于存储有关演示文稿的主题和幻灯片版式的信息，包括背景、颜色、字体、效果、占位符大小和位置等，讲义母版主要用于控制幻灯片以讲义形式打印的格式，备注母版主要用于设置备注幻灯片的格式。下面介绍幻灯片母版的使用方法。

通过修改母版的格式和内容，可以修改幻灯片的一些共性，母版修改以后，所有使用该母版的幻灯片格式都会修改，从而提升演示文稿设计的效率，提高设计的专业性。例如，如果要在所有幻灯片中添加一个 LOGO 图片，只需要在幻灯片母版中添加 LOGO 图片，该图片即可被添加到所有幻灯片中。

每个演示文稿至少包含一个幻灯片母版。新建一个空白演示文稿，单击"视图"选项卡中的"幻灯片母版"按钮，打开图 4-14 所示的幻灯片母版视图。

图 4-14　幻灯片母版视图

在左侧缩略图窗格中，第一张较大的幻灯片缩略图是幻灯片母版，对第一张母版的修改将会应用到所有版式幻灯片中。下方的幻灯片缩略图是各不同版式的幻灯片母版，对这些母版的修改只会应用到使用该版式的幻灯片中。

在幻灯片母版视图中，可以通过以下操作对幻灯片母版进行修改：

（1）插入母版：插入一个新的幻灯片母版。每个演示文稿可以包含多个不同格式的幻灯片母版，每个母版可以应用不同的模板。如果演示文稿较长，不同的模块体现不同的风格，就可以应用不同的幻灯片母版。

（2）插入版式：插入一个包含标题样式的自定义版式。

（3）主题、字体、颜色和效果：可以统一修改所有幻灯片的主题、字体、颜色和效果。

（4）母版版式：可以设置母版中的占位符元素。

（5）保护母版：保护选定幻灯片母版。

（6）重命名母版：对母版进行重命名。

（7）背景：统一更换所有幻灯片的背景。

（8）另存背景：可以将所设定的背景保存至云端或本地。

（9）关闭：关闭幻灯片母版视图并返回演示文稿编辑模式。

六、版式

幻灯片的版式包含要在幻灯片上显示的全部内容的格式设置、位置和占位符。占位符是版式中文本、图片、图表、视频等内容的容器。

一套幻灯片母版中，包含数个关联的幻灯片版式。WPS 演示提供了 11 种常用的内置版式，如图 4-15 所示。

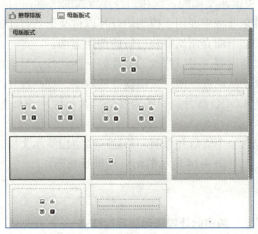

图 4-15　WPS 演示内置的 11 种版式

下面介绍几种最常用的版式：

（1）标题版式：一般用于演示文稿的首页，包含主标题和副标题两个占位符。

（2）标题和内容版式：可用于除了封面外的其他幻灯片，包含标题和内容占位符，其中内容占位符可以输入文本，插入图片、图表、表格、视频等对象。

（3）节标题版式：演示文稿分成不同模块呈现的时候，可以使用节标题版式进行各个模块之间的过渡。

（4）空白版式：该版式没有任何占位符，可以让制作者自由选择内容和位置。

（5）末尾版式：一般用于结束页。

如果要修改幻灯片的版式，可以在选中幻灯片的前提下，单击"开始"选项卡中的"版式"下拉按钮，在打开的版式列表中选择相应的版式即可。

用户也可以根据需要创建自定义版式。单击"视图"选项卡中的"幻灯片母版"按钮，单击"幻灯片母版"选项卡中的"插入版式"按钮即可完成一个自定义版式的创建。

任务实现

演示文稿的首页，即封面页，是整个演示文稿的门面。首页中应该明确演示文稿的主题、作者及相关关键信息。同时在本阶段，要完成幻灯片母版设计与制作，为高效完成其他幻灯片的设计与制作奠定基础。

1. 利用母版修改幻灯片背景

（1）双击 WPS Office 快捷键启动 WPS 后，选择"新建"→"演示"→"空白演示文稿"命令，新建演示文稿，名称默认为"演示文稿 1"。

（2）单击"视图"选项卡中的"幻灯片母版"按钮，进入"幻灯片母版"视图，如图 4-16 所示。选中左侧母版缩略图窗格中的第一张，即"幻灯片母版"（如果选择下方的版式母版修改背景，则该背景只能应用到相应版式的幻灯片中），单击"幻灯片母版"选项卡中的"背景"

按钮，窗口右侧将出现"对象属性"窗格，在"填充"区域选择"图片或纹理填充"单选按钮，单击"图片填充"下拉按钮，选择"本地文件"，找到事先准备好的素材图片，即可完成母版的背景设置。

图 4-16　母版背景设置

（3）单击"幻灯片母版"选项卡中的"关闭"按钮，回到普通视图。

2. 首页设计与制作

1）标题设置

为突出显示主题，标题通常会选择使用艺术字。艺术字的设置方法为：先选中标题处的"空白演示"所在的文本框并将其删除，然后单击"插入"选项卡功能区中的"艺术字"下拉按钮，在"艺术字预设"列表中选择"渐变填充 - 中兰花紫"，如图 4-17 所示，输入文本内容"广州印象"，设置字体为"微软雅黑"，大小为"96"，调整艺术字占位符的位置至页面左上端，设置完毕后标题效果如图 4-18 所示。

图 4-17　文本效果——发光

图 4-18　标题设置效果

2）作者信息及时间设置

在副标题占位符中输入班级，姓名及时间等信息，字体设置为"微软雅黑""粗体"，字号设置为"28"，字体颜色为标准色中的"深红"，并将副标题的宽度调整与"广州印象"艺术字差不多同宽。

3）图片设置

单击"插入"选项卡功能区中的"图片"→"本地图片"，找到事先准备好的素材图片，然后将图片的位置调整到页面的右侧，最后单击"保存"按钮，文件命名为"广州印象"，完成的首页效果如图4-19所示。

图4-19 首页效果图

子任务二：创建目录页

目录页对于整个演示文稿来说非常重要，通过目录页展示演示文稿的整体结构，列出演示文稿的提纲，使观众了解、认识整体演讲内容的页面。

目录页至少应包含两个方面的内容：

（1）内容纲要：以列表形式展示演讲内容的提纲。

（2）继续深入强调主题。

鉴于目录内容之间是一种列表关系，可以使用智能图形完成目录页的设计与制作。步骤如下：

（1）单击"开始"选项卡中的"新建幻灯片"按钮，或者在"幻灯片"缩略图窗格中单击"新建幻灯片"按钮＋，弹出"新建幻灯片"对话框，版式选择"空白"。

（2）单击"插入"选项卡中的"智能图形"，选择"并列"选项卡，此时根据目录列表的条数选择相应的项数，这里选择"4项"，付费类型选择"免费"；选中"跟随主题"复选框，并在右侧"默认配色"中选择"单色"中的第二项，最后单击合适的主题中的"立即使用"按钮即可，如图4-20所示。这里使用第二个主题，应用后的效果如图4-21所示。

（3）编辑文本。在"项标题"中依次输入序号"1""2""3""4"，设置字体大小统一为"44"；在各序号下的"项正文"文本框中依次输入文本"广州简介""自然气候""旅游景点""饮食文化"，字体统一设置为"微软雅黑""粗体"，颜色为"标准色"中的"深红"，字体大小为"24"，完成后的效果如图4-22所示。

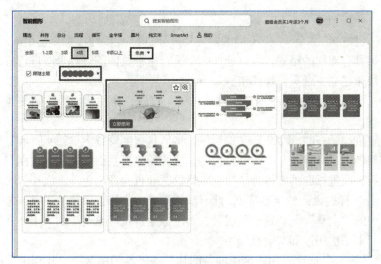

图 4-20　插入智能图形

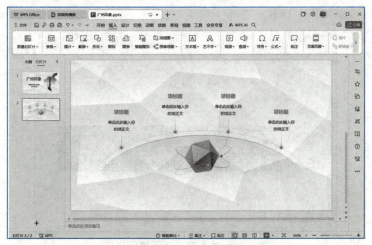

图 4-21　应用主题

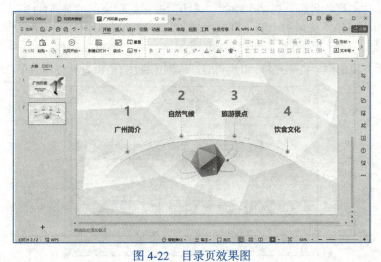

图 4-22　目录页效果图

子任务三：创建主题页

主题页又称过渡页、章节页，把不同的内容划分开，呼应目录页，保障整个演示文稿的连贯。

由于主题页具有相同的格式，可以选择一个适合主题页的幻灯片母版进行修改，设置好母版之后，即可快速建立主题页。操作步骤如下：

（1）单击"视图"选项卡中的"幻灯片母版"按钮，在左侧母版缩略图列表中选择"仅标题"版式。

（2）选择"插入"→"形状"→"矩形"，将形状宽度设置为"8.99厘米"，高度为"6.83厘米"，填充颜色为"标准色"中的"红色"，位置调整至页面左侧，与页面"垂直居中"；选中标题占位符，设置标题的字体为"微软雅黑"，颜色为"白色"，大小为"44"，对齐方式为"居中"，并将标题栏调整至形状中，此时默认标题占位符在形状的下方，选择"绘图工具"选项卡功能区中的"上移"→"置于顶层"，调整标题占位符至适当的大小，并设置其与形状的对齐方式为"水平居中"和"垂直居中"。

（3）选择"插入"选项卡功能区中的"图片"→"本地图片"，找到事先准备好的素材图片，然后将图片的位置调整到页面的右侧，与页面"垂直居中"，最后单击"保存"按钮，母版设置完成后效果如图4-23所示。

图4-23　单主题母版设置效果图

（4）单击"幻灯片母版"选项卡中的"关闭"按钮，切换回"普通视图"。

（5）单击"开始"选项卡中的"新建幻灯片"按钮，选择刚刚设置完成的"仅标题"版式，在标题处输入"广州简介"。同样步骤完成另外三张主题页制作。

至此，演示文稿的框架搭建完毕，切换到幻灯片浏览视图，可以看到整体效果，如图4-24所示。

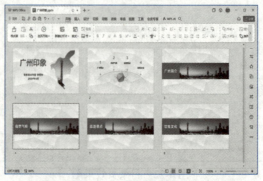

图4-24　演示文稿框架

技巧与提高

1. 演示文稿图文排版技巧

为了使文字与图片在幻灯片中看起来更加协调并便于阅读，应注意一些搭配技巧。

1）文字搭配技巧

标题和正文文字尽量选择便于阅读的规整的字体，如标题使用黑体、方正粗体；正文使用微软雅黑、宋体等，字号方面，正文的字号最小不应小于16号，一般保持在18～28号之间。

2）图片搭配技巧

一般演示文稿图片不宜过多，应配有意义的、关键的图片，还应注意与模板的色调配合。如一张幻灯片中有多张图片，应注意图片的排列方式，注意主次关系，尽量规整排列，不要过于凌乱。

2. 色彩搭配

1）三色原则

演示文稿设计中，色彩不可过多（色彩教程除外），一般以三种色彩为宜，分别是背景色、主题色和强调色。一般深色背景配浅色字体，或者浅色背景配深色字体，对比性要强，如果字体与背景颜色相近，观者会看不清楚，影响文稿效果。

2）统一风格

整个文稿中的色彩在一个主基调下进行变动，做到前后统一、格调鲜明。

3）色彩基调以幕布为准

文稿播放一般是使用投影仪将幻灯片投影在幕布上，幕布上的显示效果和计算机显示器的显示效果有很大的差别，如果需要投影在幕布上使用，色彩的基调和对比要根据在幕布上的显示效果来确定。

4）灵活使用取色器

为了让幻灯片中的内容与内容之间颜色相互呼应，可以使用取色器完成颜色设置。

例如，图4-25所示的幻灯片中，左侧文本框的背景色最好与右侧图片的蓝天背景色一致，文本的字体颜色可以设置为花朵的颜色。操作步骤如下：

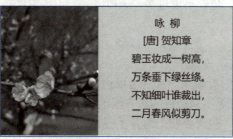

图4-25 原幻灯片

（1）使用取色器设置文本框填充色。单击文本框，单击"文本工具"选项卡中的"形状填充"下拉按钮，打开图4-26所示的下拉列表，选择"取色器"命令，此时鼠标变成滴管状，在图片附近移动时，出现图4-27所示的颜色提示。单击鼠标左键，所选颜色即应用到文本框中。

（2）使用取色器设置文本字体颜色。选中文本内容，单击"开始"选项卡中的"字体颜色"下拉按钮，在下拉列表中选择"取色器"命令，在图片中单击花朵颜色，所选颜色即应用到文本中。设置完成后的效果如图4-28所示。

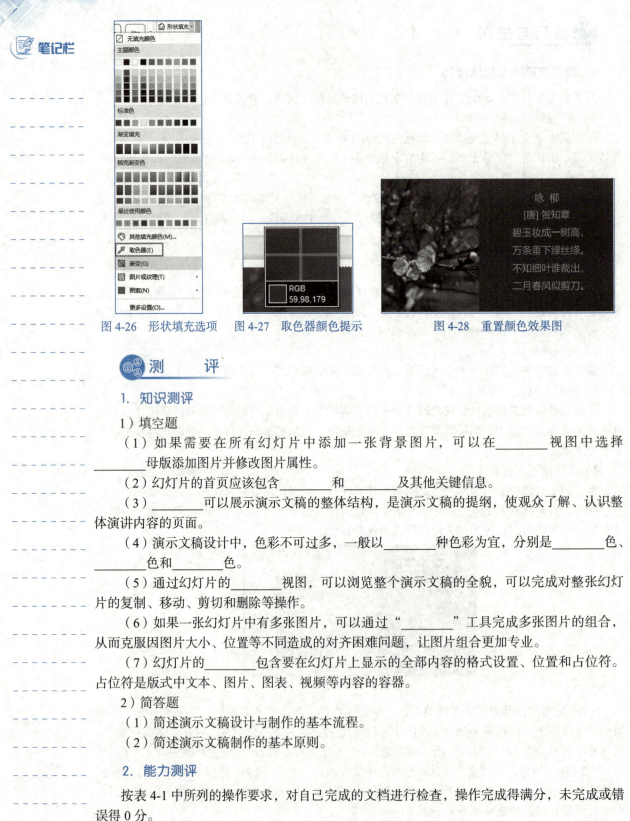

图 4-26　形状填充选项　　图 4-27　取色器颜色提示　　图 4-28　重置颜色效果图

测　评

1. 知识测评

1）填空题

（1）如果需要在所有幻灯片中添加一张背景图片，可以在_____视图中选择_____母版添加图片并修改图片属性。

（2）幻灯片的首页应该包含_____和_____及其他关键信息。

（3）_____可以展示演示文稿的整体结构，是演示文稿的提纲，使观众了解、认识整体演讲内容的页面。

（4）演示文稿设计中，色彩不可过多，一般以_____种色彩为宜，分别是_____色、_____色和_____色。

（5）通过幻灯片的_____视图，可以浏览整个演示文稿的全貌，可以完成对整张幻灯片的复制、移动、剪切和删除等操作。

（6）如果一张幻灯片中有多张图片，可以通过"_____"工具完成多张图片的组合，从而克服因图片大小、位置等不同造成的对齐困难问题，让图片组合更加专业。

（7）幻灯片的_____包含要在幻灯片上显示的全部内容的格式设置、位置和占位符。占位符是版式中文本、图片、图表、视频等内容的容器。

2）简答题

（1）简述演示文稿设计与制作的基本流程。

（2）简述演示文稿制作的基本原则。

2. 能力测评

按表 4-1 中所列的操作要求，对自己完成的文档进行检查，操作完成得满分，未完成或错误得 0 分。

表 4-1　技能测评表

序号	操作要求（具体见任务实现）	分值	完成情况	自评分
1	首页内容设计和格式设置	30		
2	目录页内容设计和格式设置	40		
3	主题页内容设计和格式设置	30		
	总　　分			

3. 素质测评

针对表 4-2 中所列出的素质与素养观察点，反思任务实现的过程，思考总结相关项目，做到即得分，未做到得 0 分。

表 4-2　素质测评表

序号	素质与素养	分值	总结与反思	得分
1	信息意识——具备使用 WPS 演示工具与他人合作、共享信息，实现信息的更大价值的意识	25		
2	数字化创新与发展——具备使用 WPS 演示工具对表达内容进行可视化创新表达的意识和能力	25		
3	审美素养——具备基本的审美素养，善于通过演示文稿制作表达美、传递美、分享美	25		
4	工匠精神——具备通过图片、文字、艺术字的位置、大小、对齐等格式设置的细节提升幻灯片美观度的能力，具备精益求精、追求卓越的工匠精神	25		
	总　　分			

拓展训练

在接下来的任务中，以小组为单位，搜集本专业的历史沿革、发展趋势、就业岗位等素材，以"职业生涯规划"为主题设计制作演示文稿，完成首页、目录页、主题页、内容页、总结页、致谢页等页面制作，组织主题班会，以小组为单位进行"职业生涯规划"演讲比赛。通过任务实施，提高 WPS 演示的应用能力、团队协作能力、演讲汇报能力，提升审美素养和审美能力，培养创新能力，培养计算思维。

本阶段的任务是建立演示文稿的框架，具体要求如下：
1. 在首页中明确主题、小组名称、小组成员姓名、时间、比赛信息等内容；
2. 利用母版完成演示文稿的背景设置；
3. 利用智能图形、艺术字等完成目录页设计；
4. 利用母版完成主题页格式设置；
5. 完成主题页内容制作。

任务 2　演示文稿内容页制作——WPS 演示进阶应用

任务描述

本阶段的任务将在任务 1 搭建的"广州印象"演示文稿框架基础上，完成演示文稿内容页的设计与制作。本任务将综合使用多媒体元素，完成单主题页面、多主题页面的设计与制作。

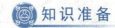 知识准备

一、多媒体处理和应用

演示文稿制作的一个目的，是使用声音、图片、图形、视频、图表等多媒体元素，弥补语言表达过于抽象的不足。同时，恰当使用多媒体元素，可以使幻灯片更富有感染力和吸引力。

1. 音频

演示文稿设计是一门集文本、声音、图像、视频等多种元素的综合艺术，恰当地使用声音，可以让幻灯片更富有表现力。

1）插入音频

（1）选择要插入音频的幻灯片，单击"插入"选项卡中的"音频"下拉按钮，可以根据需要选择"嵌入音频""链接到音频""嵌入背景音乐""链接背景音乐"。

嵌入音频和链接到音频的主要区别是在演示文稿中插入音频后，音频的存储位置不同。

①嵌入音频：嵌入音频会成为演示文稿的一部分，演示文稿发送到其他设备中也可以正常播放。

②链接到音频：在演示文稿中只存储源文件的位置，如果想要在其他设备中播放演示文稿，需要将音频文件和演示文稿一起打包，再将打包后的文件发送到其他设备才可以正常播放。

如果设为背景音乐，音频在幻灯片放映时会自动播放，当切换到下一张幻灯片时不会中断播放，一直循环播放到幻灯片放映结束。

（2）在打开的"插入音频"对话框中选择声音文件插入幻灯片，幻灯片将会出现图 4-29 所示的音频图标，在此可以预览音频播放效果，调整播放进度和音量大小等。

图 4-29　音频图标

（3）选中插入的音频图标，在图 4-30 所示的"音频工具"选项卡中根据需要设置"跨幻灯片播放""放映时隐藏""循环播放，直至停止""播放完返回开头"等选项。

图 4-30　"音频工具"选项卡

（4）假如音频长度过长，单击"裁剪音频"按钮，弹出图 4-31 所示的对话框，可对音频进行裁剪。

2）使用多个背景音乐

在演示文稿中将音频直接设为背景音乐，该音频将一直循环播放到幻灯片放映结束。如果想要在一个演示文稿中使用多个背景音乐，例如，第 1～3 张幻灯片使用一个背景音乐，第 4～7 张幻灯片使用另一个背景音乐，具体步骤如下：

（1）选中第 1 张幻灯片，单击"插入"选项卡中的"音频"下拉按钮，在下拉列表中选择"嵌入音频"命令，在打开的第一个声音文件中插入幻灯片。

图 4-31　"裁剪音频"对话框

（2）选中插入的音频，在"音频工具"选项卡中，"开始"选择"自动"，勾选"放映时隐藏""循环播放，直至停止""播放完返回开头"复选框，"跨幻灯片播放"设置为至第 3 页停止，如图 4-32 所示。

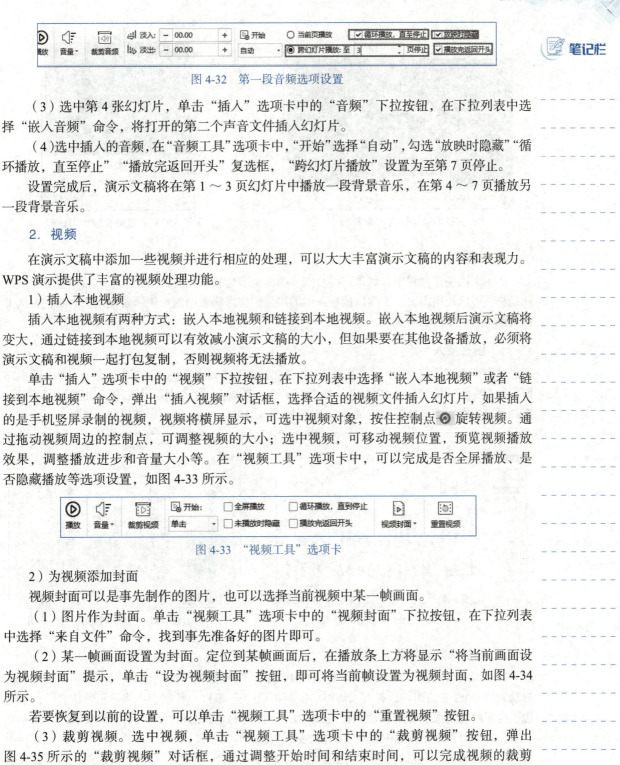

图 4-32　第一段音频选项设置

（3）选中第 4 张幻灯片，单击"插入"选项卡中的"音频"下拉按钮，在下拉列表中选择"嵌入音频"命令，将打开的第二个声音文件插入幻灯片。

（4）选中插入的音频，在"音频工具"选项卡中，"开始"选择"自动"，勾选"放映时隐藏""循环播放，直至停止""播放完返回开头"复选框，"跨幻灯片播放"设置为至第 7 页停止。

设置完成后，演示文稿将在第 1 ～ 3 页幻灯片中播放一段背景音乐，在第 4 ～ 7 页播放另一段背景音乐。

2．视频

在演示文稿中添加一些视频并进行相应的处理，可以大大丰富演示文稿的内容和表现力。WPS 演示提供了丰富的视频处理功能。

1）插入本地视频

插入本地视频有两种方式：嵌入本地视频和链接到本地视频。嵌入本地视频后演示文稿将变大，通过链接到本地视频可以有效减小演示文稿的大小，但如果要在其他设备播放，必须将演示文稿和视频一起打包复制，否则视频将无法播放。

单击"插入"选项卡中的"视频"下拉按钮，在下拉列表中选择"嵌入本地视频"或者"链接到本地视频"命令，弹出"插入视频"对话框，选择合适的视频文件插入幻灯片，如果插入的是手机竖屏录制的视频，视频将横屏显示，可选中视频对象，按住控制点旋转视频。通过拖动视频周边的控制点，可调整视频的大小；选中视频，可移动视频位置，预览视频播放效果，调整播放进步和音量大小等。在"视频工具"选项卡中，可以完成是否全屏播放、是否隐藏播放等选项设置，如图 4-33 所示。

图 4-33　"视频工具"选项卡

2）为视频添加封面

视频封面可以是事先制作的图片，也可以选择当前视频中某一帧画面。

（1）图片作为封面。单击"视频工具"选项卡中的"视频封面"下拉按钮，在下拉列表中选择"来自文件"命令，找到事先准备好的图片即可。

（2）某一帧画面设置为封面。定位到某帧画面后，在播放条上方将显示"将当前画面设为视频封面"提示，单击"设为视频封面"按钮，即可将当前帧设置为视频封面，如图 4-34 所示。

若要恢复到以前的设置，可以单击"视频工具"选项卡中的"重置视频"按钮。

（3）裁剪视频。选中视频，单击"视频工具"选项卡中的"裁剪视频"按钮，弹出图 4-35 所示的"裁剪视频"对话框，通过调整开始时间和结束时间，可以完成视频的裁剪工作。

图 4-34 设置视频封面

图 4-35 "裁剪视频"对话框

二、图表

演示文稿制作过程中，如果需要直观、明确地表达数据之间的对比关系、数据呈现的规律和趋势，可以使用图表。下面以模块 4 中的房屋销售资料表中的员工销售业绩图表制作作为例来说明演示文稿中图表的应用。

1. 图表插入

单击"插入"选项卡中的"图表"下拉按钮，在下拉列表中选择"图表"命令，弹出图 4-36 所示的"图表"对话框。WPS 提供了非常丰富的图表类型，如柱形图、折线图、饼图、面积图等，用户可以根据需要选择图表类型，本例选择"簇状柱形图"，插入后效果如图 4-37 所示。

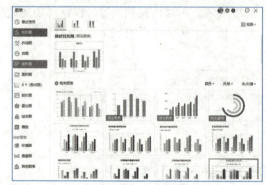

图 4-36 "图表"对话框

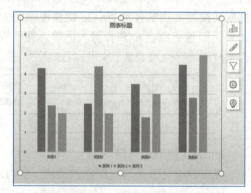

图 4-37 "簇状柱形图"效果图

2. 数据选择或编辑

选中图表后右击，在弹出的快捷菜单中选择"选择数据"或"编辑数据"命令，WPS 将自动调用 WPS 表格组件，打开"WPS 演示中的图表"窗口，数据表中将显示默认数据，紫色边框范围内的是水平(分类)轴数据，蓝色边框范围内的是数据系列，默认有三个系列，如图 4-38 所示。将房屋销售资料表中的员工销售业绩中的"销售员工"和"个人总销售额"列，复制到水平轴数据列和"系列 1"列，调整蓝色边框范围，选择"个人总销售额"数据作为图表数据系列，调整紫色边框范围，选择"销售员工"作为水平轴数据，删除"系列 2"及"系列 3"，如图 4-39 所示。关闭"WPS 演示中的图表"窗口。

	系列 1	系列 2	系列 3
类别 1	4.3	2.4	2
类别 2	2.5	4.4	2
类别 3	3.5	1.8	3
类别 4	4.5	2.8	5

图 4-38 数据表中默认数据

	A	B
1		个人总销售额
2	于丽丽	￥6,371,885.52
3	陈可	￥11,306,883.28
4	黄大伟	￥4,036,816.00
5	李思	￥12,634,998.88
6	金的的	￥2,438,240.00
7	姜新月	￥11,950,041.60
8	吴姗姗	￥2,438,240.00
9	张国丰	￥9,825,401.60
10	齐明明	￥2,018,408.00
11	王晋	￥2,018,408.00
12	毛华新	￥2,018,408.00
13	张楚玉	￥0.00

图 4-39 复制数据后效果图

3. 图表属性设置

完成图表数据编辑之后，通过图 4-40 所示的"图表工具"选项卡中的命令，可以完成对图表属性的设置。单击标题，输入"个人总销售额"，单击"图表工具"选项卡中的"预设样式"下拉按钮，在下拉列表中选择"样式 1"，图表完成后的效果如图 4-41 所示。

图 4-40 "图表工具"选项卡

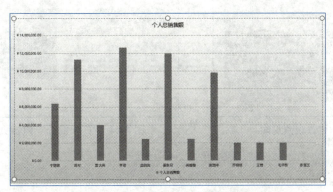

图 4-41 "个人总销售额"簇状柱形图

任务实现

子任务一：制作"广州印象"内容页 1

在任务 1 创建的框架基础上，设计制作演示文稿的内容页。

1. 选择版式

"广州简介"第一张内容页，要设计一个左侧为文本说明，右侧插入视频的幻灯片，因此，新建演示文稿时选择"两栏内容"的版式，如图 4-42 所示。

图 4-42 两栏内容版式

2. 标题设置

在标题中输入"广州简介"，并设置"居中""加粗"。

3. 文本内容设置

输入相关文本内容，在设置文本内容的字体大小等属性时，一定要考虑与右侧内容对齐的问题。可以通过调整文本字体大小、占位符的高度与宽度等要素，完成文本内容与右侧内容的对齐。

4. 视频插入与剪辑

1）插入视频

单击占位符中"视频"的提示图片，找到事先准备好的视频素材，插入视频后，调整视频的大小和位置，完成与左侧文本对齐。

2）视频裁剪

选中视频并右击，在弹出的快捷菜单中选择"视频裁剪"命令，或者单击"视频工具"选项卡中的"视频裁剪"按钮，根据需要设置视频开始的时间和结束的时间，完成视频裁剪。

3）设置视频封面

播放视频，当播放至合适的画面时，暂停视频播放，此时视频页面将显示"将当前画面设为视频封面"提示，如图 4-43 所示，单击"设为视频封面"按钮，即可完成视频封面设置。设置完成的"广州简介"内容页的效果如图 4-44 所示。

图 4-43　设置视频封面

图 4-44　"广州简介"内容页 1 效果

子任务二：制作"广州简介"内容页 2

1. 选择版式

为了与第一页"广州简介"内容页风格保持一致，继续选择"两栏内容"版式。

2. 内容设置

标题设置不再赘述。在左侧单击"图片"提示按钮，将事先准备好的素材图片插入。右侧输入相关文本。通过调整图片大小和占位符大小、字体大小等属性，完成图片与文本内容的对齐，设置完成后的效果如图 4-45 所示。

图 4-45　"广州简介"内容页 2 效果

> **注　意：**
> 为了突出显示文本内容中的关键点，应该使用字体颜色、格式的变化来突出强调重点。

子任务三：制作"自然气候"内容页

1. 选择版式

为了与"广州简介"内容页风格一致，此内容页也选择"图片与标题"版式。

2. 标题设置

在标题中输入"自然气候",并设置"居中""加粗"。

3. 内容设置

(1)在左侧栏中输入相关文本内容,设置文本内容的字体大小。

(2)在右侧栏中单击"插入图表"按钮,选择"图表"列表中的"折线图"→"折线图-标记",在"付费类型"中选择"免费",如图4-46所示,最后单击"彩色简约带数据标记的折线图"上的"立即使用"按钮,适当调整左侧文本内容与未编辑数据的"折线图"的位置,如图4-47所示。

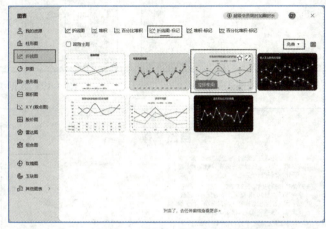

图 4-46　插入"折线图"

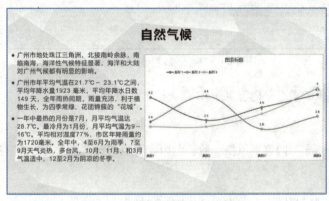

图 4-47　未编辑数据的"折线图"

(3)选中图表,右击,在弹出的快捷菜单中选择"编辑数据",打开"WPS演示中的图表"组件,如图4-48所示。其中,紫色边框范围内的A列"类别1、类别2…"是分类轴数据,蓝色边框范围内的"系列1、系列2…"是数值轴数据。

(4)选中"系列2""系列3",将其删除,打开本任务提供的素材数据:"广州近十年的年平均气温.xlsx"文件,将"年份""年平均气温"两列数据复制粘贴至A列和B列。调整蓝色边框范围,使其包括所有数值数据,调整紫色边框范围,使其包括所有的年份,如图4-49所示。关闭"WPS演示中的图表"窗口,单击图表标题,内容输入"广州近十年的年平均气温"。最后完成的内容页效果如图4-50所示。

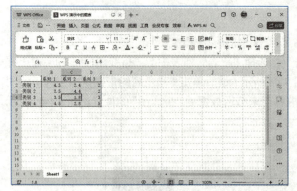

图 4-48 "WPS 演示中的图表"窗口

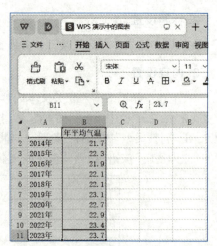

图 4-49 数据编辑效果

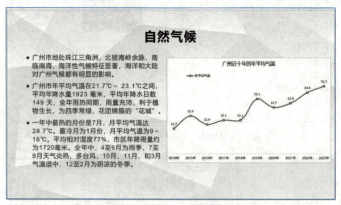

图 4-50 "自然气候"内容页效果图

子任务四:"旅游景点"内容页制作

1. 选择版式。

为了与"广州简介"内容页风格一致,此内容页也选择"图片与标题"版式。

2. 标题设置。

在标题中输入"广州塔",并设置"居中""加粗"。

3. 内容设置

(1)在左侧栏中输入准备好的图片素材。

(2)在右侧文本框占位符中输入文字内容,选择文本框,单击"绘图工具"选项卡中的"填充"的下拉按钮,设置填充颜色为"标准色"中的"深红",字体为"微软雅黑",字号为"20号",颜色为"白色",段落的首行缩进2个字符,调整图片与文本框为对齐方式为"垂直居中",如图 4-51 所示。

图 4-51 "旅游景点"内容页 1 效果图

类似上述步骤,分别完成"旅游景点"其他页面的制作,图片与文本框占位符的位置可以适当调整,完成后的效果图如图 4-52 所示。

图 4-52 "旅游景点"内容页效果图

子任务五:制作"饮食文化"内容页

1. 选择版式

选择"空白"版式,即没有任何占位符的版式。

2. 标题设置

本页使用图形完成标题内容的处理。

单击"插入"选项卡功能区中的"形状"下拉按钮,选择"矩形",此时鼠标变成十字加号,拖动鼠标,确定矩形的大小和位置。右击"形状"弹出快捷键菜单,选择"编辑文字(X)"输入内容为"饮食文化",设置"形状"的"填充"与"轮廓"颜色均为"标准色"中的"深红","对齐"方式为"居中",设置字体为"微软雅黑",字号为"32","加粗"显示。

3. 文本内容设置

使用图形组合完成文本内容设置。

(1)单击"插入"选项卡功能区中的"形状"下拉按钮,选择"圆形",此时鼠标变成十字加号,拖动鼠标，确定"圆形"的大小和位置，选中已完成的"圆形"，复制之后粘贴，继续单击"插入"选项卡功能区中的"形状"下拉按钮，选择"矩形"，此时鼠标变成十字加号，拖动鼠标，完成"矩形插入"，并分别将两个"圆形"的中心位置对齐"矩形"的两端，如图 4-53 所示。

（2）按住【Ctrl】键，选中两个"圆形"和"矩形"，单击"绘图工具"选项卡下"对齐"方式中的"垂直居中"，注意：确定"矩形"的大小和位置，使其左端与圆形重叠，覆盖一半圆形，右端与另一个圆形重叠，覆盖一半圆形。

（3）同时选中两个"圆形"和"矩形"，单击"绘图工具"选项卡下"组合"中的"组合"；使三个图形结合成一个图形，完成组合后的图形如图 4-54 所示。

图 4-53　未组合前的图形　　　　　图 4-54　组合后的图形

（4）选中组合后的图形，设置组合图形的"填充"与"轮廓"颜色均为"标准色"中的"深红"。选中组合后图形中的"矩形"，单击"绘图工具"选项卡下的"上移"中的"置于顶层"，然后右键单击，在弹出快捷键菜单中选择"编辑文字 (X)"，输入内容为"白切鸡"，设置字体为"微软雅黑"，颜色为"白色"，字号为"28"，"加粗"显示。

复制图形两次，分别在图形中输入"肠粉""双皮奶"。

4. 图片插入

在三个组合图形左侧插入素材中的图片，调整大小和位置，让图片与组合图形对齐。

5. 插入图形，完成图片与组合图形连接

单击"插入"选项卡功能区中的"形状"下拉按钮，在"线条"中选择"曲线箭头连接符"，连接图片中部分内容与组合图形的内容，继续重复以上操作两次完成连接。选中"曲线箭头连接符"，单击右键，快捷菜单选择"设置形状格式"，设置线条颜色为"深红"，宽度为"2 磅"。设置完成后的效果图如图 4-55 所示。

图 4-55　"饮食文化"内容页 1 效果图

类似上述步骤，分别完成"饮食文化"其他页面的制作，图片与文本框占位符的位置可以适当调整，完成后的效果图如图 4-56 所示。

图 4-56 "饮食文化"内容页效果图

子任务六：致谢页面制作

为了与首面相呼应，直接拷贝首页，将艺术字的内容改为"感谢聆听"即可，效果图如图 4-57 所示。

图 4-57 "致谢页"效果图

技巧与提高

1. 模板

利用模板可以让普通用户快速地制作出具有专业设计水准的演示文稿，WPS 演示提供了大量的演示文稿模板。在联网状态下，用户可以通过不同条件的筛选或搜索，选取喜欢的模板。

1）基于模板创建演示文稿

操作步骤如下：

打开 WPS Office 软件，在首页中选择"新建"→"新建演示"命令，打开图 4-58 所示的"新建演示"窗口，可选择不同的模板，也可以通过搜索相关主题选择相应的模板。

2）新建幻灯片套用模板

幻灯片的种类繁多，有封面页、目录页、章节页、结束页、纯文本页等多种类型。WPS 演示提供了模板素材库，几乎覆盖演示文稿的所有内容。对于不同种类的幻灯片，可以套用合适的模板，使得幻灯片的设计更加高效、专业。

图 4-58　基于模板新建演示文稿窗口

操作步骤如下：

单击"开始"选项卡中的"新建幻灯片"下拉按钮，根据演示文稿整体风格、即将完成页面的类型、页面的内容等因素，选择模板，如图 4-59 所示。

图 4-59　"新建幻灯片"套用模板

3）演示文稿套用模板

如果想要快速改变已经创建好的演示文稿的外观，可以直接套用本地或线上的模板，套用完成后，整个演示文稿的幻灯片版式、文本样式、背景、配色方案等都会随之改变。

套用在线模板的操作步骤如下：

单击"设计"选项卡中的"全文美化"按钮，进入图 4-60 所示的"全文美化"窗口。可根据需要选择"全文换肤""统一版式""智能配色""统一字体"等，选中模板后，右侧将出现应用后的效果图，如果满意，单击"确定"按钮即可完成设置。

2. 配色方案

配色是演示文稿制作过程中的重要元素，不同的配色代表不同的主题。在选择演示文稿配色时，首先要了解不同颜色代表的风格和气质。例如，红色代表喜庆、热烈，适合节日、党政主题等；橙色代表活泼轻快，适合儿童品牌、美食等；蓝色代表科技、商务，适合展示科技产品、商务会议等；绿色代表自然环保，适合农业、医药等主题；紫色代表优雅华丽、适合服装、酒店等主题；粉色代表浪漫可爱、适合婚庆、服装等主题；灰色代表质感、成熟、低调，适合电子产品、机械等主题表达；黑色代表神秘、庄严，适合电子科技、高端定制等。在制作演示文稿时，需根据主题表达的需要，为演示文稿选择合适的配色。

图 4-60 "全文美化"窗口

WPS 演示提供了专业的文档配色设计，用户可以根据演示文稿的主题选择符合主题的色彩搭配，一键套用，轻松快捷。

操作步骤如下：

单击"设计"选项卡中的"配色方案"下拉按钮，打开图 4-61 所示的"配色方案"下拉面板，在"推荐方案"中，可以"按颜色""按色系""按风格"进行"配色方案"选择，如果"推荐方案"中没有合适方案，可以选择"自定义"选项卡，进入"自定义颜色"窗口，如图 4-62 所示。在"自定义颜色"窗口中，可以对文字/背景-深色1、2和浅色1、2，着色1、着色2、着色3、着色4、着色5、着色6、超链接、已访问的超链接等进行颜色选择和定义。定义完毕后，单击"保存"按钮，可以将修改后的配色添加到配色方案中。

当选择不同的配色方案时，幻灯片的色板会随着变化，相应的图形、表格、背景灯颜色也会跟着变化。另外，需要注意的是，在一个演示文稿中配色用色不宜过多，一般控制在三种颜色以内。

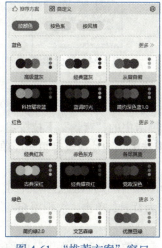

图 4-61 "推荐方案"窗口

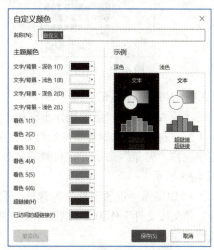

图 4-62 "自定义颜色"窗口

3. 背景设置

在 WPS 演示中，用户可以为幻灯片设置不同的颜色、图案或纹理、图片等背景，如果只是设置单张或几张幻灯片的背景，可以在普通视图中完成背景设置，如果需要设置一批或者全部幻灯片的背景，可以选择母版视图进行背景设置。

1）纯色填充

（1）选择想要设置背景的幻灯片，单击"设计"选项卡中的"背景"下拉按钮，在下拉列表中选择"背景"命令，在右侧的"对象属性"窗格中选中"纯色填充"单选按钮，单击"填充"下拉按钮，打开的下拉列表如图 4-63 所示，完成背景颜色选择。

（2）确定颜色后，可以通过左右拖动下方的标尺调整透明度。

（3）如果需要将背景应用到所有幻灯片，单击"全部应用"按钮，否则将只应用到当前幻灯片中。

2）渐变填充

渐变填充背景的操作步骤如下：

（1）选择想要设置背景的幻灯片，单击"设计"选项卡中的"背景"下拉按钮，在下拉列表中选择"背景"命令，在右侧的"对象属性"窗格中选中"渐变填充"单选按钮，在"颜色"面板中选择渐变填充的预设颜色，完成渐变颜色选择，如图 4-64 所示。

（2）完成颜色选择后，可以对"渐变样式""角度""色标颜色""位置""透明度"等选项进行设置。

（3）如果需要将背景应用到所有幻灯片，单击"全部应用"按钮，否则将只应用到当前幻灯片中。

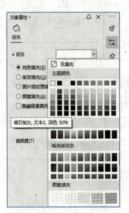
图 4-63　纯色填充

图 4-64　渐变填充

3）图片或纹理填充

图片或纹理填充背景的操作步骤如下：

（1）选择想要设置背景的幻灯片，单击"设计"选项卡中的"背景"下拉按钮，在下拉列表中选择"背景"命令，在右侧的"对象属性"窗格中选中"图片或纹理填充"单选按钮，如图 4-65 所示。

（2）如果需要设置图片作为背景，可以单击"请选择图片"下拉按钮，选择"本地文件""剪贴板""在线文件"作为背景图片。如果需要设置纹理作为背景，单击"纹理填充"下拉按钮，完成纹理选择。

（3）完成图片或纹理选择后，可以选择放置方式，有"拉伸"和"平铺"两种选择。设置向左偏移、向右偏移、向上偏移的百分比，可以调整图片的位置。

（4）如果需要将背景应用到所有幻灯片，单击"全部应用"按钮，否则将只应用到当前幻灯片中。

4）图案填充

操作步骤如下：

（1）选择想要设置背景的幻灯片，单击"设计"选项卡中的"背景"下拉按钮，在下拉列表中选择"背景"命令，在右侧的"对象属性"窗格中选中"图案填充"单选按钮，如图4-66所示。

图4-65　图片或纹理填充

图4-66　图案填充

（2）在图案下拉按钮中选择相应的图案，可以设置"前景""背景"颜色。

（3）如果需要将背景应用到所有幻灯片，单击"全部应用"按钮，否则将只应用到当前幻灯片中。

4．字体替换与设置

一个演示文稿中的字体种类不宜过多，多了会影响幻灯片的视觉效果，WPS演示提供了"替换字体"和"批量设置字体"功能，可以对幻灯片的字体进行统一设置，可有效减少重复性工作，提高了工作效率。

1）替换字体

例如，要将全部幻灯片中的"微软雅黑"字体替换为"仿宋"，具体操作步骤如下：

（1）单击"开始"选项卡中的"演示工具"下拉按钮，在下拉列表中选择"替换字体"命令。

（2）在图4-67所示的"替换字体"对话框的"替换"下拉列表框中选择"微软雅黑"，"替换为"下拉列表框中选择"仿宋"。

（3）单击"替换"按钮，即可完成字体的批量替换，可以看到幻灯片中包含的"微软雅黑"字体全都变成了"仿宋"。

2）批量设置字体

批量设置字体不仅可以完成字体的替换，还可以针对不同范围、不同目标进行设置，具体操作步骤如下：

（1）单击"开始"选项卡中的"演示工具"下拉按钮，在下拉列表中选择"批量设置字体"命令。

（2）在图4-68所示的"批量设置字体"对话框中，可以选择字体替换范围、替换目标、设置样式、字号、加粗、下划线、斜体、颜色等。

图 4-67 "替换字体"对话框

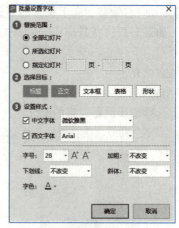
图 4-68 "批量设置字体"对话框

① 替换范围：可以选择"全部幻灯片""所选幻灯片""指定幻灯片"任一方式。

② 选择目标：指幻灯片中包含文本的不同对象，包括标题、正文、文本框、表格和形状，可多选。

③ 设置样式：中文字体和西文字体的设置以及幻灯片中的字体格式设置。

（3）设置完成后，单击"确定"按钮，批量设置字体完成。

 测　　评

1. 知识测评

确定任务的关键词，以重要程度进行关键词排序，见表 4-3，每一关键词得分 10 分，总分 100 分。

表 4-3　知识测评表

序号	关键词	序号	关键词
1		6	
2		7	
3		8	
4		9	
5		10	
总　　分			

2. 能力测评

按表 4-4 中所列的操作要求，对自己完成的文档进行检查，操作完成得满分，未完成或错误得 0 分。

表 4-4　技能测评表

序号	操作要求（具体见任务实现）	分值	完成情况	自评分
1	"首页"设计与制作	10		
2	"广州简介"设计与制作	20		
3	"自然气候"内容页设计与制作	20		
4	"旅游景点"内容页设计与制作	20		

续表

序号	操作要求（具体见任务实现）	分值	完成情况	自评分
5	"饮食文化"内容页设计与制作	20		
6	"致谢页"设计与制作	10		
	总 分			

3. 素质测评

针对表 4-5 中所列出的素质与素养观察点，反思任务实现的过程，思考总结相关项目，做到即得分，未做到得 0 分。

表 4-5 素质测评表

序号	素质与素养	分值	总结与反思	得分
1	创新意识——具备根据主题和内容表达需要创造性设计的意识与能力	25		
2	审美素养——具备基本的审美素养，善于通过演示文稿制作表达美、传递美、分享美	25		
3	大局意识——具备使用母版进行演示文稿的共性设置、保持演示文稿前后风格一致的意识与能力	25		
4	工匠精神——具备精益求精、追求卓越的工匠精神	25		
	总 分			

拓展训练

本阶段将在任务 1 "职业生涯规划"主题演示文稿制作框架的基础上继续完成内容页的设计与制作。通过内容页的设计与制作，深化利用图形、图片、图表、音频、视频等多种元素进行幻灯片平面设计的能力，提升审美素养和审美能力，培养创新能力，培养计算思维。

本阶段的任务是建立演示文稿的内容页，具体要求如下：

1. 最少完成 6 张内容页制作。
2. 每张内容页尽可能做到图文并茂，尽可能使用图形、图片、图表、音频、视频等元素完成页面内容设计和格式设置。
3. 内容页设计时，尽可能体现技术应用的深度与广度。
4. 围绕主题进行素材选择，所有素材不能出现与主题无关的内容。
5. 每个页面设计和谐美观。
6. 页面与页面之间风格一致。

任务 3　演示文稿放映设置——WPS 演示动画设计与放映设置

任务描述

任务 1、2 中已经基本完成了"广州印象"主题演示文稿的设计与制作，但这只是设计的初步。演示文稿第一要提纲挈领地表达演讲者的意图；第二是对演讲者所讲的内容用图片、图表等形象化的表达方式补充语言、文字表达的不足；第三是适当使用各种放映技巧和动画效果，强调主题，吸引观众的注意力，增强与观众的现场互动。

为了达到上述目的，任务 3 将在任务 1、2 设计的"广州印象"主题演示文稿的基础上，完成对演示文稿的幻灯片中的对象设置动画效果、页面之间的切换方式设置、放映方式设置等。

知识准备

一、动画

制作演示文稿是为了辅助语言表达，让沟通更加有效，表达更加精彩。通过排版、配色、配图、多媒体等多种手段，提升演示文稿的平面设计表达效果，是演示文稿设计的一个重点。同时，通过动画设计提升演示文稿的动感和美感，是演示文稿设计的另一个重点。

1. 动画设计的目的

人类对运动和变化具有天生的敏感。不管这个运动有多么微不足道，变化多么微小，都会抓住我们的视线，吸引我们的注意力。动画设置要达到以下效果：

（1）抓住观众的视觉焦点，如逐条显示，通过放大、变色、闪烁等方法突出关键词。

（2）显示各个页面的层次关系，如通过页面之间的过渡区分页面的层次。

（3）帮助内容可视化。动画本身也是有含义的，它与图片刚好形成互补关系。与图片可以表示人、物、状态等含义类似，动画可以表示动作、关系、方向、进程和变化、序列以及强调等含义。

2. 动画设计的误区

初学者设计动画往往存在如下误区：

（1）动画本身成为焦点。动画设计的目的是强调或突出显示某些内容，不能让动画喧宾夺主，把观众的注意力吸引到动画本身。

（2）动作设计不自然，不得体。与人穿衣服一样，动画设计要得体。所谓得体，指的是动画的设计符合内容的需要，符合幻灯片整体风格的需要，符合观众的审美需要。不能把动画设计得跟奇装异服一般，更不能把动画设计当成炫技表演。

3. 动画设计的原则

在演示文稿中添加动画时，掌握以下几个动画设计原则，可以让演示文稿更专业：

1）强调原则

如果一页幻灯片内容比较多，要突出强调某一点，可以单独对某个元素添加动画，其他页面元素保持静止，达到强调的效果。

2）符合自然规律原则

自然的基本思想就是要符合常识。

由远及近时肯定也会由小到大；球形物体运动时往往伴随着旋转；两个物体相撞时肯定会发生抖动；场景的更换最好是无接缝效果；物体的变化往往与阴影的变化同步发生；不断重复的动画往往让人感到厌倦。

自然在视觉上的集中体现就是连贯。比如制造空间感极强或者颜色渐变的页面切换，在不知不觉中转换背景。

3）把握节奏，依次呈现原则

把握节奏的本质是隐藏信息，不让所有信息一次性全部出现，而是按照设计逻辑以某种节奏依次出现。这样做的目的是抓住观众的注意力，引导观众按照设计者的思路和逻辑思考问题。

4）展现逻辑原则

为了表达内容之间的各种逻辑关系，比如平衡、交叉、聚集、平行、包含等关系，仅仅靠平面空间上的设计无法准确呈现。通过动画设计，可以更好地表达内容之间的逻辑关系。

4. 智能动画

利用 WPS 演示提供的"智能动画"功能，可以让用户方便快捷地制作出炫酷的动画效果。假如有如图 4-69 所示的有三张幻灯片的演示文稿。

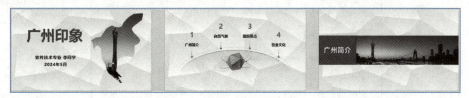

图 4-69　演示文稿范例

第一张幻灯片中，想要强调标题"广州印象"和副标题"软件技术专业　李同学　2024 年 5 月"。可以分别选中文本框，单击"动画"选项卡中的"智能动画"按钮，WPS 演示会推荐一个智能动画列表，如图 4-70 所示。选择"放大强调"，一个酷炫的动画效果就制作好了。

在第二张幻灯片中，选中文本框，同样单击"智能动画"按钮，选择"依次缩放飞入"。在第三张幻灯片中，选中文本框，单击"智能动画"按钮，选择"整体渐入（逐字）"，即可快速完成动画效果设置。

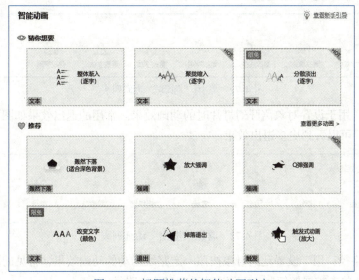

图 4-70　标题推荐的智能动画列表

5. 自定义动画

"智能动画"效果设置是系统推荐的动画方案，当预设的动画效果不能满足需求时，用户可以使用自定义动画详细设置动画效果。

1）动画类型

WPS 演示提供了五种类型的动画，分别是进入、强调、退出、动作路径、自定义动作路径。

（1）进入：用于设置对象进入幻灯片时的动画效果。常用的进入效果如图 4-71 所示。单

击右侧的扩展按钮 ，可以看到更多的进入效果，进入效果分为"基本型""细微型""温和型""华丽型"等类型。

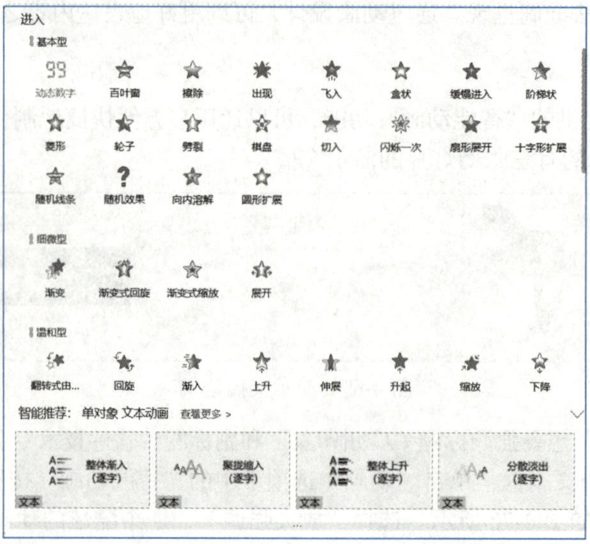

图 4-71 常用"进入"动画列表

（2）强调：用于强调已经在幻灯片中的对象设置的动画效果，常用的强调效果如图 4-72 所示。同样单击右侧的扩展按钮 ，可以看到更多的强调效果。

图 4-72 常用"强调"动画列表

（3）退出：用于设置对象离开幻灯片时的动画效果。常用的退出效果如图 4-73 所示，单击扩展按钮 ，可以看到更多退出效果。

图 4-73 常用"退出"动画列表

（4）动作路径：用于设置动画对象按照一定路线运动的动画效果，常见的动作路径效果如图 4-74 所示，单击扩展按钮 ，可以看到更多动作路径。

图 4-74 常用"动作路径"动画列表

（5）绘制自定义路径：如果"动作路径"列表提供的路径不能满足需要，可以对动作路径进行自定义。自定义路径的列表如图 4-75 所示。

图 4-75 "绘制自定义路径"列表

2)给幻灯片中的对象添加动画

若要为幻灯片中的对象添加动画,首先需要选中幻灯片中的动画对象,选择"动画"选项卡中动画列表的下拉按钮,选择需要添加的动画类型,如果常用列表中的动画类型不能满足需要,单击扩展按钮⊙进行更多类型选择。单击"预览效果"按钮或放映幻灯片,将看到添加动画的效果。

注 意:

设计动画时,单击"动画"选项卡中的"动画窗格"按钮,打开"动画窗格"任务窗格,如图4-76所示。在"动画窗格"中,能够看到所添加的动画列表,并可以完成对动画的各种属性设置。

3)修改动画效果

可以通过三种途径修改动画效果。

(1)在动画窗格中修改。在动画窗格中选中需要修改效果的动画,上方将显示该动画相关的属性,如图 4-77 所示,选择相应的属性进行修改即可。

(2)在"动画"选项卡中修改。在动画窗格中选中动画,单击"动画"选项卡中的"动画属性"下拉按钮,设置动画的相关属性(不同动画类型的属性是不一样的);"持续时间"文本框用于设置动画的持续时间;"延迟时间"文本框用于设置动画播放后的延迟时间;"开始播放"下拉列表用于选择动画播放的时间,如图 4-78 所示。

图 4-76 动画窗格

图 4-77 在"动画窗格"中修改动画效果

图 4-78 "动画"选项卡中的动画属性命令

(3) 在"效果选项"中修改。在动画窗格中选中动画,单击右侧的下拉按钮,在下拉列表中选择"效果选项"命令,弹出图 4-79 所示的对话框,选择"效果"选项卡,可以完成对动画效果的设置;选择"计时"选项卡见图 4-80,能够完成对动画开始、延迟、速度、是否重复、是否使用触发器的修改。

图 4-79 "效果"选项卡

图 4-80 "计时"选项卡

通过上述三种方法,都可以完成对动画效果的修改,其中效果选项对话框集中了所有属性的设置。

4) 修改动画顺序

如果需要调整动画顺序,可以在动画窗格中选中动画,拖动鼠标完成动画顺序的调整。

5) 删除动画

(1) 删除单条动画。在动画窗格中选中动画并右击,在弹出的快捷菜单中选择"删除"命令,或者单击动画窗格中的"删除"按钮,或者按【Delete】键,即可完成单条动画删除。

(2) 删除选中对象的所有动画。在幻灯片窗格中选中即将删除动画的动画对象,单击"动画"选项卡中的"删除动画"下拉按钮,在下拉列表中选择"删除选中对象的所有动画"命令完成删除。

(3) 删除选中幻灯片的所有动画。单击幻灯片窗格中的任一对象,单击"动画"选项卡中的"删除动画"下拉按钮,在下拉列表中选择"删除选中幻灯片的所有动画"命令完成删除。

(4) 删除演示文稿中所有动画。单击"动画"选项卡中的"删除动画"下拉按钮,在下拉列表中选择"删除演示文稿中所有动画"命令完成删除。

二、切换

幻灯片切换效果是指在幻灯片放映过程中,当一张幻灯片转到下一张幻灯片时所出现的动画效果。通过设置幻灯片切换效果,可以让幻灯片与幻灯片之间过渡更加自然,衔接更加流畅,能够更好地体现幻灯片内容的整体性。

1. 切换的类型

WPS 演示提供了多种幻灯片切换的效果。单击"切换"选项卡中切换效果选择列表最右侧的下拉按钮,可以看到 WPS 提供的切换类型列表,如图 4-81 所示。

图 4-81 切换列表

2. 切换选项设置

完成切换效果设置后，如果单击"应用到全部"按钮，选中的切换效果将应用到全部，否则应用到选中的幻灯片。切换选项设置如图 4-82 所示。单击"切换"选项卡中的"效果选项"按钮，将完成对切换效果的设置（不同的切换类型，对应着不同的效果选项）。通过对"速度"的修改，可以修改切换的速度，声音的选择可以在切换的同时有音效。默认换片方式为"单击鼠标时换片"，可以选择"自动换片"，也可以同时选择两种换片方式。

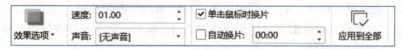

图 4-82 切换选项设置

> **注意：**
>
> "单击鼠标时换片"是演讲者放映模式对应的换片方式，一般在讲课、会议、报告等场合，需要用幻灯片配合发言时，使用这种换片方式。"自动换片"是展台自动循环放映模式对应的换片方式，一般在展会、路演等场合，没有演讲者发言，只需要播放幻灯片时采用。

三、放映

不同的场合，演示文稿需要设置不同的放映方式，WPS 演示为用户提供了多种幻灯片放映方式。

1. 放映方式设置

单击"放映"选项卡中的"放映设置"下拉按钮，在下拉列表中选择"放映设置"命令，弹出"设置放映方式"对话框。图 4-83 所示为"演讲者放映"模式及相应的选项设置。

（1）演讲者放映：这是最常用的放映方式。放映过程中幻灯片全屏显示，由演讲者通过鼠标控制演示文稿的换片、各种动画以及超链接等动作。

放映幻灯片：默认放映幻灯片为"全部"，也可以选择幻灯片放映的范围。

放映选项：如果选择循环放映，可以按【Esc】键终止放映；绘图笔是放映时使用的，通过下拉按钮可以完成颜色选择，默认为红色；如果勾选"放映时不加动画"复选框，则演示文稿播放时将不再播放所有动画。

换片方式：一般选择"手动"，"如果存在排练时间，则使用它"选项是在已经排练计时并且保存过时间的情况下，使用计时时间自动播放幻灯片。

多显示器：如果存在多个显示器，可以通过该选项对显示器进行选择。

（2）展台自动循环放映：这种放映方式一般适用于大型的放映场所，如展览、户外广告等。这种放映方式将自动循环放映演示文稿，鼠标此时已经不起作用，退出需要按【Esc】键。图 4-84 所示为"展台自动循环放映"模式及相应的选项设置。

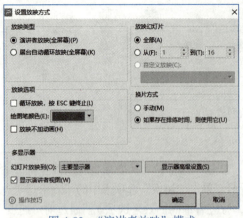
图 4-83 "演讲者放映"模式

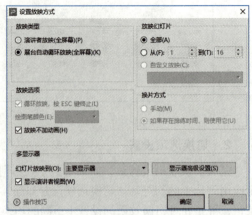
图 4-84 "展台自动循环放映"模式

放映幻灯片：默认放映幻灯片为"全部"，也可以选择幻灯片放映的范围。

放映选项：默认循环放映，按【Esc】键退出，默认"放映时不加动画"，也可以选择播放动画。

换片方式：如果存在排练时间，使用排练时间自动换片，如果不存在排练时间，使用幻灯片切换中的"自动换片"时间。

2. 自定义放映

自定义放映可以对现有演示文稿中的幻灯片进行重新组合，以便为特定的观众进行个性化的播放。

创建自定义放映的操作步骤如下：

（1）单击"放映"选项卡中的"自定义放映"按钮，弹出"自定义放映"对话框，若左侧自定义放映列表中没有需要的放映，单击右侧"新建"按钮，弹出图 4-85 所示的对话框，左侧列表中列出演示文稿中所有幻灯片，选中需要添加的幻灯片，单击"添加"按钮，"在自定义放映中的幻灯片"列表框中显示已添加的幻灯片。

（2）在"在自定义放映中的幻灯片"列表框中，可通过拖动的方式完成幻灯片顺序的调整。

（3）如果列表中发现有不需要的幻灯片，可单击"删除"按钮进行删除。

（4）在"幻灯片放映名称"文本框中输入新建放映的幻灯片名称。

（5）单击"确定"按钮，返回到"自定义放映"对话框，"自定义放映"列表框中将出现刚刚新建的放映名称，如图 4-86 所示。

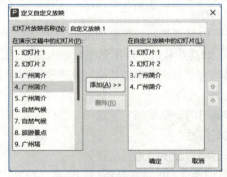
图 4-85 "定义自定义放映"对话框

图 4-86 "自定义放映"对话框

（6）如果需要修改自定义放映，单击"编辑"按钮即可。单击"放映"按钮，可以完成放映。

单击"删除"按钮，将删除此放映，但是不会删除幻灯片。

3. 交互式放映

放映幻灯片时，默认顺序是按照幻灯片的次序进行播放，可以通过设置超链接和动作按钮来改变幻灯片的播放次序，从而提高演示文稿的交互性，实现交互式放映。

1）超链接

可以在演示文稿中添加超链接，然后利用超链接，跳转到其他文件、网页、本文档中的其他幻灯片。

具体操作步骤如下：

（1）选择要创建超链接的对象，可以是文本或图片。

注　意：

智能图形或图表不能作为超链接对象。

（2）单击"插入"选项卡中的"超链接"下拉按钮，在下拉列表中选择"本文档中的幻灯片"命令，弹出"插入超链接"对话框，如图 4-87 所示。根据需要，用户可以建立如下四种超链接：

- 原有文件或网页：可以链接到本机中的其他文件或者链接到某个 URL 地址。
- 本文档中的位置：本文档中的其他幻灯片。
- 电子邮件地址：链接到某个电子邮箱。
- 链接附件：可以添加某个文件作为演示文稿的附件，此时附件将被发送至 WPS 云端保存，放映时，单击链接，显示附件文档的内容。

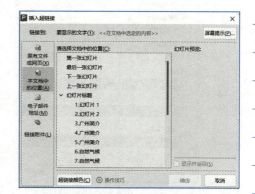

图 4-87 "插入超链接"对话框

（3）单击"超链接颜色"按钮，可以对超链接的颜色进行设置。

（4）创建超链接之后，右击该链接，可以根据需要编辑超链接或取消超链接。

2）动作按钮

动作按钮是一种现成的按钮，可将其插入演示文稿中，也可以为其定义超链接。动作按钮包含形状（如右箭头和左箭头）及通常被理解为用于转到下一张、上一张、第一张、最后一张幻灯片和用于播放影片或声音的符号。动作按钮通常用于观众自行放映的模式，如在公共区域的触摸屏上自动、连续播放的演示文稿。

插入动作按钮的步骤如下：

单击"插入"选项卡中的"形状"下拉按钮，在下拉列表中的"动作按钮"区域选择需要的动作按钮，在幻灯片的合适位置拖动鼠标，确定按钮的大小和位置，然后在图 4-88 所示的"动作设置"对话框中进行相应的设置。

4. 手机遥控

在放映演示文稿时除了通过鼠标、键盘控制幻灯片的换页外，还可以通过手机遥控。具体操作步骤如下：

（1）打开需要放映的演示文稿，单击"放映"选项卡中的"手机遥控"按钮，生成遥控二维码。

（2）打开手机端的 WPS Office 移动端，单击"扫一扫"功能，扫描计算机上的二维码。

（3）手机可以通过左右滑动控制幻灯片的播放。

四、输出

演示文稿制作完成之后，为了便于在没有安装 WPS 的计算机中演示，WPS 演示提供了多种输出方式，可以将演示文稿转换为视频或者 PDF 等。

1. 演示文稿的多种输出格式

选择"文件"→"另存为"命令，可以看到 WPS 演示的多种输出格式，如图 4-89 所示。

图 4-88 "动作设置"对话框

图 4-89 WPS 演示的多种输出格式

（1）.dps 是 WPS 演示的默认格式。

（2）.dpt 是 WPS 演示的模板文件格式。

（3）.pptx 是 Microsoft Office PowerPoint 2007 以后版本的默认格式。

（4）.ppt 是 Microsoft Office PowerPoint 97-2003 版本的默认格式。

（5）.pot 是 Microsoft Office PowerPoint 的模板文件格式。

（6）.pps 是放映文件格式。

（7）输出为视频：将以 .webm 的格式输出为视频，输出时，将提示图 4-90 所示的下载安装通知。这种视频格式只有安装 WebM 视频解码器插件后才能在本机使用 Windows Media Player 播放。

（8）转图片格式 PPT：所有内容将被转成图片，从而避免了排版错乱、字体丢失、内容被修改等问题。默认保存的文件夹与源文件一致，如图 4-91 所示。

图 4-90 WebM 视频解码器插件提示窗口

图 4-91 "转图片格式 PPT"对话框

（9）转为 WPS 文字文档：将对演示文稿中的文字内容进行保存，特别适用于要提取演示文稿中文字的场景。图 4-92 所示为"转为 WPS 文字文档"对话框，可以选择幻灯片，选择转换后的版式，转换后的内容选择"文本"和"图片"。

图 4-92 "转为 WPS 文字文档"对话框

以前面使用的智能动画素材为例，转换前的 PPT 文档如图 4-69 所示。
转换后的文档仅有文本与图片。

2. 演示文稿输出为 PDF

选择"文件"→"输出为 PDF"命令，可将演示文稿文件以 PDF 文件格式输出。

3. 输出为图片

选择"文件"→"输出为图片"命令，弹出图 4-93 所示的"输出为图片"对话框，可将演示文稿输出为长图片，或者逐页输出，可以编辑水印，对页数进行选择，选择输出格式等。

图 4-93 "输出为图片"对话框

4. 打包演示文稿

如果演示文稿中以链接的形式插入了音频与视频，当换设备播放幻灯片时，如果链接的文件不存在，相关内容将无法播放。为了防止这种情况的出现，可以先将演示文稿打包成文件夹，具体操作步骤如下：

（1）打开要打包的演示文稿。

(2)选择"文件"→"文件打包"命令,级联菜单中有"将文件打包成压缩包"和"将文件打包成文件夹"两个子命令。

图 4-94 "演示文件打包"对话框

(3)选择"将文件打包成文件夹"命令,弹出图 4-94 所示的"演示文件打包"对话框,输入文件夹名称,选择文件夹的位置,如果有需要,还可勾选"同时打包成一个压缩文件"复选框。

(4)单击"确定"按钮,完成文件打包。

(5)打包文件后弹出"已完成打包"对话框,单击"打开文件夹"按钮可查看打包好的文件夹内容。

任务实现

子任务一:制作滚动字幕

为了强调突出首页中的副标题"软件技术专业 李同学 2024 年 5 月",使用从右向左循环滚动的滚动字幕效果,具体操作步骤如下:

(1)将副标题文本框拖到幻灯片的最左边,并使得最后一个字刚好拖出。

(2)单击"动画"中的"动画窗格",打开"动画窗格"窗口。

(3)选中文本框,单击"添加效果"右侧下拉按钮选择"进入"效果中的"飞入"效果。

(4)在"动画窗格"中"开始"右侧下拉框中选择"在上一动画之后",方向修改为"自右侧"速度选择"非常慢(5秒)",如图 4-95 所示。

在图 4-95 下面动画列表中单击动画序号 0 右侧下拉按钮,在弹出的下拉菜单中单击"计时"选项,重复选择次数为"5",如图 4-96 所示。

(5)单击"确定"按钮,从右向左的循环滚动字幕设置完成。

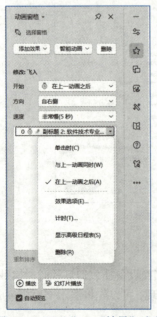

图 4-95 "飞入"→"效果"选项

图 4-96 "飞入"→"计时"选项

子任务二：制作图表动画

"自然气候"内容页使用了图表显示"广州近十年的年平均气温",为了突出表达主题,吸引观众注意力,为该图表设置动画效果。

(1) 单击"动画"选项卡中的"动画窗格",打开"动画窗格"窗口。

(2) 选中图表左侧文本框,"动画窗格"中单击"添加效果",选择动画效果"擦除",方向选择"自底部",速度设为"中速",开始选择"从上一动画之后"。

(3) 选中图表,"动画窗格"中单击"添加效果",选择动画效果"擦除",方向选择"自底部",速度设为"中速",开始选择"与上一动画同时"。

动画设置完成后,文本和图表先后以擦除方式进入页面,图表展现的过程呈现出缓缓展开的效果。

子任务三：选择题制作

使用触发器功能可以完成选择题的制作,从而通过幻灯片的设计与制作,提升现场的互动效果。接下来,完成"广州是否被称为四季常绿、花团锦簇的'花城'?"的选择题,操作步骤如下:

(1) 在"自然气候"内容页后面,新建一张空白版式的幻灯片。

(2) 为了与前一张幻灯片的主题保持一致,复制标题"自然气候"文本框到本页中。

(3) 依次插入五个横排文本框,内容分别是:"广州是否被称为四季常绿、花团锦簇的'花城'?""A.是""B.否""回答正确""回答错误",设置字体、大小,设置文本框的位置,参考图 4-97。

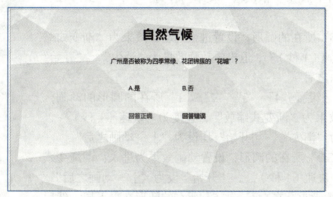

图 4-97 选择题示例幻灯片内容

(4) 单击"开始"选项卡功能区中的"选择"下拉按钮,在下拉列表中选择"选择窗格"命令,在打开的任务窗格中分别给相应的对象命名为"标题""题目""选项 A""选项 B""回答正确""回答错误",如图 4-98 所示。

(5) 选中"回答正确"文本框,"动画窗格"中单击"添加效果",选择"进入"动画效果的"弹跳"。

(6) 双击该动画效果,打开"弹跳"对话框,在"计时"选项卡功能区中触发器"单击下列对象时触发"选择"选项 A",如图 4-99 所示。

(7) 选中"回答错误"文本框,"动画窗格"中单击"添加效果",选择"进入"动画效果的"弹跳"。

图 4-98 选择窗格

图 4-99 触发器设置

（8）双击该动画效果，打开"弹跳"对话框，在"计时"选项卡功能区中触发器——"单击下列对象时触发"选择"选项 B"。

这样就实现了如果选择 A，"回答正确"将被触发弹跳，选择 B，"回答错误"将被触发弹跳的动画效果。

子任务四：倒计时制作

为了增强现场互动，提升观众的注意力，在出现选择题页面之前，可以设计一个倒计时页面。具体操作步骤如下：

（1）在"自然气候"内容页与选择题内容页之间，新建一张空白版式的幻灯片。

（2）插入一个圆形，输入文本内容："5"。圆形填充色设置为"深红"，轮廓颜色设置为"深红"，字体：加粗，字号：80。

（3）复制五个该图形，依次输入文本内容为："4" "3" "2" "1" "GO"。

（4）选中"5"所在的圆形，设置进入的动画效果为"渐变式缩放"，速度为"快速（1秒）"，退出的动画效果为"消失"，"开始"均设为"上一动画之后"。

（5）同样逐一设置"4" "3" "2" "1"所在的圆形的动画，均为进入的动画效果为"渐变式缩放"，速度为"快速（1秒）"，退出的动画效果为"消失"，"开始"均设为"上一动画之后"。

（6）选中"GO"所在的圆形，设置动画效果为进入："渐变式缩放"，速度为"快速（1秒）"，"开始"设为"上一动画之后"。

（7）将所有图形重叠在一起，"5"所在的圆形在最下层，然后依次是"4" "3" "2" "1"所在圆形，"GO"所在圆形在最顶层，将所有图形对齐方式设置为"水平居中"和"垂直居中"。

图 4-100 倒计时动画次序

（8）设置完成后的动画次序如图 4-100 所示，至此，一个简单的倒计时动画就完成了。

子任务五：切换设置

对演示文稿进行切换设置，可以让页面与页面之间过渡更加自然，增强演示文稿的整体性。操作步骤如下：

（1）任意选中一张幻灯片，单击"切换"选项卡中的"擦除"，效果选项选择"向右"，速度为"01.00"，换片方式选择"单击鼠标时换片"。

（2）单击"应用到全部"按钮，将切换效果应用到所有幻灯片。

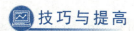 技巧与提高

1. 排练计时

演示文稿完成后，演讲者最好在每页幻灯片的备注中写下详细讲稿，然后多次排练、计时、修改讲稿，直至能将演讲内容和演示文稿完美配合为止。排练计时的具体步骤如下：

（1）单击"放映"选项卡中的"排练计时"下拉按钮，在下拉列表中选择"排练全部"或"排练当前页"命令。

（2）在屏幕左上方，将显示图 4-101 所示的预演时间记录窗口，右侧时间记录的是演示文稿放映的总时间，左侧时间记录的是当前页面放映的时间。

（3）预演结束退出时，系统将提示是否保留新的排练时间，如果单击"是"按钮，将用新的排练时间取代原有的换片时间。

2. 手动放映技巧

手动放映是最为常用的一种放映方式。在放映过程中幻灯片全屏显示，采用人工的方式控制幻灯片。下面是手动放映时经常使用的技巧。

1）绘图笔的使用

在幻灯片播放过程中，有时需要对幻灯片画线注释，可以利用绘图笔实现，操作步骤如下：

播放幻灯片时右击，在弹出的快捷菜单中选择"墨迹画笔"→"圆珠笔"命令，如图 4-102 所示，即可在幻灯片上画图或写字。要擦除屏幕上的痕迹，按【E】键即可。

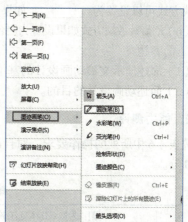

图 4-101　预演时间记录窗口　　　　　图 4-102　墨迹画笔选择

2）快捷键

（1）切换到下一张幻灯片可以用：单击、【→】、【↓】、【Space】、【Enter】、【N】键。

（2）切换到上一张幻灯片可以用：【←】、【↑】、【Backspace】、【P】键。

（3）到达第一张/最后一张幻灯片：【Home】/【End】键。

（4）直接跳转到某张幻灯片：输入数字按【Enter】键。

（5）演示休息时白屏/黑屏：【W】/【B】键。

（6）使用绘图笔指针：【Ctrl+P】组合键。

（7）清除屏幕上的图画：【E】键。

3）隐藏幻灯片

如果演示文稿中有某些幻灯片不必放映，但又不想删除它们，以备后用，可以选择隐藏幻灯片，操作步骤如下：

选中目标幻灯片，单击"放映"选项卡中的"隐藏幻灯片"按钮即可。

幻灯片被隐藏后，在放映幻灯片时就不会被放映了，想要取消隐藏，再次单击"隐藏幻灯片"按钮。

测　评

1．知识测评

1）填空题

（1）WPS演示提供了五种类型的动画，分别是＿＿＿＿、＿＿＿＿、＿＿＿＿、＿＿＿＿、＿＿＿＿。

（2）为幻灯片中的同一个对象添加动画时，需要单击动画窗格中的＿＿＿＿。

（3）如果需要调整动画顺序，可以在＿＿＿＿中选中动画，拖动鼠标完成动画顺序的调整。

（4）"＿＿＿＿"是演讲者放映模式对应的换片方式，一般在讲课、会议、报告等场合，需要用幻灯片配合发言时，使用这种换片方式。"＿＿＿＿"是展台自动循环放映模式对应的换片方式，一般在展会、路演等场合，没有演讲者发言，只需要播放幻灯片时采用。

（5）幻灯片放映方式有两种，分别是＿＿＿＿和＿＿＿＿，如果是开会或者演讲，幻灯片放映方式可以设置为＿＿＿＿，如果是参加展会，幻灯片放映方式可以设置为＿＿＿＿。

（6）幻灯片放映方式如果设置为展台自动循环放映，幻灯片的切换方式应该设置为＿＿＿＿。

2）简答题

（1）简述演示文稿动画设计的基本原则。

（2）简述动画设计的目的。

2．能力测评

按表4-6中所列的操作要求，对自己完成的文档进行检查，操作完成得满分，未完成或错误得0分。

表4-6　技能测评表

序号	操作要求（具体见任务实现）	分值	完成情况	自评分
1	首页中滚动字幕制作	10		
2	片头字幕制作	20		
3	片尾字幕制作	10		
4	图表动画制作	10		
5	选择题页面动画制作	20		
6	倒计时页面动画制作	20		
7	切换设置	10		
总　分				

3. 素质测评

针对表 4-7 中所列出的素质与素养观察点，反思任务实现的过程，思考总结相关项目，做到即得分，未做到得 0 分。

表 4-7 素质测评表

序号	素质与素养	分值	总结与反思	得分
1	团队精神——具有团队协作精神，善于与他人合作、共享信息，实现信息的更大价值	30		
2	审美素养——具备基本的审美素养，善于通过演示文稿动画制作、放映设置表达美、传递美、分享美	30		
3	信息意识——具备根据不同的应用需求设置演示文稿放映方式的意识与能力	40		
总　分				

拓展训练

本阶段将在任务 1 和任务 2："职业生涯规划"主题演示文稿制作框架和内容页基础上完成幻灯片的动画设计和切换设置。通过动画设计与制作及切换设置，掌握动画设计、切换设置的基本原则、理念和方法，培养想象能力和创新能力。

本阶段的任务是完成"职业生涯规划"动画设计和切换设置，具体要求如下：

1. 演示文稿应用切合主题的切换设置。
2. 结合演示文稿内容、主题表达设计动画。
3. 至少有六页幻灯片完成了动画设计。
4. 动画设计体现了技术应用的深度与广度。
5. 动画设计富有想象力和创造力，令人耳目一新。

模块 5　数据共享与通信

计算机网络，尤其是互联网的覆盖面遍及全球，为各种用户提供了多样化的网络与信息服务。在网络化的社会中，如果一台计算机没有接入互联网，其功能将大大降低。用户可以利用局域网和 Internet 实现资源共享、信息传输、电子邮件、信息查询、语音与图像通信服务等功能。

通过本模块的学习，了解局域网的组建、广域网的连接、互联网的应用等基本知识。

知识目标

1. 掌握计算机网络的基础知识；
2. 了解电子邮件的相关知识。

能力目标

1. 能熟练使用浏览器、搜索引擎等进行信息搜索；
2. 能使用邮箱收发邮件。

素质目标

1. 具备信息意识，主动地寻求恰当的方式捕获、提取和分析、分享信息；
2. 具有团队协作精神，善于与他人合作、共享信息，实现信息的更大价值。

任务 1　设置网络共享——配置局域网

任务描述

设置网络环境，配置 TCP/IP 协议，访问局域网共享资源。

知识准备

一、计算机网络的定义

计算机网络是指将地理位置不同，并具有独立功能的多个计算机系统通过通信设备和线路连接起来，在网络操作系统、网络通信协议及网络管理软件的管理和协调下，实现网络中资源共享和数据通信的计算机系统，如图 5-1 所示。

图 5-1　计算机网络

二、计算机网络的分类

计算机网络的分类方法很多，一般以计算机网络的特点作为分类依据，将计算机网络分为多种不同的类型，常见的分类方法有以下几种。

1. 按覆盖范围或规模分类

按照计算机网络覆盖范围或规模的大小来划分，计算机网络可以划分为局域网、城域网、广域网三种，如图 5-2 所示。

（1）局域网（LAN）：是一种小型计算机网络，它的网络覆盖范围较小，一般为几米到几千米，通常企业、学校都建立了自己的局域网，以便于在单位内部互通信息、资源共享。

（2）城域网（MAN）：是一种中型计算

图 5-2　计算机网络按覆盖范围分类

机网络，它的网络覆盖范围为几千米至几十千米，一般一个城市或者一个地区所组成的计算机网络都属于城域网。

（3）广域网（WAN）：是一种大型计算机网络，它的网络覆盖范围可以达到上万千米，可以跨越地区、国家，甚至全球的计算机网络，如 Internet。

2. 按传输介质分类

按传输介质的不同划分，计算机网络可以分为有线网与无线网。有线网采用同轴电缆、双绞线、光纤等有形传输介质来连接通信设备和计算机，并传输数据。无线网采用微波、激光与红外线作为载体来传输数据，无线网联网方式灵活方便，但是容易受到障碍物、天气和外部环境的影响。

3. 按通信方式分类

按照网络的通信方式，计算机网络分为点对点传输和广播式传输两类，点对点传输数据以点对点的方式，在计算机或通信设备中传输，即将它们直接相连在一起。广播式传输数据在共享式介质中传输。

4. 按服务方式分类

按服务方式分类，计算机网络分为客户机/服务器网络和对等网两类，服务器是指专门提供服务的高性能计算机或专用设备，客户机是用户计算机。这是客户机向服务器发出请求并获得服务的一种网络形式，多台客户机可以共享服务器提供的各种资源，这是最常用、最重要的一种网络类型。不仅适合于同类计算机连网，也适合于不同类型的计算机连网，如 PC、Mac 的混合连网，如图 5-3 所示。对等网不要求创建文件服务器，每台客户机都可以与其他客户机对话，共享彼此的信息资源和硬件资源，组网的计算机一般类型相同，这种网络方式灵活方便，但是较难实现集中管理与监控，安全性也低，适合于部门内部协同工作的小型网络，如图 5-4 所示。

三、计算机网络的功能

计算机网络有许多功能，其中最重要的功能是：资源共享、数据通信、分布处理和负载平衡、提高系统可靠性和性能价格比等。

1. 资源共享

计算机网络建立的主要目的是实现资源共享。资源共享是指硬件、软件和数据资源的共享。网络用户不但可以使用本地计算机资源，而且可以通过网络访问联网的远程计算机资源，还可以调用网中几台不同的计算机共同完成某项任务。

图 5-3 客户机/服务器网络

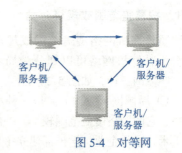

图 5-4 对等网

2. 数据通信

数据通信是计算机网络最基本的功能。它用来在计算机与终端、计算机与计算机之间快速传送各种信息，包括文字信件、新闻消息、咨询信息、图片资料等。利用这一功能，可将分散在各个地区的单位或部门用计算机网络联系起来，进行统一调配、控制和管理。

3. 分布处理

当某台计算机负担过重时，或该计算机正在处理某项工作时，网络可将新任务转交给网络上空闲的计算机来完成，这样处理能均衡各计算机的负载，达到均衡地使用网络资源进行分布处理的目的；对大型综合性问题，可将问题各部分交给不同的计算机分头处理，充分利用网络资源，扩大计算机的处理能力，即增强实用性。对解决复杂问题来讲，多台计算机联合使用并构成高性能的计算机体系，这种协同工作、并行处理要比单独购置高性能的大型计算机便宜得多。

4. 负载平衡

负载平衡是指工作被均匀地分配给网络上的计算机。网络控制中心负责负载分配和超载检测，当某台计算机负载过重时，系统会自动转移部分工作到负载较轻的计算机中去处理。

5. 提高系统可靠性和性能价格比

在计算机网络中，即使一台计算机发生了故障，也并不会影响网络中其他计算机的运行，这样只要将网络中的多台计算机互为备份就可以提高计算机系统的可靠性。另外，由多台廉价的个人计算机组成计算机网络系统，采用适当的算法，运行速度可以得到很大的提高，且速度可以大大超过一般的小型机，因此具有较高的性能价格比。

四、计算机网络拓扑结构与传输介质

1. 计算机网络的拓扑结构

计算机网络的拓扑结构是指网络中的通信线路和结点间的几何排列，用以表示网络的整体结构外貌，同时也反映了各个模块之间的结构关系。它影响着整个网络的设计、功能可靠性和通信费用等。常见的拓扑结构有：总线、环状、星状、树状和网状五种，如图 5-5 所示。

（a）总线结构　　　　　　　　　　　（b）星状结构

图 5-5 计算机网络的拓扑结构

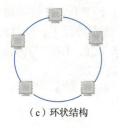
（c）环状结构

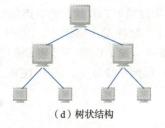
（d）树状结构

（e）网状结构

图 5-5　计算机网络的拓扑结构（续）

2. 计算机网络的传输介质

所谓传输介质，就是指搭载数字或模拟信号的传输媒介。常用的传输介质有双绞线、同轴电缆和光导纤维等，如图 5-6 所示。另外，还有微波通信和卫星通信。

（a）双绞线

（b）同轴电缆

（c）光导纤维

图 5-6　计算机网络的传输介质

五、计算机网络协议

1. 网络协议的概念

网络协议是指计算机网络中通信各方都必须遵循的一整套规则，即通信协议。协议要规定一系列通信时所涉及的标准，如速率、传输代码、代码结构、传输控制步骤、出错控制等，这样才能保证通信的双方能准确地交换数据。

2. TCP/IP 网络协议

现实中的计算机网络是由许多各种各样不同规模、不同类型的网络组成，要让 Internet 上不同网络、不同类型的计算机能进行信息传输，就必须有一个通用网络信息传输协议。目前 Internet 所采用的标准网络协议是 TCP/IP 协议。TCP/IP 协议不仅仅指的是 TCP 和 IP 两个协议，而是指一个由 FTP、SMTP、TCP、UDP、IP 等协议构成的协议簇，只是因为在 TCP/IP 协议中 TCP 协议和 IP 协议最具代表性，所以被称为 TCP/IP 协议。TCP（transmission control protocol）是一种数据传输控制协议，用于负责网上信息正确传输。信息传输后信息包是否都已收齐，次序是否正确就是由 TCP 协议来检验的，若有哪个信息包还未收到，则要求发送方重新发送这个信息包；若信息包到达次序出现混乱，则进行重排。IP（internet protocol）是一种网际协议，IP 协议负责将信息从某一台计算机传输到另一台计算机。IP 协议规定，传输的信息分割成一个个不超过一定大小的信息包（内含信息包将被送往的地址，即 IP 地址）来传送。采用信息包传输可以避免单个用户长时间占用网络线路，且在传输出错时不必重新传送全部信息，只须重传出错的信息包即可。

TCP/IP 协议一般分成四个层次，如图 5-7 所示。其中，第

图 5-7　TCP/IP 协议的四个层次

四层（最高层）是应用层，主要包括 HTTP（超文本传输协议）、FTP（文件传输协议）、Telnet（远程登录协议）、SMTP（邮件发送协议）、POP3（邮件接收协议）、NNTP（网络新闻传输协议）、DNS（域名服务协议）；第三层是传输层，包括 TCP、UDP 等协议；第二层是网际层，包括 IP 协议；第一层网络接口层，属于 TCP/IP 协议最底层。

六、Internet 网络

1. Internet 基本概念

Internet 是一个全球性的计算机互连网络，是由世界范围的、规模大小不一的网络互相连接起来而组成的国际性计算机网络。Internet 中各种各样的信息按照 TCP/IP 协议，实现网络信息的共享和使用。

Internet 的前身是 1969 年美国国防部高级研究计划署（advanced research projects agency, ARPA）建立的一个只有四个节点的存储转发方式的分组交换广域网 ARPA Net（阿帕网）。该网是以验证远程分组交换网的可行性为目的的一项试验工程。进入 20 世纪 80 年代，计算机局域网得到迅速发展，这些局域网依靠 TCP/IP 标准化协议，可以通过 ARPA Net 相互进行联络，这种用 TCP/IP 协议互联网络的规模迅速扩大。除了在美国，世界上许多国家通过远程通信，将本地的计算机和网络接入 ARPA Net。这使得原用于军事试验的 ARPA Net 逐渐演化成美国国家科学基金会（national science foundation, NSF）对外开放与交流的主干网 NSFNET。

1993 年美国政府提出建设"信息高速公路"（national information infrastructure, NII）计划，又称国家信息基础设施，在世界各国引起极大反响。欧洲和日本、韩国、东南亚各国纷纷提出了建设自己国家信息基础设施的有关计划和措施，在世界范围内掀起建设"信息高速公路"的高潮，逐渐形成世界范围的全球信息基础设施（global information infrastructure, GII）工程。作为"信息高速公路"的雏形，Internet 成为事实上的全球信息网络的原型，最终发展成当今世界范围内以信息资源共享及学术交流为目的的互联网，成为事实上全球电子信息的"信息高速公路"。

中国国家计算机网络（the national computing and networking facility of China, NCFC），原为中关村地区教育与科研示范网络，它代表中国于 1994 年 4 月正式连入 Internet，同年 5 月正式注册，建立起我国 CN 主服务器设置，可全功能访问 Internet 资源。我国获国务院批准管理 Internet 国际出口的单位有四家，分别是中科院 CSTNET、教育部的教育和科研网 CERNET、原邮电部的 CHINANET 和原电子部的金桥网 CHINAGBN。这四家形成的互联网络构成我国当今 Internet 市场的四大主流体系，单位或部门站点、公司商业站点以及个人站点，均需要通过这四个网络中的一个与 Internet 互连。

2. Internet 地址

1）IP 地址

在电话网中，每部电话机都有一个由邮局分配的电话号码，只要知道某台电话机的电话号码，便可彼此通话。如果加上所在城市的区号和所在国家（或地区）的代码，那么这部电话的号码就是全球唯一的。

在 Internet 中，为了实现计算机间的信息传输，由美国的国家数据网网络信息中心分配每个网络和网络中的主机一个类似于电话号码的地址编号，称为 IP 地址。将网络地址和主机地址合起来，就是该台主机在 Internet 中的 IP 地址，它由 32 位的二进制数组成（共 4 字节），如某服务器的 IP 地址为 11011110 11011001 00100100 11000110，由于这样的 IP 地址不便于理解和记忆，因此，IP 协议允许在 Internet 中采用十进制数来定义计算机的地址，即称为 IP 标准地址，具体是将 32 位的二进制数分成 4 组（即 4 字节），每个字节的二进制数值转换成十进制数值来表示，则可得到 4 个与之对应的十进制数值，数值中间用"."隔开，就得到 IP 标准地址，例如，11011110 11011001 00100100 11000110 表示的计算机的 IP 标准地址为 222.217.36.198。

以上属数字型 IP 地址，包含两部分信息，即网络号和主机号，网络号用于识别一个网络，而主机号则用于识别网络中的计算机。网络号长度决定整个 Internet 中能包含的网络数，主机号长度决定所在网络能容纳的主机数，Internet 上网络的数目不容易确定，而每一个网络中的主机数是比较容易确定的，因此，按网络规模将 IP 地址分成 A、B、C、D、E 5 类，但是主机只能使用前 3 类 IP 地址，这 5 类 IP 地址的分配方法见表 5-1。

表 5-1　IP 地址的分配

类别	IP 地址的分配	IP 地址的范围
A	0+ 网络地址（7 位）+ 主机地址（24 位）	1.0.0.0 ~ 127.255.255.255
B	10+ 网络地址（14 位）+ 主机地址（16 位）	128.0.0.0 ~ 191.255.255.255
C	110+ 网络地址（21 位）+ 主机地址（8 位）	192.0.0.0 ~ 223.255.255.255
D	1110+ 广播地址（28 位）	224.0.0.0 ~ 239.255.255.255
E	11110+ 保留地址（27 位）	240.0.0.0 ~ 254.255.255.255

A、B、C 这 3 类地址是常用地址，D 类为多点广播地址，E 类保留。IP 地址的编码规定是：全"0"地址表示本地网络或本地主机，全"1"地址表示广播地址。因此，一般网络中分配给主机的地址不能为全"0"地址或全"1"地址。

A 类 IP 地址：用第一个字节表示网络号，且第一位必须为"0"，因此，有 126 个网络；后 3 个字节表示主机号，因此，每个网络能容纳 16 777 214 台主机。A 类 IP 地址适用于大型网络，也只有大型网络才被允许使用 A 类 IP 地址。由于 A 类 IP 地址支持的网络数很少，所以现在已经无法申请到这一类网络号。

B 类 IP 地址：用第二个字节表示网络号，且第一个字节的前两位必须为"10"，因此，有 16 382 个网络；后两个字节表示主机号，因此，每个网络能容纳 65 534 台主机。B 类 IP 地址适用于中型网络。

C 类 IP 地址：用第三个字节表示网络号，且第一个字节的前 3 位必须为"110"，因此，有 2 097 152 个网络；后一个字节表示主机号，因此，每个网络能容纳 254 台主机。C 类 IP 地址一般适用于小型网络。

一般可由主机的 IP 标准地址来判别所属的类别，方法是从第一个字段的十进制来确定：

若为 1 ~ 126，则该 IP 地址为 A 类。

若为 128 ~ 191，则该 IP 地址为 B 类。

若为 192 ~ 223，则该 IP 地址为 C 类。

若为 224 ~ 239，则该 IP 地址为 D 类。

若为 240 ~ 254，则该 IP 地址为 E 类。

例如，IP 地址是 222.217.36.198，则其网络号是 222.217.36，主机号是 198，属于 C 类 IP 地址。

2）子网技术

由于 A 类网络和 B 类网络的主机地址空间太大，浪费了许多 IP 地址。以 B 类 IP 地址为例，它可以标识 16 382 个不同的网络，每个网络可以容纳 65 534 台主机，网络规模巨大，2 ~ 3 个这样的网络在规模上与 Internet 相当，任何一个企事业单位不可能拥有如此巨大的网络。可见，在一个 B 类网络中，其主机号部分存在很大的浪费。因此，为了有效地使用 IP 地址，有必要将可用地址分配给更多较小的网络。

利用子网划分技术将较大规模的单一网络划分为多个彼此独立的物理网络,并通过路由器将它们连接在一起,这些彼此独立的物理网络统称为子网。

(1)子网的划分方法。子网划分的基本方法是将 IP 地址中的原主机地址空间进一步划分为子网地址和主机地址。此时,一个 IP 地址由三部分组成:网络号、子网号、主机号。网络号用于识别一个网络,子网号用于识别一个子网,而主机号则用于识别子网中的计算机。

由于划分子网号的位数取决于具体需要,因此不同的网络,其子网号的位数是不同的,那么一个网络划分为若干个子网以后,路由器如何判别子网呢?这就需要使用子网掩码。

(2)子网掩码。子网掩码(Subnet Mask)也是一个 32 位的二进制数值,它用于指示 IP 地址中的网络地址(包括子网地址)和主机地址。对应于 IP 地址中的网络地址(包括子网地址),在子网掩码中用"1"表示,而对应于 IP 地址中的主机地址在子网掩码中用"0"表示。

子网掩码也采用了十进制标记法,即将 4 个字节的二进制数值转换成 4 个十进制数值来表示,数值中间用"."隔开,例如:

子网掩码　11111111 11111111 11111111 00000000

十进制表示为 255.　　255.　　255.　　0

有了子网掩码,就可以区分网络号和主机号了,也就可以判断一台计算机是在本地网络中(相同的网络号),还是在远程网络中(不同的网络号)。例如,一台计算机的 IP 地址是 61.139.2.69,若其子网掩码为 255.255.0.0,则网络号为 61.139,主机号为 2.69。同一个子网中的所有计算机都将使用同一个子网掩码,其 IP 地址中的网络号都是相同的,而主机号则不同。

子网掩码的另一个功能就是将网络分割成以多个 IP 路由连接的子网。例如,已经有一个 C 类的网络 192.168.15.0,现在希望将该网络划分为 6 个不同的子网。由于需要至少 3 位二进制数表示,因此,需要将该网络中的主机地址空间(8 位)中的高 3 位作为子网地址,所以其子网掩码为 11111111 11111111 11111111 11100000,即 255.255.255.224。

3)域名地址

IP 地址是全球通用的地址,但这种数字型 IP 地址太抽象,使用起来不方便,如果用有含义的字符表示 IP 地址,可帮助理解和记忆,所以 TCP/IP 协议提供了另一种以字符表示 IP 地址的命名机制,称为域名系统(domain name system, DNS),以域名系统命名的 IP 地址称为域名。域名地址是从右到左来表述其意义的,最右边的部分为顶层域,最左边的则是这台主机的名称。一般域名地址可以表示为主机名.单位名.网络名.区域名。在浏览器的地址栏中,也可以直接输入 IP 地址打开网页。

七、网络安全的威胁

(1)被他人盗取密码。

(2)系统被木马攻击。

(3)浏览网页时被恶意的 JavaScript 程序攻击。

(4)QQ 被攻击或泄露信息。

(5)病毒感染。

(6)由于系统存在漏洞而受到他人攻击。

(7)黑客的恶意攻击。

八、计算机病毒

1. 计算机病毒的定义

计算机病毒在《中华人民共和国计算机信息系统安全保护条例》中被明确定义为:"指编制或者在计算机程序中插入的,破坏计算机功能或者破坏数据、影响计算机使用,并能自我复制的一组计算机指令或者程序代码。"

2. 计算机病毒的特征

(1)寄生性。病毒程序的存在不是独立的,它总是悄悄地寄生在磁盘系统或文件中。

(2)隐蔽性。病毒程序在一定条件下隐蔽地进入系统,当使用带有系统病毒的磁盘来引导系统时,病毒程序先进入内存并放在常驻区,然后才引导系统,这时系统即带有该病毒。

(3)非法性。病毒程序执行的是非授权(非法)操作。当用户引导系统时,正常的操作只是引导系统,病毒乘机而入并不在人们预定目标之内。

(4)传染性。传染性是计算机病毒最主要的特征,是判断一段程序代码是否为计算机病毒的依据。

(5)破坏性。无论何种病毒程序侵入系统,都会对操作系统的运行造成不同程度的影响。

(6)潜伏性。计算机病毒具有依附于其他媒体而寄生的能力,这种媒体被称为计算机病毒的宿主。

(7)可触发性。计算机病毒一般都有一个或者几个触发条件。触发条件一旦被满足或者病毒的传染机制被激活,病毒即开始发作。

3. 传播途径

(1)互联网传播。在计算机日益普及的今天,人们普遍喜爱通过网络方式来互相传递文件、沟通信息,这样就给计算机病毒提供了快速传播的机会。电子邮件,还有浏览网页、下载软件、即时通信软件、网络游戏等,都是通过互联网这一媒介进行的。如此高的使用率,注定备受病毒的"青睐"。

(2)局域网传播。局域网是由相互连接的一组计算机组成的,这是数据共享和相互协作的需要。组成网络的每一台计算机都能连接到其他计算机,数据也能从一台计算机发送到其他计算机上。如果发送的数据感染了计算机病毒,接收方的计算机将会被感染,因此,有可能在很短的时间内感染整个网络中的计算机。

(3)通过移动存储设备传播。更多的计算机病毒逐步转为利用移动存储设备进行传播。移动存储设备包括常见的软盘、磁带、光盘、移动硬盘、U盘(含数码照相机、MP3等)。

(4)无线设备传播。目前,随着手机功能性的开放和增值服务的拓展,病毒通过无线设备传播已经成为有必要加以防范的一种病毒传播途径。特别是智能手机和4G网络发展的同时,手机病毒的传播速度和危害程度与日俱增。

病毒的种类繁多、特性不一,只要掌握了其流通传播方式,便不难进行监控和查杀。使用功能全面的病毒防护工具将能有效地帮助用户避免病毒的侵入和破坏。

九、黑客入侵手法

(1)数据驱动攻击。当有些表面看来无害的特殊程序在被发送或复制到网络主机上并被执行发起攻击时,就会发生数据驱动攻击。例如,一种数据驱动的攻击可以造成一台主机修改与网络安全有关的文件,从而使黑客下一次更容易入侵该系统。

（2）系统文件被非法利用。操作系统设计的漏洞为黑客开了后门，黑客通过这些漏洞对系统进行攻击。

（3）伪造信息攻击。通过发送伪造的路由信息，构造系统源主机和目标主机的虚假路径，从而使流向目标主机的数据包均经过攻击者的系统主机。

（4）远端操纵。在被攻击主机上启动一个可执行程序，该程序显示一个伪造的登录界面。当用户在这个伪装的界面上输入登录信息（如用户名、密码等）后，该程序将用户输入的信息传送到攻击者主机，然后关闭界面给出"系统故障"的提示信息，要求用户重新登录。而此后出现的才是真正的登录界面。

（5）利用系统管理员失误攻击。黑客常利用系统管理员的失误、收集攻击信息。如用 finger、netstat、arp、mail、grep 等命令和一些黑客工具软件。

（6）重新发送（replay）攻击。通过收集特定的 IP 数据包，并篡改其数据，然后再一一重新发送，以欺骗接收的主机。

任务实现

1. 设置网络环境

1）查看网络状态

（1）在桌面上右击"Network"图标，在弹出的快捷菜单中选择"属性"命令，打开图 5-8 所示的"网络和共享中心"窗口。

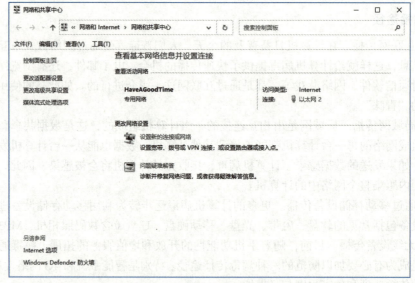

图 5-8 "网络和共享中心"窗口

（2）单击"以太网 2"超链接，如图 5-9 所示，弹出图 5-10 所示的对话框。

（3）在"常规"选项卡中可以查看到上网持续时间为"00∶33∶14"，速率为"100.0 Mbps"。另外，也可以查看当前计算机的活动状态。发送数据包和接收数据包的情况。

2）禁用 / 启用网络

（1）在"以太网 2 状态"对话框中单击"禁用"按钮，可以中断计算机的连接。禁用以后在"网络和共享中心"窗口中看不到"以太网 2"超链接，如果计算机有无线网络，则连接会自动切换到无线网络，否则显示没有连接到任何网络，如图 5-11 所示。

图 5-9　单击"以太网 2"超链接

图 5-10　"以太网 2 状态"对话框

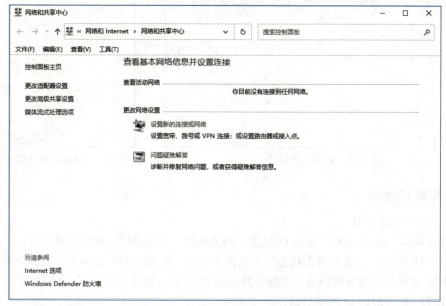

图 5-11　网络禁用状态

（2）单击"更改适配器设置"超链接，打开图 5-12 所示的"网络连接"窗口，可以看到以太网 2 显示为灰色图标。

（3）右击"以太网 2"图标，在弹出的快捷菜单中选择"启用"命令，可以再次启用网络连接，启用后的"以太网 2"为彩色图标，如图 5-13 所示。

3）查看网卡的连接状况

（1）在图 5-10 所示的"以太网 2 状态"对话框中单击"属性"按钮，弹出"以太网 2 属性"对话框。

（2）单击"配置"按钮，弹出图 5-14 所示的对话框，可以查看网卡类型以及网卡是否正常工作。

图 5-12 "网络连接"窗口

图 5-13 启用以太网 2

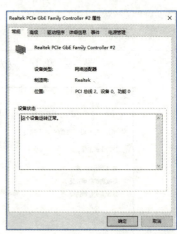

图 5-14 网络适配器属性对话框

2. 配置 IP 地址

1) 查看 IP 地址信息

查看计算机当前 IP 信息,包括 IP 地址、网关地址、子网掩码。操作步骤如下:

在图 5-10 所示的"以太网 2 状态"对话框中选择"详细信息"选项卡,在弹出的对话框中可以查看 IP 地址信息详细内容及当前计算机的 IP 信息,如图 5-15 所示。

2) 设置/修改静态 IP 地址信息

如果为主机设置静态的 IP 地址或是由于 IP 地址冲突等原因要设置为静态 IP 地址,那么就要对 IP 地址进行设置或修改,本实验就如何进行 IP 地址的设置和修改进行详细讲解。要设置/修改 IP 地址信息为 192.168.2.200,子网掩码为 255.255.255.0,默认网关为 192.168.2.1。DNS 服务器地址为 192.168.1.1。操作步骤如下:

(1) 在图 5-10 所示的"以太网 2 状态"对话框中单击"属性"按钮,弹出"以太网 2 属性"对话框,如图 5-16 所示。

(2) 在"网络"选项卡中勾选"Internet 协议版本 4(TCP/IP4)"复选框,单击"属性"按钮或双击该选项,弹出"Internet 协议版本 4(TCP/IP4)属性"对话框,如图 5-17 所示。

(3) 选中"使用下面的 IP 地址"和"使用下面的 DNS 服务器地址"单选按钮,输入要求设置/修改的 IP 地址信息,如图 5-18 所示。最后单击"确定"按钮即可设置/修改静态 IP 地址。

图 5-15 "网络连接详细信息"对话框　　图 5-16 "以太网 2 属性"对话框

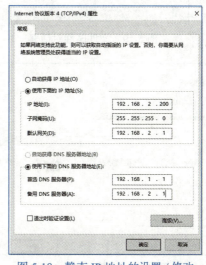

图 5-17 "Internet 协议版本 4（TCP/IP4）属性"对话框　　图 5-18 静态 IP 地址的设置 / 修改

3. 访问局域网共享资源

如果在局域网中有资源（如文档、视频等）要进行共享，则可以通过局域网共享的方式进行简单共享（更多的共享设置可通过高级共享或其他共享软件进行设置）。设置资源共享的过程有两个步骤，首先对要共享的文件进行共享设置，然后其他计算机通过局域网访问共享。接下来就本机要共享一个名称为 share 的文件夹，其他计算机访问该共享文件的操作步骤进行详细描述。

1）共享服务设置

（1）在 D 盘（或其他盘）新建一个名为 share 的文件夹，然后将要共享的文件放入该文件夹中。

（2）选中文件夹 share 并右击，在弹出的快捷菜单中选择"属性"命令，弹出"share 属性"对话框，如图 5-19 所示。

（3）选择"共享"选项卡，如图 5-20 所示，单击"共享"按钮，弹出图 5-21 所示的对话框；单击"共享"按钮进行共享设置，此时系统会进行文件共享设置；等待一段时间之后，弹出图 5-22 所示的对话框，单击"完成"按钮完成共享设置。

图 5-19　文件属性对话框

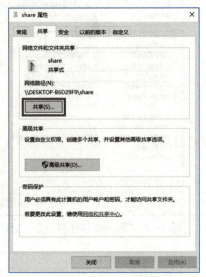

图 5-20　"共享"选项卡

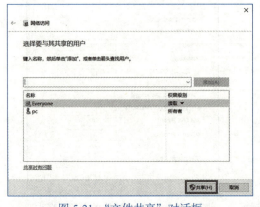

图 5-21　"文件共享"对话框

图 5-22　文件共享设置成功

2）网络共享访问

当局域网中某台计算机共享了文件，其他计算机需要该文件时可以通过网络访问共享文件。访问该共享文件的方式很多，下面介绍两种常用方式。

方法一：

（1）选择"开始"→"运行"命令，弹出"运行"对话框，输入共享文件所在的计算机 IP 地址（该例子的共享文件放在 IP 地址为 192.168.1.201 的计算机上），如图 5-23 所示。

（2）单击"确定"按钮，弹出图 5-24 所示的对话框，输入共享文件所在的计算机的用户名和密码。

（3）输入正确的用户名和密码，单击"确定"按钮，弹出图 5-25 所示的窗口，即可访问该计算机上的共享资源。

图 5-23 "运行"对话框

图 5-24 "Windows 安全"对话框

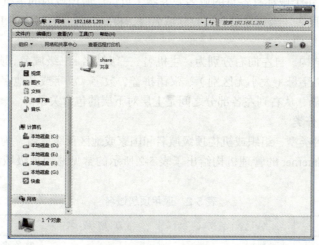
图 5-25 访问局域网共享文件

方法二：

双击桌面上的"此电脑"图标弹出如图 5-26 所示的窗口，在地址栏中输入共享文件所在计算机的 IP 地址，然后按【Enter】键，接下来的操作与方法一的步骤相同。

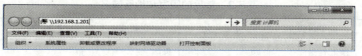
图 5-26 通过地址栏访问共享文件

技巧与提高

1. Internet 的接入方式

Internet 接入方式主要采用 ADSL 接入、光纤接入、无线接入等。

1）ADSL 接入

ADSL 非对称数字网可以在普通的电话铜缆上提供 1.5～8 Mbit/s 的下行和 1 064 kbit/s 的上行传输，可进行视频会议和影视节目传输，非常适合中、小企业。但是有一个致命的弱点，用户距离电信的交换机房的线路距离不能超过 6 km，限制了它的应用范围。

2）光纤接入

一些城市已开始兴建高速城域网，主干网速率可达几十吉比特每秒，并且推广宽带接入。光纤可以铺设到用户的路边或者大楼，以 100 Mbit/s 以上的速率接入，适合大型企业。

3）无线接入

由于铺设光纤的费用很高，对于需要宽带接入的用户，一些城市提供了无线接入。用户通过高频天线和 ISP 连接，距离在 10 km 左右，带宽为 2～11 Mbit/s，费用低廉，但是受地形和距离的限制，适合城市中距离 ISP 较近的用户，性能价格比很高。

2. 域名系统

IP 地址是用数字来表示一台主机的地址，难以记忆，且不能表现其含义。为了便于对网络地址的记忆和分层管理，引入域名管理系统（DNS），通过 IP 地址与域名之间的一一对应关系，使用户避开难以记忆的 IP 地址，而用域名来标识网络中的计算机。

在 Internet 中，每个域都有各自的域名服务器，负责注册该域内的主机，建立本域内主机的域名和 IP 地址对照表。当域名服务器收到域名时，将域名解释为对应的 IP 地址。

1）域名地址的结构

域名采用分层结构，自左向右分别为：主机名 . 三级域名 . 二级域名 . 顶级域名。

域名一般用英文字母（大小无区别）、汉语拼音、数字、汉字或其他字符表示。各级域名之间用圆点"."分隔，从右到左各部分之间是上层对下层的包含关系。

2）顶级域名的分类

顶级域名有两种类型：组织或机构顶级域名和国家或地区顶级域名。为了表示主机所属组织或机构的性质，Internet 的管理机构给出了表 5-2 所示的常见通用顶级域名。常见的国家和地区域名见表 5-3。

表 5-2　通用顶级域名

传统域名	含义	新增域名	含义
com	商业机构	mil	军事机构
edu	教育机构	net	网络机构
gov	政府部门	org	非营利组织
int	国际机构	ac	科研机构

表 5-3　常见的国家和地区域名

域名	国家和地区	域名	国家和地区	域名	国家和地区
au	澳大利亚	gb	英国	jp	日本
be	比利时	at	奥地利	no	挪威
fi	芬兰	ca	加拿大	se	瑞典
de	德国	in	印度	cn	中国
ru	俄罗斯	my	马来西亚	us	美国
es	西班牙	il	以色列	kr	韩国

测评

1. 广域网和局域网是按照（　　）来划分的。
   A. 网络使用者　　　　　　　　　　B. 信息交换方式
   C. 网络作用范围　　　　　　　　　D. 传输控制协议
2. 在计算机网络中，英文缩写 WAN 的中文名是（　　）。
   A. 局域网　　　B. 无线网　　　C. 广域网　　　D. 城域网

3. 根据域名代码规定，表示非营利性组织网站的域名代码是（　　）。
   A．.net　　　　　B．.com　　　　　C．.gov　　　　　D．.org
4. 就计算机网络分类而言，下列说法中规范的是（　　）。
   A．网络可以分为光缆网、无线网、局域网
   B．网络可以分为公用网、专用网、远程网
   C．网络可以分为局域网、广域网、城域网
   D．网络可以分为数字网、模拟网、通用网
5. TCP 协议的主要功能是（　　）。
   A．对数据进行分组　　　　　　　　B．确保数据的可靠传输
   C．确定数据传输路径　　　　　　　D．提高数据传输速度
6. 域名与 IP 地址是通过（　　）服务器相互转换的。
   A．WWW　　　　　B．DNS　　　　　C．E-mail　　　　　D．FTP

拓展训练

1. 连接在同一网段上的计算机，如果有两台或两台以上的计算机使用相同的 IP 地址，会出现什么情况？
2. 如果在一个网络中，某台计算机 ping 另外一台主机不通，而 ping 其他主机均能通，则故障的可能原因有哪些？
3. 上机练习时，试着将周围二三台机器的 IP 地址更改一下，看有什么情况发生。

任务 2　数据收集与整理——Internet 应用

任务描述

申请免费邮箱，发送电子邮件。

知识准备

一、WWW 浏览服务

WWW（world wide web，万维网）又称 Web，是一种基于超文本的多媒体信息查询工具，采用超文本传输协议 HTTP（hyper text transfer protocol），WWW 中的信息资源是由一个个网页为基本元素构成的，所有网页采用全球统一资源定位器（uniform resource locator，URL）来唯一标识，网页采用超文本标记语言（hyper text markup language，HTML）编写，Web 页采用超文本链接，用户借助 IE 浏览器即可访问信息服务资源。

1. IE 浏览器

Internet Explorer（IE）是微软公司所开发的一个功能强大的 WWW 浏览器，它的主要用途有浏览 Web 页、收藏访问网页。

1）浏览 Web 页

（1）输入网址浏览网页。一般知道网址的情形下采用输入网址浏览网页的访问方法，此时可在 IE 地址栏中输入该网页所在的网站 URL 地址，URL 的地址格式为"协议名 ://IP 地址

或域名",按【Enter】键,便可进入该网站浏览网页。

（2）采用超链接功能浏览网页。采用超链接功能浏览网页,一般适用于容易获得网页的超链接点情形所采用的访问方法,用鼠标单击超链接点便可跳转到该网页。对不知道网页地址,但容易获得网页的超链接点情形,采用超链接功能浏览网页,更能显示出该方法的快捷简便。

（3）使用搜索引擎搜索互联网信息。搜索引擎是一种专门用来查找网址和相关信息的网站,目前,专用搜索引擎网站有百度（www.baidu.com）等。搜索引擎将互联网上的网页检索信息保存在专用的数据库中,并且不断更新。用户通过网站提供简单的关键字搜索功能,在引擎提供的输入框中输入和提交有关查找信息的关键字,经对数据库进行信息检索后,显示包含网页以及与关键字相关的查询信息,用户即可选择网页浏览或继续信息查找。

2）使用收藏夹访问网页

浏览网页时,对一些不容易查找、又要经常访问的网页,可用 IE 10.0 提供的收藏网页地址的功能,将网页地址添加到收藏夹中,以后只需要单击收藏夹列表中的选项,即可以快速访问该网页。添加网页地址到收藏夹的方法是:在访问某网页时,选择"收藏"→"添加到收藏夹"命令,即可将当前网页地址添加到收藏夹中。

2. 保存当前访问网页

IE 除了提供收藏网页地址的功能外,还提供了保存当前访问网页的功能,其作用与收藏网页地址相同,都是方便以后快速访问该网页。保存当前访问网页的方法是:在访问某网页时,选择"工具"→"文件"→"另存为"命令,弹出"保存网页"对话框,如图 5-27 所示。

然后确定保存的位置、文件名和文件类型,单击"保存"按钮即可。当在保存

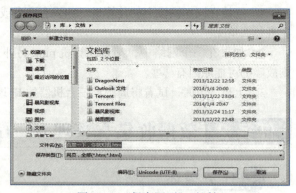

图 5-27 "保存网页"对话框

类型中选择"文本文件（*.txt）"时,可将该网页中的全部文本保存为文本文件。

另外,网页中的图片也可以进行保存。保存网页中图片的方法是:右击需要保存的图片,在弹出的快捷菜单中选择"图片另存为"命令即可。

二、电子邮件（E-mail）服务

电子邮件（electronic mail, E-mail）是 Internet 中应用最广的服务,通过网络的电子邮件系统,网络用户可以用非常低廉的价格（无论发送到何处,只需支付网费即可）,以非常快速的方式（几秒内可以发送到世界上任何指定的目的地）,与世界上任何一个角落的网络用户联络,这些电子邮件可以是文字、图像、声音等形式。由于电子邮件使用简易、投递迅速、收费低廉、易于保存、全球畅通无阻,使得电子邮件被广泛应用,也使人们的交流方式得到了极大的改变。

1. 电子邮件服务协议

电子邮件服务是 Internet 提供的可收发电子邮件的电子邮件系统,目前,该系统采用的是 SMTP 和 POP3 两种协议。

SMTP（simple mail transfer protocol,简单邮件传输协议）是一组用于由源地址到目的地址传送邮件的规则,由它来控制信件的中转方式。SMTP 属于 TCP/IP 协议簇,它帮助每台计算机在发送或中转信件时找到下一个目的地。通过 SMTP 所指定的服务器,网络用户就可以

把 E-mail 寄到收信人的服务器上，整个过程只要几秒。SMTP 服务器则是遵循 SMTP 的发送邮件服务器，用来发送电子邮件。

POP3（post office protocol 3，邮局协议的第 3 个版本）是规定如何将个人计算机连接到 Internet 的邮件服务器和下载电子邮件的协议，是互联网电子邮件的第一个离线协议标准，POP3 允许用户从服务器上把邮件存储到本地主机（即自己的计算机）上，同时删除保存在邮件服务器上的邮件。POP3 服务器则是遵循 POP3 的接收邮件服务器，用来接收电子邮件。

2. 建立个人电子邮箱

在 Internet 上使用电子邮件服务功能进行电子邮件收发，要先建立个人电子邮箱。所谓电子邮箱，是邮件服务器为每个注册用户提供的一个有限的存储空间，用以存储用户的电子邮件，每个电子邮件存储空间都对应地建立一个账号，它是互联网内唯一的，这个账号就是用户的个人电子邮箱，称为 E-mail 地址，电子邮件收发时，按照 POP 协议，电子邮件首先被传送到邮件服务器上个人电子邮箱中，然后按照 SMTP 协议，由邮件服务器将信件转发到用户的计算机上。通常情况下，用户到 ISP 处办理上网账户时，同时就会获得电子邮箱。电子邮件的地址用来标识自己的电子邮箱，以便与他人的邮箱区别开来。全球的电子邮件地址是不重复的。

在 Internet 上，网易、新浪、搜狐等门户网站都提供免费电子邮箱服务。这些电子邮箱提供以万维网（WWW）方式在线收发电子邮件的功能。用户可以进入这些网站进行申请。

E-mail 地址由三部分组成，电子邮件的典型地址格式是"用户名 @ 邮件服务器名"。

（1）这里 @ 表示 at（中文"在"的意思）。

（2）@ 之前是邮箱的用户名，它并不是用户的真实姓名，而是用户在服务器上的信箱名。

（3）@ 后是提供电子邮件服务的服务商名称，用户名可以自己设定，邮件服务器名由网络服务商提供。

例如，user@sina.com.cn 表示用户 user 在新浪网站的免费邮箱。

任务实现

子任务一：申请 163 免费邮箱

（1）在 IE 浏览器的地址栏中输入"www.163.com"并按【Enter】键，打开 163 免费邮箱首页。

（2）在 163 免费邮箱首页单击"注册免费邮箱"按钮，如图 5-28 所示，进入 163 免费邮箱注册页面，如图 5-29 所示。

图 5-28　163 邮箱首页

（3）填写需要使用 163 免费邮的"邮件地址""密码""验证码"（163 免费邮箱要求所有的邮件地址为 6～18 个字符，可使用字母、数字、下划线，需要以字母开头；密码的长度也有要求，8～16 个字符，需包含大、小写字母和数字；如果邮件地址已存在，则会提示该邮件地址已被注册，需要更换一个邮件地址，直到不再重名。手机号码不能为空，需填写正确的手机号；当所有信息正确填写好之后显示如图 5-30 所示。

（4）接下来还有一次短信验证，使用手机微信或者摄像头扫描注册页面中的二维码，如图 5-30 中所示，编辑短信发送至对应的收件人，如图 5-31 所示。发送完验证短信之后，单击"立即注册"按钮，弹出图 5-32 所示的注册成功页面。

图 5-29　163 免费邮箱注册页面

图 5-30　正确填写注册信息页面

图 5-31　短信验证界面

图 5-32　注册成功页面

（5）在注册成功页面中有一个进入邮箱按钮，单击直接进入邮箱页面，如图 5-33 所示。至此，邮箱申请完成。

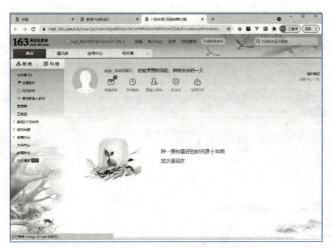

图 5-33　进入电子邮箱页面

子任务二：使用 163 免费邮箱

1. 登录邮箱

（1）重新打开 IE 浏览器，在 IE 浏览器的地址栏中输入"www.163.com"并按【Enter】键，打开 163 免费邮箱首页，如图 5-34 所示，鼠标移动到"登录"按钮上面，自动显示下拉登录界面；或者直接在浏览器地址栏中输入"mail.163.com"进入图 5-35 所示的登录页面。

图 5-34　邮箱开始界面

图 5-35　邮箱登录界面

（2）输入正确的用户名和密码，单击"登录"按钮，即可进入邮箱。

2. 查看邮件

（1）在收件箱中可以看到有一封未读邮件，这是试验测试邮件，如图 5-36 所示。

图 5-36 "未读邮件"界面

（2）单击"收件箱"或"未读邮件"按钮，进入收件箱页面，如图 5-37 所示。

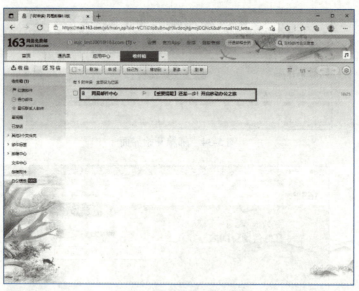

图 5-37 收件箱邮件列表

（3）单击需要阅读的电子邮件主题链接，在新网页中打开该电子邮件，如图 5-38 所示。

图 5-38　阅读邮件界面

子任务三：发送带附件的邮件

（1）在邮件首页单击"写信"按钮，打开"写信"界面，如图 5-39 所示。

（2）在"收件人"一栏填写收件人地址，如果有多个收件人中间用"，"隔开。也可以通过通信录添加收件人。

（3）在"主题"栏中填写邮件主题。

（4）在正文窗口填写信件内容，可以使用工具栏按钮对正文的字体进行美化，也可以在邮件中使用信纸、插入图片等。

（5）单击"添加附件"超链接，弹出图 5-40 所示的对话框，选择需要作为附件发送的邮件，单击"打开"按钮，添加附件完成。如果要添加多个附件，重复单击"添加附件"超链接。如果要删除添加的附件，单击"附件"文件名称后的"删除"按钮即可，如图 5-41 所示。

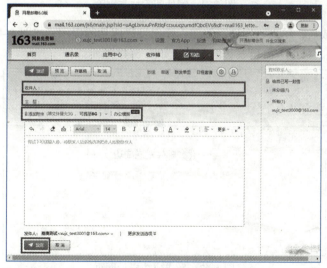

图 5-39　"写信"界面

图 5-40 "选择要加载的文件"对话框

图 5-41 附件的添加与删除

（6）邮件完成后，单击"发送"按钮，弹出发送成功的提示，如图 5-42 所示。单击左侧"已发送"超链接，可以查看已发送的邮件，如图 5-43 所示。

图 5-42 发送成功提示网页

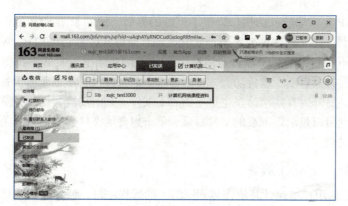

图 5-43　已发送邮件查看

子任务四：保存草稿

如果网络不稳定，在写邮件时需要及时保存邮件编辑状态，单击"存草稿"按钮把目前邮件的编辑状态保存起来，如图 5-44 所示。

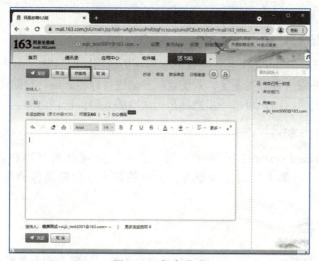

图 5-44　保存草稿

技巧与提高

1. 文件传输（FTP）服务

所谓文件传输，就是从本地主机传送文件到网络上的远程主机或从远程主机读取文件到本地主机。FTP 是 Internet 上最早提供的文件传输服务之一，它通过客户端和服务器端的 FTP 应用程序在 Internet 上实现远程文件传送，是 Internet 上实现资源共享最方便、最基本的手段之一。

对于基于客户机/服务器模式的 FTP 服务，客户首先登录到服务器主机上，然后就可以像在本地计算机上复制文件一样，通过网络从服务器主机传送各种类型的文件到本地计算机。这种从服务器向客户机传送文件的形式称为"下载"（download）。反之，若是从客户机向服务器传送文件，则称为"上传"（upload）。只要两台计算机遵守相同的 FTP 协议，就可以进行文件传输，并不受操作系统的限制。在实际应用中，各种操作系统中都开发了各自的 FTP 应用程序。FTP 可用多种格式传输文件，常用的文件传输格式有文本格式和二进制格式。

图形化的 FTP 客户端软件为用户提供了更好的界面，使不了解 FTP 命令的用户也能轻松使用 FTP 传输文件。FTP 软件种类繁多，常用的 FTP 专用软件有 CuteFTP、WS-FTP、迅雷等。此外，还有一些不是专用的 FTP 软件也可以用来完成 FTP 操作，如 Web 浏览器。这些专用的文件传输工具通常都具有断点续传功能，在上传或下载文件时，不至于由于各种原因中断文件传输而前功尽弃。另外，有些网站在主页上集成了文件下载的功能，用户浏览到这些主页时，单击相关的选项就可以显示供下载的文件目录，单击想要的文件名或输入有关的个人信息就可以启动文件下载过程。

2. 远程登录（Telnet）服务

Telnet 服务是将用户本地计算机连接到网络上的远程主机，使用户本地计算机成为远程主机的虚拟终端，以终端的形式使用远程主机硬件和软件资源。

3. 网络新闻（USENET）服务

USENET 是一个讨论组系统，在这个系统中有各种专题论坛，每个论坛又称为新闻组。通过 USENET，用户可以参与自己感兴趣的专题讨论，可以看到其他用户的观点并发表自己的看法，与他们进行网上讨论和聊天。

4. 广域信息服务系统

WAIS 是供用户查询 Internet 上各类数据库的一个通用接口软件。用户只要选择菜单中所希望查询的数据库并输入查询关键字，系统就能自动进行远程查询，帮助读出相应数据库中含有该查询词的所有记录，用户可进一步选择是否读取感兴趣的记录内容。

5. 电子公告板（BBS）

BBS（bulletin board system）开辟了一块"公共"空间供所有用户读取和讨论其中的信息。BBS 可提供一些多人实时交谈服务，公布最新消息和提供各种免费信息包括免费软件等。

测　　评

1. 在电子邮件服务中，（　　）用于邮件客户端将邮件发送到服务器端。
   A. POP3　　　　　　B. IMAP　　　　　　C. SMTP　　　　　　D. ICMP
2. E-mail 地址中 @ 的含义为（　　）。
   A. 与　　　　　　　B. 或　　　　　　　C. 在　　　　　　　D. 和
3. 电子邮件地址的一般格式为（　　）。
   A. 用户名 @ 域名　　　　　　　　　　　B. 域名 @ 用户名
   C. IP 地址 @ 域名　　　　　　　　　　 D. 域名 @IP 地址名

拓展训练

1. 到网络上搜索 360 浏览器，并且下载安装。
2. 利用百度搜索关于大数据、物联网、人工智能的最新知识与新闻，并将搜集的资料，先用压缩工具进行压缩，然后再将其发到教师邮箱。

模块 6 信息检索

21世纪是信息化社会，信息已经成为一种重要的资源、机遇和资本，也是智慧的源泉。信息素养是信息时代每个人的必备素养，而信息检索能力是信息素养的重要组成部分。信息检索是人们进行信息查询和获取的主要方式，是查找信息的方法和手段。掌握网络信息的高效检索方法，是现代信息社会对高素质技术技能人才的基本要求。信息检索不仅是获取知识的捷径，而且是科学研究的向导，更是终身教育的基础。

狭义的信息检索仅指信息查询（information search）。即用户根据需要，采用一定的方法，借助检索工具，从信息集合中找出所需要信息的查找过程。广义的信息检索是信息按一定的方式进行加工、整理、组织并存储，再根据信息用户特定的需要将相关信息准确地查找出来的过程。一般情况下，信息检索指的就是广义的信息检索。

信息检索的基本流程如下：①明确信息需求，形成查询提问；②根据查询需求，选择检索工具；③制定检索策略，拟定并执行具体检索步骤；④获取并整理检索结果；⑤分析评价检索结果。由此可见，查询过程本质上是查看信息用户的查询提问与检索系统中的检索结果是否匹配从而最终决定取舍的过程。

本模块将通过笔记本计算机配置清单检索、专利检索、论文检索、商标检索四个任务的实现，帮助读者理解信息检索的基本概念，了解信息检索的基本流程，掌握常用检索方法，提高信息化办公水平。

知识目标

1. 理解信息检索的基本概念；
2. 了解信息检索的基本流程；
3. 掌握常用搜索引擎的自定义搜索方法，掌握布尔逻辑检索、截词检索、位置检索、限制检索等检索方法；
4. 掌握通过网页、社交媒体等不同信息平台进行信息检索的方法；
5. 掌握通过期刊、论文、专利、商标、数字信息资源平台等专用平台进行信息检索的方法。

能力目标

1. 能利用平台网站完成笔记本计算机配置清单检索；
2. 能利用万方数据库平台检索、下载专业论文；
3. 能使用万方数据库、专利检索引擎检索专利信息；
4. 会使用商标平台检索商标信息。

素质目标

1. 具备信息意识：主动寻求恰当的方式捕获、提取和分析信息，以有效的方法和手段判断信息的可靠性、真实性、准确性和目的性，对信息可能产生的影响进行预期分析，具有团队协作精神，善于与他人合作、共享信息，实现信息的更大价值；

2. 具备信息社会责任：了解专利、商标的相关法律法规、遵守伦理道德准则，尊重知识产权，能遵纪守法、自我约束，识别和抵制不良、违法行为。

任务 1　笔记本计算机配置清单检索

任务描述

本阶段的任务是通过网络检索，确定适合普通用户使用的中端品牌笔记本计算机，其基本要求如下：

（1）主要用于学习、娱乐、办公；
（2）价格在 6 000 ~ 8 000 元；
（3）性能稳定，性价比较高；
（4）有稳定的售后服务。

知识准备

一、笔记本计算机硬件组成

笔记本计算机主要由外壳、显示器和主机三大部分组成。主机由主板、接口、键盘、触摸屏、硬盘驱动器、电池等组成，这里只对重要部件进行介绍。

1. 外壳

笔记本计算机外壳有塑料和金属外壳两大类。塑料外壳成本低、质量小，但机械性能差，容易损坏。金属外壳散热效果和机械性能较好，不易损坏，但成本高。笔记本计算机外壳主要起到保护和固定作用，同时起到美观效果。

2. 显示器

显示器用于显示用户执行的指令是否执行完成以及执行的结果，是笔记本计算机的输出设备。

3. 主板

笔记本计算机主板是笔记本计算机的核心部分。笔记本计算机的重要组件都依附在主板上，笔记本主板是笔记本计算机中各种硬件传输数据、信息的"立交桥"，它连接整合了显卡、内存、CPU 等各种硬件，使其相互独立又有机地结合在一起，各司其职，共同维持计算机的正常运行。

4. 接口

笔记本计算机的接口很多，常见的有 USB 接口、VGA 接口、HDMI 接口、光驱接口、读卡器口、电源接口、音频口和 RJ-45 网线接口等。

5. 触摸板

触摸板相当于台式机的鼠标，用来移动指针。

现在的笔记本计算机一般采用触摸板，分为手指移动区、左键和右键三部分。

6. 硬盘

笔记本计算机硬盘的体积比台式机小很多，由于笔记本计算机需要移动，甚至户外使用，因此要求它具有较强的防振能力。虽然笔记本计算机硬盘比台式机硬盘防振能力强，但毕竟有限度，况且硬盘盘片处于高速旋转状态，当振动太强时很容易损坏硬盘，所以特别注意保护硬盘。

目前笔记本计算机都会配置固态硬盘，固态硬盘是由固态电子存储芯片阵列制成的硬盘，由控制单元和存储单元（Flash 芯片、DRAM 芯片）组成。固态硬盘可提升开关机速度、系统流畅度等。相比机械硬盘，固态硬盘具有噪声低、发热少、体积小、读写速度快等特点。

二、网络信息检索方式

1. 使用网站分类目录检索信息

许多网站（如京东商城、天猫、新浪、搜狐等）信息平台专门收集相关的信息，并以链接的方式将其组织起来编制成分类目录提供给网络用户使用。

所谓分类目录就是把同一类内容的网络信息放在一起并按一定顺序排列，大主题下又包含若干小主题，通过目录分级不断将信息分类细化。用户只需通过分级目录，就能找到相关信息。这种搜索方法简单且使用方便，但是由于分类目录编制需要人工介入，维护量大，信息更新不够及时，建立的搜索索引覆盖面受到限制，因此搜索范围相对较小，效率较低。

2. 使用搜索引擎检索信息

所谓搜索引擎，就是根据用户需求与一定算法，运用特定策略从互联网检索出指定信息反馈给用户的一门检索技术。搜索引擎依托于多种技术，如网络爬虫技术、检索排序技术、网页处理技术、大数据处理技术、自然语言处理技术等，为信息检索用户提供快速、高相关性的信息服务。搜索引擎技术的核心模块一般包括爬虫、索引、检索和排序等，同时可添加其他一系列辅助模块，以便为用户创造更好的网络使用环境。

搜索引擎的工作原理是从互联网上抓取网页，建立索引数据库，在索引数据库中搜索排序。它的整个工作过程大体分为信息采集、信息分析、信息查询和用户接口四部分。信息采集是网络机器人扫描一定 IP 地址范围内的网站，通过链接遍历 Web 空间，来进行采集网页资料，为保证采集的资料最新，网络机器人还会回访已抓取过的网页；信息分析是通过分析程序，从采集的信息中提取索引项，用索引项表示文档并生成文档库的索引表，从而建立索引数据库；信息查询是指用户以关键词查找信息时，搜索引擎会根据用户的查询条件在索引库中快速检索文档，然后对检出的文档与查询条件的相关度进行评价，最后根据相关度对检索结果进行排序并输出。

目前因特网上的搜索引擎数量众多，百度、谷歌、好搜等网站一般都具有逻辑检索、单词检索、词组检索、截词检索、字段检索等功能。

利用搜索引擎检索信息的优点是：省时省力，简单方便，检索速度快，范围广，能及时获取新增信息。缺点是：受算法和商业利益多种因素约束，检索的准确性较差。

3. 使用数据库检索信息

国内有不少机构将其拥有的数据库上网，访问网络数据库是用户获取学术性信息的最有效方法，比如超星数字图书馆、万方数据库资源系统、中国维普数据库、CNKI 中国知网数据库、龙源数据库等，还有一些专利、标准、法律法规等特种文献数据库，每个数据库都各有特点，是专门从事信息服务的公司或机构研制开发的，其收集的信息系统、完整且更新速度快，检索途径多样。充分利用这些网络数据库是科研、生产、学术研究等的重要信息来源。

4. 使用网络参考工具书检索信息

许多年鉴、字典、词典、手册、名录、百科全书、表谱等中文工具书都有网络版，网络参考工具书通过利用先进的检索技术，增加许多新的检索功能和检索入口，让各类读者能快速找到所需信息资源，更新速度比印刷出版物快。如中文工具书参考咨询系统是中国目前最大的中文工具书知识库，涵盖社会科学和自然科学的各个学科领域，用户只要输入拟查找问题，就可得到有关内容的图书全文或提供相关工具书的索引。因此，网络参考工具书是用户进行事实检索和数据检索的重要工具。

任务实现

子任务一：明确检索任务

根据任务描述，检索目标为用于学习、娱乐、办公，价格在 6 000 ~ 8 000 元，性能稳定，性价比较高，有稳定的售后服务的笔记本计算机配置清单。

子任务二：选择检索方式

要检索笔记本计算机的配置清单，首先要从品牌官网获取商品指导价和标准配置，然后在京东、天猫等购物平台检索同品牌同款式的笔记本计算机的配置清单及销售价格，最后通过搜索引擎检索同款计算机的评测信息，最后确认品牌、类型、价格及配置清单。

子任务三：实施检索任务

接下来以联想笔记本计算机的检索为例介绍检索任务的实现。

1. 联想官网获取指导价和标准配置

（1）通过百度检索"联想官网"，打开联想官网的网址。

（2）单击首页导航栏中"商城"按钮，在左侧商品列表中选择"ThinkPad 电脑"。

（3）根据检索要求，选择价格在"6 000 ~ 8 000 元"的一款笔记本计算机，如 ThinkPad T14P 2023。

（4）单击导航栏中的"配置信息"按钮，可以看到该型号笔记本计算机的配置清单。

2. 京东商城检索确认计算机价格和配置

（1）进入京东商城网站。

（2）在京东首页搜索框中输入"ThinkPad T14P 2023"，如图 6-1 所示，单击"搜索"按钮。

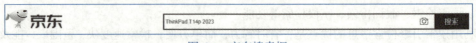

图 6-1 京东搜索框

（3）单击进入相关页面，查看配置参数、价格、评价等内容。

（4）对比其他类似产品参数、价格、评价等，再次确认检索目标。

模块 6　信息检索

3. 百度评测信息

（1）打开百度搜索。

（2）输入关键词"ThinkPad T14P 2023 评测"，检索结果部分内容如图 6-2 所示。

图 6-2　百度检索部分结果

（3）单击相关链接，查看评测结果。

（4）分析评测结果，最后确定检索目标。

子任务四：收藏有效页面

假如对检索结果比较满意，可以通过书签收藏有效页面，便于后期查看，下面以谷歌浏览器为例进行说明：

（1）打开谷歌浏览器，单击地址栏右侧的"自定义及控制 Google Chrome"按钮 ≡。

（2）选择"书签和清单"→"书签管理器"命令，单击浏览器在右上角的侧边栏按钮，打开图 6-3 所示的"书签管理器"窗口。

（3）单击"整理"下拉按钮，选择"添加文件夹"命令，文件命名为"联想电脑检索结果"。

（4）打开京东、联想、评测结果等需要收藏的页面，单击地址栏右侧的"为此标签页添加书签"图标，将页面加入标签，如图 6-4 所示，名称默认为网页原名，单击即可修改，文件夹选择"联想电脑检索结果"。

图 6-3　谷歌浏览器书签管理器窗口

图 6-4　将相关页面添加到书签

添加书签后，以后如果要打开页面，只需单击收藏好的书签即可进入页面。

技巧与提高

1. 搜索技巧

使用搜索引擎进行信息搜索，有如下使用技巧：

1）善用关键词

去掉形容词副词，只留名词作为主干信息进行搜索。

2）多个关键词

搜索的内容同时包含两个或以上的关键词，用空格隔开，如"大米 小麦"。

当搜索的内容只需要包含多个关键词中的任意1个，用竖线（｜）隔开，如"大米｜小麦"。

3）巧用关键词组合

可以通过不同关键词的组合，挖掘出更多隐含的信息。假如想在北京找一个大型场馆，不要直接搜索"北京 场馆"，而是搜索"北京 演唱会"，就能搜到以往在北京开过演唱会的场地。

4）用减号"-"避开干扰信息

让搜索的内容不包含某些关键词，可以使用"-"，如"大米 - 广告 - 推广"，可以避免广告。（注意：减号前面有空格，后面没空格。）

5）精准搜索

想搜索一句话，可以加个书名号，比如"《梅花香自苦寒来》"，搜索出来的页面只会出现完整的一整句话相关的页面，而不会出现只与"梅花"或"香"有关的信息页面。

6）只搜索标题中有关键字网页

可以在前面加个搜索指令：intitle。输入"intitle：大米"，就只搜索出来标题中含大米的网页。

7）在指定网站搜索关键字

可以在搜索框中输入关键词，后面加上一个空格，然后再输入"site："，加上指定的网址。这样搜索出来的结果全部都是指定网站内的内容，当然前提是网站上的内容要被百度收录才行。

8）搜索指定文件类型

如果想搜索指定的文件类型，例如搜索一份租房合同的样本，可以在搜索框内输入租房合同，后面加上一个空格，再输入filetype:doc，这样搜索的结果全部都是租房合同的WPS文字文档。

2. 高级搜索

很多搜索引擎在提供普通搜索页面的同时，也提供高级搜索选项供用户使用，下面以百度为例说明高级搜索的应用。

（1）打开百度页面，如图6-5所示，单击右上角"设置"下拉按钮，在下拉列表中选择"高级搜索"命令。

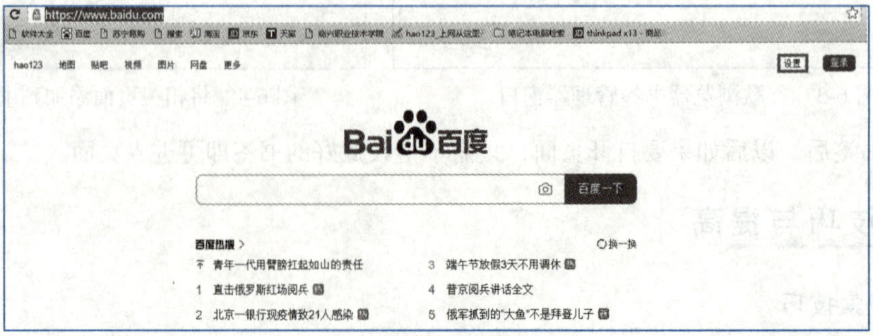

图6-5 百度搜索

（2）进入百度"高级搜索"窗口，如图6-6所示。

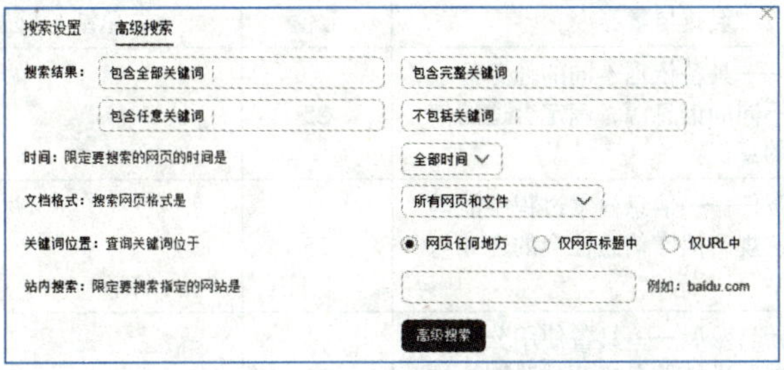

图6-6　百度高级搜索窗口

（3）在窗口中可对关键词、搜索时间、文档格式、关键词位置、站内搜索等选项进行设置。此处不再赘述。

测　　评

1. 知识测评

1）填空题

（1）笔记本计算机主要由外壳、_____和_____三大部分组成。

（2）显示器是笔记本计算机的_____设备。

（3）笔记本计算机中的_____相当于台式机的鼠标，用来移动指针。

（4）搜索引擎技术的核心模块一般包括爬虫、_____、_____和排序等。

2）简答题

（1）列举常用的搜索引擎。

（2）简述笔记本计算机配置清单检索的基本步骤。

2. 能力测评

按表6-1中所列的操作要求，对自己完成的任务进行检查，操作完成得满分，未完成或错误得0分。

表6-1　技能测评表

序号	操作要求（具体见任务实现）	分值	完成情况	自评分
1	能在品牌官方网站检索到6 000～8 000元的笔记本计算机	10		
2	能在京东商城检索到同款计算机，并查阅到详细配置清单	10		
3	能通过搜索引擎查看检索目标的测评信息	10		
4	能将1～3个有效页面添加为标签，并将3个标签页面建立文件夹	10		
5	能读懂检索到的笔记本计算机清单各参数	60		
总　分				

3. 素质测评

针对表6-2中所列出的素质与素养观察点，反思任务实现的过程，思考总结相关项目，做到即得分，未做到得0分。

表 6-2 素质测评表

序号	素质与素养	分值	总结与反思	得分
1	信息意识——具备依据不同的任务需求，主动地比较不同的信息源，确定合适的信息获取渠道的意识	25		
2	信息社会责任——信息检索过程中能遵守相关法律法规，信守信息社会的道德与伦理准则	25		
3	数字化创新与发展——具备使用分类检索、搜索引擎等进行信息资源的获取、加工和处理的意识与能力	25		
4	计算思维——具备根据检索需要选择检索方式与检索工具的能力	25		
总　分				

拓展训练

利用本次任务所学的检索知识，完成以下检索任务：公司需要为每位职工的计算机配置一块移动硬盘，用于资料备份。具体要求如下：

1. 2 TB 固态硬盘；
2. 基于数据安全考虑，要求移动硬盘具有指纹识别、硬件加密等功能。

任务 2　专利检索

专利权是一种财产权，属于知识产权的范畴。我国专利主要分为三大类型：发明专利、实用新型专利和外观设计专利。同时，专利必须具备"三性"标准：新颖性、创造性和实用性。专利文献是实行专利制度的国家、地区及国际性专利组织在依法受理、审批专利过程中产生的各种官方文件及其出版物的总称，是专利的具体体现。

目前，世界上有上百个国家和地区建立并实行了专利制度，每年都有百万计的专利文献产生。专利文献具有报道及时，时效性强；内容详尽，实用性强；格式统一，形式规范；数量庞大，重复出版；载体多种，类型多样等特点。专利文献反映了技术与创造的发展水平，也反映了现代化科学技术的发展面貌，是一个检索创造发明信息时不可忽视的渠道。作为记载和报道世界各国创造发明和设计成果的极为重要的知识载体，专利文献是集技术、法律和经济信息于一体的信息资源。这些数量庞大的专利文献中蕴含着极为重要的价值和作用。

任务描述

近日，华为技术有限公司公开"辅助化妆方法、终端设备、存储介质及程序产品"专利，公开号为CN113496459A。请利用专利数据库，查询该专利的摘要信息。

知识准备

一、我国专利的分类

《中华人民共和国专利法》第二条规定：发明创造是指发明、实用新型和外观设计。

1. 发明专利

发明，是指针对产品、方法或其改进所提出的新技术方案。与实用新型专利不同的是，发明专利既可以是产品，也可以是方法，而实用新型专利则必须是产品。发明专利的保护期是国内专利分类中最长的，长达20年。

（1）产品发明：是指该发明技术方案实施后是以有形物品表现的。例如，太阳能、交流、直流三合一手机电池充电器（CN201910022907.4）。

（2）方法发明：是指把一种物品或者物质改变成另一种状态或另一种物品或物质所利用的手段和步骤的技术方案。例如，手机短信屏蔽控制方法（CN201910021319.9）。

2. 实用新型专利

实用新型，是指针对产品的形状、结构或者组合提出的适合实用的新技术方案，俗称小发明，它与发明的不同点：

（1）实用新型仅限于对产品的形状、构造或者其结合所作出的发明，即它只能是对机械、设备、装置、器具、日用品等产品的新的设计。

（2）实用新型比发明的创造性要低一些，以我国专利法的规定为例，发明应具有突出的实质性特点和显著的进步，实用新型应具有实质性特点和进步。

（3）保护方式：一般以注册或登记的方式保护。我国实行登记方式。我国专利法虽然规定了实用新型应当具备发明专利的条件，但对实用新型专利申请只进行初步审查（形式审查）而不进行实质性审查，至于其是否符合专利性条件，一般是在专利侵权纠纷中解决。

（4）保护期限比发明要短。

我国专利法规定的实用新型指对产品的形状、构造及其结合提出的新的技术方案。相对于发明专利，其创造性水平较低，保护期为10年。例如，可翻面的手表式MP3播放器（CN201920194918.2）只能申请实用新型专利。

3. 外观设计专利

外观设计，是指针对产品的形状、图案或其组合以及颜色、形状、图案的组合所作出的富有美感且适合工业应用的新设计。一般来说，所有涉及产品外观的原创设计，都可以申请外观设计专利，在2021年6月1日之后，外观设计专利的保护期将由10年延长至15年。

在保护方式上，大多数国家是采用注册或登记制，我国专利法也是注册制，要求申请人提交表示该外观设计的物品的图片或照片，写明该外观设计所使用的产品。更确切地说外观设计是保护工业品的外表的艺术造型。

二、专利编号

1. 申请号

申请号指的是国家知识产权局受理一件专利申请时，予以该专利申请的一个标识号码。对一件中国专利来讲，申请号是唯一性的。换句话说，某一件专利的申请号确定之后，不会改变。另外，该申请号也不会使用到别的专利上，换句话说申请号与专利是一一对应的。申请号就像身份证号，申请号便是一件专利的身份证号，图6-7所示框中号码即为该项专利的申请号。

图 6-7 申请号示例

专利申请号包括五部分，共计 16 位，由数字、字母及特殊符号构成，分别是：国家或地区码、年号、种类号、流水号和校验位。以 CN201410424697.5 为例：

（1）国家或地区码：通常是两位标识，字母方式。标识的是专利的受理国家或地区的缩写，中国专利是 CN。国家或地区码信息，通常会被加工成受理国家或地区字段，供专利检索分析应用。

（2）年号：通常用 4 位标识，数字方式，用公元纪年的方式标识该专利受理的年份（一定要注意，是受理年份并非申请年份）。早一些的中国专利申请号并不完全符合以上规则，比如专利 CN96191563.3。那是由于现有的专利申请号标准是在 2003 年 10 月 1 日起通过并实施的，而在此之前受理的专利申请号规则中，年号标识仅有两位，仅标识受理年份的后两位。

（3）种类号：第 5 位数字表示申请种类。

1= 发明专利申请；

2= 实用新型专利申请；

3= 外观设计专利申请；

8= 进入中国国家阶段的 PCT 发明专利申请；

9= 进入中国国家阶段的 PCT 实用新型专利申请。

（4）流水号：后 5 位数字为申请流水号。

（5）校验位：小数点后面一位数是计算机的校验码，是用前 8 位数依次与 2、3、4、5、6、7、8、9 相乘，第 9 位到第 12 位依次与 2、3、4、5 相乘，将它们的乘积相加所得之和，用 11 除后所得的余数。当余数大于或等于 10 时，用 x 表示。

2. 专利号

是指专利申请人获得专利权后，由国家知识产权局颁发的专利证书上的专利号，只有专利获得审批后才会有专利号。

专利号：ZL（专利的首字母）+ 申请号。

3. 公开（公共号）

专利公开号与专利公告号的编排规则基本相同，组成方式为"国家或地区号 + 分类号 + 流水号 + 标识代码"。以 CN1340998A 号专利为例，表示中国的第 340998 号发明专利。

三、中国专利文献的检索工具

中国专利文献的检索主要有三种方式：一是利用印刷型检索和《中国专利文摘》。这些检索工具的检索途径主要有号码工具，如《专利公报》《中国专利索引》《中国专利分类文摘》《中国专利文献》等。这些检索工具的检索途径主要有号码途径、名称途径、主题途径、分类途径和优先权项途径等。二是利用光盘型检索系统，如《中国专利文摘数据库》《中国专利说明书数据库》。三是通过网络型检索系统，如中国国家知识产权局专利检索系统、中国专利信息网和中国知识产权网、万方数据知识服务平台、Soopat 专利搜索引擎等。国内主要联机检索系统都有专利数据库，如中国专利局专利信息检索系统、中国科技信息研究所联机检索系统、北京文献服务处信息检索系统、化工部情报所等。在实际检索中，由于计算机检索方便快捷，任何一个检索界面上的入口都可以作为检索途径。

任务实现

本节以万方数据检索和专利信息检索引擎 Soopat 检索为例来说明华为该项专利的检索过程。

子任务一：使用万方数据库检索

（1）打开万方数据库，登录网站。
（2）在上方导航栏中选择"专利"，如图 6-8 所示。

图 6-8　万方数据

（3）单击"万方智搜"搜索框，将出现"题名、摘要、申请号/专利号、公开号/公告号、申请人/专利权人、发明人/设计人、主分类号、分类号"等多个搜索项。单击其中的"题名"，输入本次检索的华为专利题名："辅助化妆方法、终端设备、存储介质及程序产品"，单击"搜索"按钮，打开图 6-9 所示的搜索结果列表。

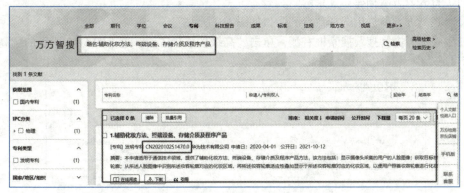

图 6-9　通过题名搜索

搜索结果列表中默认按照相关度进行降序排序，付费用户可以在线阅读、下载或者进行引用。

（4）单击"在线阅读"按钮，打开该项专利首页，可以看到该专利的摘要、专利类型、申请/专利号、申请日期、公开/公告号、申请/专利权人、发明/设计人、主权项等信息。

子任务二：使用专利信息检索平台检索

（1）打开专利信息检索平台 Soopat，如图 6-10 所示。

图 6-10　Soopat 专利检索平台

（2）在"中国专利"搜索框中输入华为该项专利的公开/公告号"CN113496459A"，单击"搜索"按钮，打开图 6-11 所示的页面。

图 6-11　搜索结果列表页

（3）注册用户可以阅读、下载，非注册用户能够查看专利扉页。

技巧与提高

1. 万方专利高级检索

（1）打开万方数据库，登录网站。
（2）在上方导航栏中选择"专利"，如图 6-9 所示。
（3）在"万方智搜"搜索框右侧，单击"高级搜索"按钮，进入图 6-12 所示的"高级搜索"窗口。

图 6-12　万方专利高级检索窗口

（4）单击检索信息右侧的加号 +，可添加检索条件，单击减号 −，可减少检索条件。

（5）单击逻辑"与"下拉按钮，可选择逻辑运算符。

（6）单击"题名"下拉按钮，可选择条件选项。

（7）图 6-12 所示的对话框表示检索"主题"包含关键字"人工智能"并且"题名"中包含关键字"图像识别"的专利。

（8）图 6-13 是检索列表中的部分结果。

图 6-13　部分检索结果

2. 国家知识产权局专利检索

在国家知识产权局网站输入专利公开号进行查询的步骤如下：

（1）进入国家知识产权局网站，单击其右下角的"专利公布公告"按钮，如图 6-14 所示。

图 6-14　国家知识产权局专利检索

（2）进入"中国专利公布公告"页面，如图 6-15 所示。

图 6-15　"中国专利公布公告"页面

（3）在搜索框中输入申请号、公布公告号或其他相关内容，此处输入华为专利的公告号："CN113496459A"，单击"搜索"按钮，即可看到该专利的扉页信息，如图 6-16 所示。

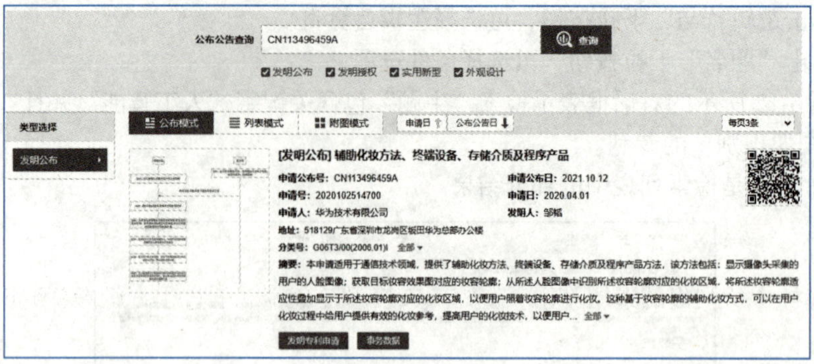

图 6-16 专利扉页信息

测　评

1. 知识测评

1）填空题

（1）专利必须具备"三性"标准：分别是_____、_____和_____。

（2）发明专利的保护期是国内专利分类中最长的，长达_____年；实用新型专利的保护期限是_____年；在 2021 年 6 月 1 日之后，外观设计专利的保护期由 10 年延长至_____年。

（3）_____反映了技术与创造的发展水平，也反映了现代化科学技术的发展面貌，是一个检索创造发明信息时不可忽视的渠道。

（4）专利检索常用的搜索引擎网址是_____。

（5）专利号由_____和_____构成。

（6）申请号前的两位字母 CN 表示_____。

（7）如果申请号的第 5 位数字是 1 表示_____、2 表示_____、3 表示_____、8 表示_____、9 表示_____。

（8）公开号：CN1440998A 表示_____。

2）简答题

（1）依据专利法，专利保护对象分为哪三种类型？各自的含义是什么？

（2）列举常用的专利检索工具。

2. 能力测评

按表 6-3 中所列的操作要求，对照自己的操作过程，操作完成得满分，未完成或错误得 0 分。

表 6-3　技能测评表

序号	操作要求（具体见任务实现）	分值	完成情况	自评分
1	能够使用万方数据库按照题名对华为专利进行检索并在线浏览、下载	25		
2	能够使用万方数据库按照公开号对华为专利进行检索并在线浏览、下载	25		
3	能够使用万方数据库按照专利号对华为专利进行检索并在线浏览、下载	25		

续表

序号	操作要求（具体见任务实现）	分值	完成情况	自评分
4	能够使用 Soopat 专利检索引擎按照对华为专利的公开号进行检索、并查看相关专利扉页	25		
	总　　分			

3. 素质测评

针对表 6-4 中所列出的素质与素养观察点，反思任务实现的过程，思考总结相关项目，做到即得分，未做到得 0 分。

表 6-4　素质测评表

序号	素质与素养	分值	总结与反思	得分
1	信息意识——理解信息是按一定的方式进行加工、整理、组织并存储起来的，信息检索则是人们根据特定的需要将相关信息准确地查找出来的过程，具备使用信息检索解决工作、学习、生活问题的意识和能力	30		
2	数字化创新与发展——请阐述个人在产品发明、方法发明、实用新型、外观设计等方面的创新思想	30		
3	信息社会责任——专利权是一种财产权，属于知识产权的范畴。请列举专利权领域中的典型案件及启示	40		
	总　　分			

拓展训练

利用国家知识产权局网站、万方数据库或者 Soopat 专利检索平台，检索满足以下条件的专利信息：

1. 含有"CPU"关键字的专利信息；
2. 公开号为"106776186A"的专利信息；
3. 优先权号为"200810147370"的专利信息。

任务 3　论文检索

科技发展成果大部分首先以论文成果形式向社会发布。从业人员要学习研究科技成果，首先应从论文成果开始。论文成果包括各类期刊历年发表的学术论文，还包括硕士学位论文、博士学位论文、会议论文等。

任务描述

检索并下载符合如下条件的论文：

（1）检索关键词同时包含"人工智能"和"大数据"的论文，并按照"被引频次"排序，下载排位第一的论文。

（2）检索关键词含有"人工智能"或"大数据"的论文，并按照"出版时间"排序，下载排位第一的论文。

（3）检索关键词含有"大数据"但不含有"人工智能"的论文，并按照"下载量"排序，下载排位第一的论文。

知识准备

一、CNKI 中国知网论文检索

CNKI（China national knowledge infrastructure）中国知网，始建于 1999 年 6 月，知网作为国家知识基础设施的概念，由世界银行于 1998 年提出。CNKI 工程是以实现全社会知识资源传播共享与增值利用为目标的信息化建设项目。

通过与期刊界、出版界及各内容提供商达成合作，中国知网已经发展成为集期刊杂志、博士论文、硕士论文、会议论文、报纸、工具书、年鉴、专利、标准、国学、海外文献资源为一体的、具有国际领先水平的网络出版平台。中心网站的日更新文献量达 5 万篇以上。

1. CNKI 中国知网 PC 端检索下载

1）访问方法

打开浏览器，打开 CNKI 中国知网首页，如图 6-17 所示。

图 6-17　中国知网首页

2）用户登录

中国知网提供单位用户和个人用户服务。

高等院校、科研院所、政府机关、科技型企业和公共图书馆会购买中国知网产品，为单位工作人员或读者提供中国知网论文检索下载服务。一般各个单位会将该单位的 IP 地址段提供给中国知网，用户在该单位内部访问中国知网，能根据 IP 地址自动登录。购买中国知网的单位也会获取部分漫游账号和密码，通过一定渠道发布给单位人员，单位人员可在单位范围外计算机访问登录中国知网，即可完成论文检索和下载。

个人用户可以通过 QQ、微信、网易账号、新浪微博、手机号码注册，注册后可以检索论文，当需要下载论文全文时，则需要根据论文篇幅付费，付费方式可采用微信支付、支付宝支付、银联卡、手机卡等付费。

3）CNKI 中国知网论文检索

中国知网含有期刊论文、博士学位论文、优秀硕士论文、会议论文、报纸文章、年鉴、工具书、专利、标准和科技成果等类型文献，为方便用户，中国知网提供跨库检索和单库检索。

（1）跨库检索。在 CNKI 主页上单击左侧的"文献检索"选项卡，在下拉菜单中可选定检索项，有主题、关键词、篇名、全文、作者、单位、摘要、中图分类号、文献来源等检索项，在检索词文本框中输入检索词，如输入"图像识别"，单击右侧的"检索"按钮或按【Enter】键，即可完成检索，如图 6-18 所示。

图 6-18 "图像识别"检索结果列表

默认跨库检索是检索期刊、博硕、会议、报刊四个库，如用户需要，可勾选其他文献库。

（2）单库检索。用户也可自行选定某一个库进行检索，各个单一库检索界面和方法均是一样的，假如需要在"学术期刊"库中检索"图像识别"关键字文献，仅需在检索之后，单击导航栏"学术期刊"选项即可，如图 6-19 所示。

图 6-19 单库检索

（3）检索结果浏览。检索结果将通过列表形式显示。可通过"相关度""发表时间""被引""下载""综合"等条件进行排序。

单击论文"篇名"，可以看到论文相关信息，包括期刊信息、标题、作者信息、摘要、关键词等信息，如图 6-20 所示。

图 6-20 论文相关信息页面

4）论文下载

有两种文件格式可供选择，分别是"CAJ下载"和"PDF下载"，单击相应按钮即可将论文全文下载到用户计算机中。单位用户登录后即可完成下载，个人用户需要付费后才可以下载。

2. CNKI 中国知网移动端介绍

中国知网推出的一款移动服务工具——CNKI 全球学术快报，又称"移动知网"，开展知识移动服务，促进资源共享和移动应用，可提供检索、下载、个性化定制、即时推送、读者关注点追踪、内容智能推荐、全文跨平台云同步等功能，实现机构漫游权限管理与账号绑定，帮助读者获取最新学术研究与产业应用前沿动态。

二、维普网论文检索

维普网建立于 2000 年。经过多年的商业运营，维普网已经成为全球著名的中文专业信息服务网站。维普网包含《中文科技期刊数据库》《外文科技期刊数据库》《中国科技经济新闻数据库》《医药信息资源系统》《航空航天信息资源系统》以及智立方文献资源发现平台、中文科技期刊评价报告、中国基础教育信息服务平台、维普考试资源系统、图书馆学科服务平台、文献共享平台等系统。

（1）打开维普网首页，如图 6-21 所示。

图 6-21　维普网首页

（2）未登录用户，可以检索论文，登录用户可以下载论文全文。

（3）可以通过标题、期刊、作者、关键词等方式进行检索，检索方式与其他数据库类似。

三、超星期刊论文检索

超星期刊数据库是超星集团历经 24 年积累、19 年发力，全力打造面向各级各类用户的期刊知识服务。收录了国内期刊 6 500 余种，核心期刊超过 1 200 种，600 余种独家期刊，实现与上亿条外文期刊元数据联合检索。内容涵盖理学、工学、农学、社科、文化、教育、哲学、医学、经管等各学科领域。

提供传统 PDF 版式原版阅读，数据库文献检索阅读、富媒体专题汇编阅读及碎片化知识数据阅读等，提供移动、PC 全终端服务模式，移动端名为"学习通"。

1. 超星期刊访问

超星期刊首页如图 6-22 所示。

图 6-22　超星期刊首页

2. 注册与登录

在登录页面，输入手机号码，获取验证码，收到验证码后登录。如果是授权用户，检索论文之后可以直接阅读论文全文，也可单击"PDF 下载"将论文下载到本地计算机。

3. 检索与下载

超星期刊提供关键词检索，界面非常简洁，仅有一个检索条。用户可选择全部、主题、标题、刊名、作者、机构等作为检索项，检索结果列表可按照发表时间、被引量、阅读量排序，每篇论文列出篇名、作者、来源期刊等信息。

四、高级检索技术

1. 布尔逻辑检索

在计算机信息检索中，单独的检索词一般不能满足课题的检索要求，19 世纪由英国数学家乔治·布尔提出来的布尔逻辑运算符的运用，在一定程度上满足了用户的检索需求。布尔逻辑检索是最常用的计算机检索技术，一些检索系统中 AND、OR、NOT 运算符可分别用 *、+、- 代替。

布尔逻辑检索是运用布尔逻辑运算符对检索词进行逻辑组配，以表达两个检索词之间的逻辑关系。常用的组配符有 AND（与）、OR（或）、NOT（非）三种。图 6-23 所示为布尔逻辑示意图。

 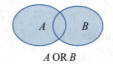 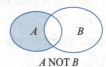

图 6-23　布尔逻辑示意图

1）逻辑"与"（AND，*）

逻辑"与"是具有概念交叉和限定关系的一种组配，用来组配不同的检索概念，其含义是检出的记录必须同时含有所有检索词。如"A AND B"（或 $A*B$），表示命中记录中必须同时含有检索项 A 和 B。逻辑"与"起到缩小检索主题范围的作用，用逻辑"与"组配的检索词越多，检索范围越小，专指性越强，有助于提高查准率。在运用时，应把出现频率低的检索词放在"与"的左边，节省计算机处理时间，使选定的答案尽早出现，中断检索。

2）逻辑"或"（OR，+）

逻辑"或"是具有概念并列关系的一种组配，表示概念的相加，其含义是检出的记录只需满足检索项中的任何一个或同时满足即可。在实际检索中，一般用逻辑"或"来组配同义词、近义词、相关词等，以扩大检索范围，避免漏检，提高查全率。如"A OR B"（或 A+B）表示记录中凡单独含有检索项 A 或检索项 B，或者同时含有 A、B 的均为命中记录。逻辑"或"组构检索式时，可将估计出现频率高的词放在"或"的左边，以利于提高检索速度，使选中的答案尽早出现。

3）逻辑"非"（NOT，-）

逻辑"非"是具有概念删除关系的一种组配，可从原检索范围中剔除一部分不需要的内容，即检出的记录中只能含有 NOT 算符前的检索词，不能同时含有其后的检索词。如"A NOT B"（或 A-B）表示含有检索项 A 而不含检索项 B 的记录均为命中记录。逻辑"非"缩小了检索范围，提高了检索的专指度。逻辑"非"的缺点，即取消部分往往会把切题的文献给丢弃，故运用逻辑"非"运算时一定要慎重。

需要指出的是，不同的检索系统，布尔逻辑运算的次序可能不同，检索结果也会大不一样，一般检索系统的"帮助"会有说明。在中文数据库中，布尔逻辑运算符大多用 AND、OR、NOT 下拉菜单形式供用户选择，有时用"*"表示逻辑"与"，用"+"表示逻辑"或"，用"-"表示逻辑"非"。一般优先级依次为 NOT、AND 和 OR，也可以用括号改变优先级，括号内的逻辑式优先执行。

2. 截词检索

在数据库检索时，常常会遇到词语单复数或英美拼写方式不同，词根相同、含义相同词尾形式不同等情况，为了减少检索词的输入，提高检索效率，通常使用"?""*""$""!"等截词符加在检索词的前后或中间，以扩大检索范围，提高查全率。计算机在查找中如遇截词符号，将不予匹配对比，只要其他部位字符相同，即算命中。按截词位置不同可以分为前方截词、后截词和中间截词三种。

1）前方截词

将截词符放在词根的前边，后方一致，表示在词根前方有无限个或有限个字符变化 Software（软件）、Hardware（硬件），在词根前加截词符即为"?ware"可包含前面两种情况。

2）后截词

将截词符放在词根后面，前方一致。如"comput?"表示 comput 后可带有其他任何字母，且数量不限，检索出包含 compute、computer、computerized、computerization 等记录，如要限制字母数，可通过添加"?"个数实现，如"plant???"则表示 plant 后可加 0~3 个字母，检索出含 plant、plants、planted、planter、planters 等词，为有限截词。

3）中间截词

中间截词是将截词符号置于检索词的中间，而词的前、后方一致。一般对不同拼写方法的词，用通配符"?"插在词的中间，检索出两端一致的词来，通常用于英、美对同一个单词拼读不同时使用。如"colo?r"包含 colour（英）和 color（美）两种拼写方法。

3. 词间位置检索

利用布尔逻辑运算符检索时，只对检索词进行逻辑组配，不限定检索词之间的位置以及检索词在记录中的位置关系。在有些情况下，若不限制检索词之间的位置关系会影响某些检索课题的查准率。因此，在大部分检索系统中设置了位置限定运算符号以确定检索词之间的位置关系。但不同的检索系统所采用的位置运算符有时不一定相同，功能也有差异，使用时应具体对待。

1）W（With）算符

(W) 算符：(W) 是 with 的缩写，可简写为"( )"，表示此算符两侧的检索词必须按此前后顺序相邻排列，词序不可变，且两词之间不许有其他词或字母，但允许有一空格或标点符号。如 biological (W) control 相当于检索 biological control，CD (W) ROM 相当于检索 CD ROM 或 CD-ROM。

(nW) 算符：(nW) 是 n words 的缩写，表示此算符两侧的检索词之间允许插入最多 n 个词，且词序不可变。如 wear (1W) material 相当于检索 wear materials、wear of materials 等词。

2）N（Near）算符

(N) 算符是"near"的缩写，表示此算符两边的检索词必须紧密相连，此间不允许插入其他单词或字母，但词序可以颠倒，而(nN)算符则表示在两个检索词之间最多可以插入 n 个单词，且词序可以颠倒。例如，econom??(2N)recovery，可以检出：economic recovery、recovery of the economy、recovery from economic troubles。

3）F（Field）算符

(F) 中的"F"的含义为"field"。这个算符表示其两侧的检索词必须在同一字段（如同在题目字段或文摘字段）中出现，词序不限，中间可插任意检索词项。

4）L（Link）算符

A(L)B 表示 A、B 检索词之间存在从属关系或限制关系，如果 A 为一级主题词，则 B 为二级主题词。

5）SAME 算符

A(SAME)B 表示 A、B 检索词同时出现在同一个段落（paragraph）中。如 Education SAME school。

任务实现

下面以万方数据知识服务平台为例，说明任务的实现方法。

子任务一：检索关键词同时包含"人工智能"和"大数据"的论文，并按照"被引频次"排序，下载排位第一的论文

（1）打开万方数据库，登录网站。

（2）在上方导航栏中选择"期刊"，单击搜索框右侧的"高级检索"按钮，进入图 6-24 所示的搜索窗口。

图 6-24　万方数据高级检索窗口

（3）单击第一个检索框左侧"题名"下拉按钮，选择"题名或关键词"，关键词输入"人工智能"。单击第二个检索框左侧"题名"下拉按钮，选择"题名或关键词"，关键词输入"大数据"，运算符确认为"与"，如图 6-25 所示。

图 6-25　检索信息设置

（4）单击"检索"按钮，系统将完成对相关论文的检索，在"排序"栏中选择"被引频次"，检索列表将按照"被引频次"进行降序排序，如图 6-26 所示。

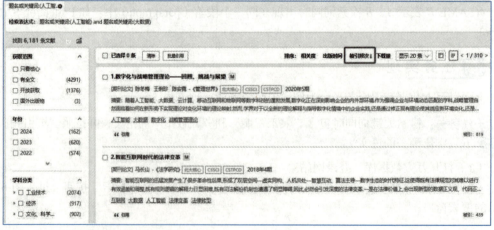

图 6-26　检索列表

(5)单击允许下载的论文下方的"下载"按钮,进入图6-27所示的窗口。如果下载顺利,窗口上方会提示"下载完成",如果下载未开始,单击窗口中"下载未开始,请点击此处"提示进行下载。单击窗口左下角下载完成后的文件名,即可打开下载文件。

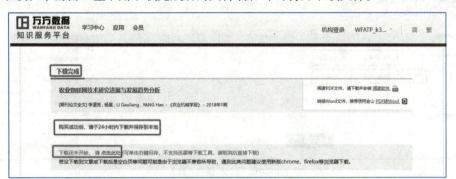

图6-27 下载页面

子任务二:检索关键词含有"人工智能"或"大数据"的论文,并按照"出版时间"排序,下载排位第一的论文

(1)在高级检索窗口中,单击第一个检索框左侧"题名"下拉按钮,选择"题名或关键词",关键词输入"人工智能",单击运算符"与"下拉按钮,选择"或",单击第二个检索框左侧"题名"下拉按钮,选择"题名或关键词",关键词输入"大数据",如图6-28所示。

图6-28 高级检索窗口

(2)单击"检索"按钮,系统将完成对相关论文的检索,在"排序"栏中选择"出版时间",检索列表将按照"出版时间"进行降序排序。

(3)单击排序第一位的论文进行下载即可。

子任务三:检索关键词含有"大数据"但不含有"人工智能"的论文,并按照"下载量"排序,下载排位第一的论文

(1)在高级检索窗口中,单击第一个检索框左侧"题名"下拉按钮,选择"题名或关键词",关键词输入"大数据",单击运算符"与"下拉按钮,选择"非",单击第二个检索框左侧"题名"下拉按钮,选择"题名或关键词",关键词输入"人工智能",如图6-29所示。

(2)单击"检索"按钮,系统将完成对相关论文的检索,在"排序"栏中选择"下载

量",检索列表将按照"下载量"进行降序排序。

(3)单击排序第一位的论文进行下载即可。

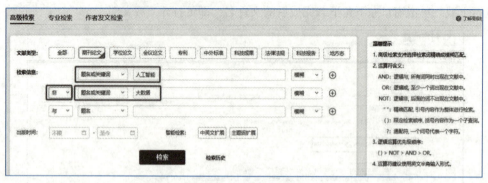

图 6-29 检索条件窗口

技巧与提高

在万方数据检索中,还提供了专业检索和按作者检索两种方式。

1. 万方专业检索

万方智搜支持逻辑运算符、双引号以及特定符号的限定检索,可以使用运算符构建的检索表达式。

专业检索可以使用" "(双引号)进行检索词的精确匹配限定。

例如,题名或关键词为:((" 协同过滤 " and " 推荐算法 ") or (" 协同过滤 " and " 推荐系统 " and " 算法 ") or (" 协同过滤算法 ")),如图 6-30 所示。

图 6-30 专业检索举例

2. 作者发文检索

万方数据检索可以通过输入作者姓名和作者单位等字段精确查找相关作者的学术成果,系统默认精确匹配,可以自行选择精确还是模糊匹配。同时,可以通过单击输入框前的"+"号增加检索字段。若某一行未输入作者或作者单位,则系统默认作者单位为上一行的作者单位。如图 6-31 所示,检索得到武汉大学同时包含李丽和李伟两位作者的检索结果。

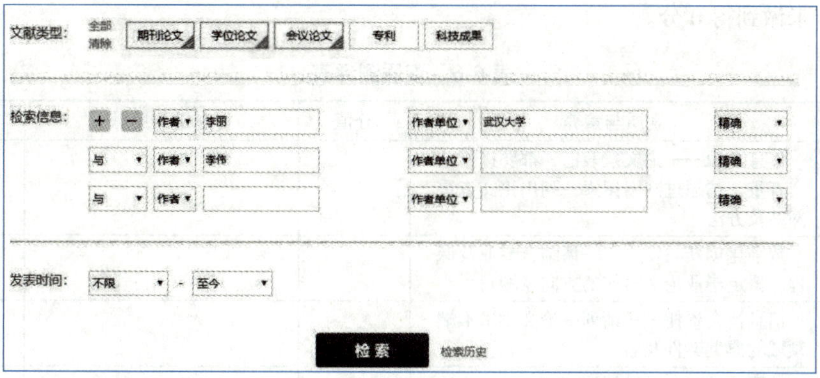

图 6-31 作者发文检索

测　　评

1. 知识测评

1）填空题

（1）逻辑"与"的运算符是_____、逻辑"或"的运算符是_____、逻辑"非"的运算符是_____。

（2）CNKI 是_____。

（3）若要同时检索"Software（软件）"和"Hardware（硬件）"，可使用_____。

2）简答题

请列述常用的论文检索数据库。

2. 能力测评

按表 6-5 中所列的操作要求，对照自己的操作过程，操作完成得满分，未完成或错误得 0 分。

表 6-5　技能测评表

序号	操作要求（具体见任务实现）	分值	完成情况	自评分
1	能够使用万方数据库检索关键词同时包含"人工智能"和"大数据"的论文，并按照"被引频次"排序，下载排位第一的论文	25		
2	能够使用万方数据库检索关键词含有"人工智能"或"大数据"的论文，并按照"出版时间"排序，下载排位第一的论文	25		
3	能够使用万方数据库检索关键词含有"大数据"但不含有"人工智能"的论文，并按照"下载量"排序，下载排位第一的论文	25		
4	能够使用知网、维普、超星数据库进行论文检索	25		
总　分				

3. 素质测评

针对表 6-6 中所列出的素质与素养观察点，反思任务实现的过程，思考总结相关项目，做到即得分,未做到得 0 分。

表 6-6 素质测评表

序号	素质与素养	分值	总结与反思	得分
1	信息意识——论文发表前,都要进行论文查重,请通过网络搜索,列出论文查重网站及方法	25		
2	数字化创新与发展——请结合专业及课程,拟定毕业论文写作的方向及题目	25		
3	信息社会责任——请列举论文学术不端领域的典型案件及启示	25		
4	计算思维——通过阅读专业论文,简述论文的结构	25		
总　分				

拓展训练

利用万方数据库,检索并下载符合如下条件的论文:

1. 检索关键词同时包含"量子计算"和"人工智能"的论文,并按照"被引频次"排序,下载排位第一的论文;

2. 检索关键词含有"量子计算"或"人工智能"的论文,并按照"出版时间"排序,下载排位第一的论文;

3. 检索关键词含有"量子计算"但不含有"人工智能"的论文,并按照"下载量"排序,下载排位第一的论文。

模块 7　信息新技术

在浩瀚的历史长河中，信息技术既是推动人类文明进步的动力，更是人类文明进步的标志。语言、文字、印刷术、电磁波、互联网，这些信息技术发展史上的标志性成果，一次又一次地改变着人类的生活方式，推动着人类文明走向更高的山峰，让人类获得了更广泛意义上的自由。

今天，以人工智能、量子信息、移动通信、物联网、区块链、云计算、大数据为代表的新兴信息技术，与制造业、金融业、服务业等领域深度融合，正在全球范围内引发一场新一轮的科技革命，以前所未有的速度转化为现实生产力，引领社会以日新月异的速度变革和发展。

本模块通过寻找生活中的信息新技术任务的实现，以信息技术发展为主线，介绍信息技术发展史和信息技术发展的五个新兴领域：人工智能、量子科技、移动通信、物联网、区块链的基本概念、核心技术及典型应用场景。

知识目标

1. 了解信息技术发展史；
2. 理解新一代信息技术及其主要代表技术的基本概念；
3. 了解新一代信息技术各主要代表技术的技术特点；
4. 了解新一代信息技术各主要代表技术的典型应用；
5. 了解新一代信息技术与制造业等产业的融合发展方式。

能力目标

1. 能根据人工智能、量子科技、移动通信、物联网、区块链的概念和典型应用场景，感知和判断与个人生活相关的新技术应用；
2. 能通过网络检索收集新技术应用的典型场景；
3. 能使用手机采集、编辑新技术在生活中的典型应用场景。

素质目标

1. 具备信息意识：主动地寻求恰当的方式捕获、提取和分析信息新技术的典型应用场景；
2. 树立建设创新型国家、制造强国、网络强国、数字中国、智慧社会的信心。

任务 1　信息技术发展史——推动人类文明进步的信息技术

任务描述

本阶段的任务是了解信息技术发展史，并使用 WPS 流程图绘制信息技术发展史。

一、信息技术的五次革命

宇宙诞生自大爆炸，至今已经有138亿年历史，地球和太阳系形成已经有46亿年了，最早的生命约在36亿年前出现，人类的始祖大约在800万年前诞生。相比之下，人类历史只是宇宙进化过程中的简短片刻。人类是一个社会型的生命体，从生命诞生以来，人类的生活就离不开信息的交流，从语言、文字，到造纸术、印刷术，再到电报、电话，到现在的互联网、区块链、人工智能等，信息技术在不断改革，至今发生过五次信息革命。

1. 第一次信息革命——语言

第一次信息革命是建立了语言，这是人类进化和文明发展的一个重要里程碑。语言的出现促进了人类思维能力的提高，并为人们相互交流思想、传递信息提供了有效的工具。

人类语言的起源是一个有高度争议性的话题，有"神授说""人创说""劳动创造说"等多种理论。美国伯克利加州大学的语言学家约翰娜·尼科尔斯（Johanna Nichols）运用统计学的方法推算出，人类语言产生于10万年前。

2. 第二次信息革命——文字

第二次信息革命是创造了文字。使用文字作为信息的载体，可以使知识、经验长期得到保存，并使信息的交流开始能够克服时间、空间的障碍，得以广泛流传和长期保存。

公元前5000多年，古埃及人发明了最初的象形文字。经过几百年的发展，象形文字演变成了一种比较完备的文字——圣书体。到了公元前3200年，楔形文字由生活在两河流域地区（幼发拉底河、底格里斯河）的苏美尔人发明。玛雅文明是南美洲唯一拥有文字系统的古代文明，玛雅文字，最早出现于公元前后。甲骨文，是中国的一种古老文字，又称"契文""甲骨卜辞""殷墟文字"或"龟甲兽骨文"。我们能见到的最早的成熟汉字，主要指中国商朝晚期王室用于占卜记事而在龟甲或兽骨上镌刻的文字，是中国及东亚已知最早的成体系的商代文字的一种载体。

3. 第三次信息革命——印刷术

第三次信息革命是发明了印刷术，产生了书刊报纸，并极大地促进了信息的共享和文化的普及。印刷术是中国古代劳动人民的四大发明之一。它开始于唐朝的雕版印刷术，大约在1045年，经宋仁宗时期的毕昇发展、完善，产生了活字印刷。活字印刷术的发明是印刷史上一次伟大的技术革命。

4. 第四次信息革命——电报、电话、广播、电视

第四次信息革命是出现了电报、电话、广播、电视等事物。电报、电话、广播、电视等信息传播手段的广泛普及，使人类的经济和文化生活发生了革命性的变化。

5. 第五次信息革命——计算机与互联网

第五次信息技术革命始于20世纪60年代，其标志是电子计算机的普及应用及计算机与现代通信技术的有机结合。近几十年是信息技术高速发展的时期，信息给产业赋能带来的价值正在得到更多的发展。随着信息技术的发展，信息技术会成为社会进步最重要的推动力，会给人们带来越来越多的成果。

二、计算机发展

1946 年 2 月 14 日,世界上第一台电子计算机"电子数字积分计算机"(electronic numerical integrator and computer, ENIAC)在美国宾夕法尼亚大学问世。ENIAC(见图 7-1)是美国奥伯丁武器试验场为了满足计算弹道需要而研制成的,这台计算器使用了 17 840 支电子管,大小为 80 英尺 ×8 英尺,重达 28 t,功耗为 170 kW,其运算速度为每秒 5 000 次的加法运算,造价约为 487 000 美元。ENIAC 的问世具有划时代的意义,表明电子计算机时代的到来。在以后 70 多年里,计算机技术以惊人的速度发展,没有任何一门技术的性能价格比能在 30 年内增长 6 个数量级。

图 7-1　第一台电子计算机 ENIAC

根据计算机使用电子元器件的不同,计算机的发展大致分为四代,见表 7-1。

表 7-1　电子计算机发展的各个阶段

类别	起止年份	主要元件	速度(次/秒)	代表机型	应用
第一代	1946—1957 年	电子管	5 000~1 万	ENIAC、EDVAC	科学和工程计算
第二代	1958—1964 年	晶体管	几万~几十万	TRADIC、IBM 1401	数据处理、事务管理、工业控制领域
第三代	1965—1970 年	中小规模集成电路	几十万~几百万	PDP-8 机、PDP-11 系列机、VAX-11 系列机	拓展到文字处理、企业管理、自动控制方面
第四代	1971 年至今	大规模和超大规模集成电路	几千万~数十亿	IBM PC、Pentium 系列、Core 系列、APPLE iMAC g5 系列	广泛应用到社会生活的方方面面

计算机未来的发展趋势是巨型化、微型化、网络化、多媒体化和智能化。未来计算机的研究目标是打破计算机现有的结构体系,使计算机能具有像人那样的思维、推理和判断能力。

三、互联网发展

主机 - 终端系统是计算机网络的雏形,它是由多台终端设备通过通信线路连接到一台中央计算机上而构成,有人称为面向终端的计算机网络。根据作业处理方式的不同,这种系统可分为实时处理联机系统、分时处理联机系统和批处理联机系统。例如 20 世纪 50 年代末,美国的防空系统(SAGE)使用了总长度约 240 万 km 的通信线路,连接 1 000 多台终端,实现了远程集中控制。又如 20 世纪 60 年代,美国建成了全国性飞机订票系统,用一台中央计算机连接着 2 000 多个遍布全国的终端。这些都是计算机技术与通信技术结合的最初标志。主机 - 终端系统虽然还称不上是真正的计算机网络,但它提供了计算机通信的许多基本方法,而这种系统本身也成为日后发展起来的计算机网络的组成部分。

真正成为计算机网络里程碑的是建于 1969 年的 ARPA Net,即美国国防部高级研究计划局网络,初建时只连接了 4 台计算机,1973 年发展到 40 台,1983 年已有 100 多台不同型号的计算机进入 ARPA Net。ARPA Net 不仅跨越了美洲大陆,连通了美国东西部的许多高等院校和研究机构,而且通过卫星与欧洲等地的计算机网络互相连通。

继 ARPA Net 之后，一些发达国家陆续建成了许多全国性的计算机网络，这些计算机网络都以连接主机系统（大、中、小型计算机）为目的，跨越广阔的地理位置，通信线路大多采用租用的电话线，少数铺设专用线缆。这类网络的作用是实现远距离的计算机之间的数据传输和信息共享。例如，在 ARPA Net 中，斯坦福大学的文件库、犹他大学的数字处理及曲线处理系统、麻省理工学院的数学计算软件系统、伊利诺斯大学的阵列式巨型计算机群等，均可为网络中的用户通过自己的终端使用。这类计算机网络统称为广域网（wide area network, WAN）。

与此同时，计算机的另一个分支开始发展起来。进入 20 世纪 80 年代，个人计算机（personal computer, PC）如雨后春笋般地发展和普及，微机应用几乎渗透社会生活的每个领域。PC 的出现为计算机网络的发展提供了一个新天地，不同于广域网的另一类计算机网络——局域网（local area network, LAN）应运而生。局域网的目的是为一个单位，或一个相对独立的局部范围内大量存在的微机能够相互通信、共享昂贵的外围设备（如大容量磁盘、激光打印机、绘图仪等）、共享数据信息和应用程序而建立的。局域网一般不需要租用电话线，而是使用专门铺设的通信线路，所以传输速率比广域网快得多。

局域网的应用领域非常广泛，目前在学校、公司、机关或厂矿管理部门中纷纷开发的计算机管理信息系统、办公自动化系统，以及计算机集成制造系统等大都建立在局部网络上。局域网在银行业务处理、交通管理、计算机辅助教学等领域都将起到基础性作用。

应该指出，局域网在应用中往往不是孤立的，它可以与本部门的大型机系统互相通信，还可以与广域网连接，实现与远地主机或远地局部网络之间的相互连接。网络互连形成了规模更大的互联网。网络互连的目的就是让一个网络上的用户能访问其他网络上的资源，可使不同网络上的用户也能相互通信和交换信息。

因特网（Internet）就是一个覆盖全球的互联网。因特网的发展正在改变着 20 世纪 80 年代的联网模式，那时联网大多采用计算机公司的专用网，用户购买的计算机和联网设备全来自同一厂家。而新的互联网络结构是将主要的联网协议集成到一个共享的、开放的、易于管理的主干网，各计算机和网络厂商正在采纳这种新的概念，安排新的产品和服务，从单一厂商的支持模式转变到新的网络互联模式，这种模式和结构将成为通用的网络基础，并实现利用各种物理介质对 LAN 和 WAN 互联。

从网络发展的趋势看，网络系统由局域网向广域网发展，网络的传输介质由有线技术向无线技术发展，网络上传输的信息向多媒体方向发展。网络化的计算机系统将无限地扩展计算机应用的平台。

任务实现

子任务一：新建流程图

（1）打开 WPS Office 任意组件，选择"文件"→"新建"命令，在左侧列表中选择"流程图"。

（2）在搜索框中输入"时间轴"，单击"搜索"按钮。

（3）由于信息技术经历了五次革命，因此在提供"时间轴"模板中选择一个有五项的模板，如图 7-2 所示，付费用户可以下载使用。如不是会员，可新建空白文件，参照时间轴模板样式，创建流程图。

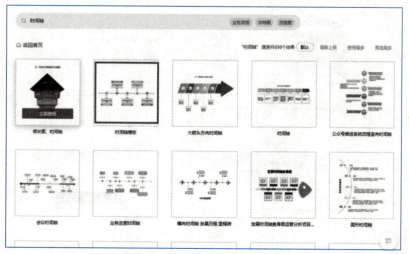

图 7-2 "时间轴"模板列表

子任务二:第一次信息革命——语言部分制作

(1)在时间提示处输入时间"10 万年前"。

(2)在"填写你的标题"处选中文本框,鼠标移动到右下角,变成双向箭头时拖动鼠标,调整文本框大小至原高度的两倍。双击输入"第一次信息革命 语言"。

(3)在"点击添加你需要添加的内容在这里"处输入"语言的诞生为人类交流思想、传递信息提供了有效工具"。

(4)编辑前与编辑后的效果如图 7-3 和图 7-4 所示。

图 7-3 编辑前

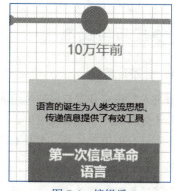

图 7-4 编辑后

子任务三:其他部分制作

采用子任务二的方法完成其他部分内容制作,此处不再赘述。

子任务四:导出图片

完成流程图绘制之后,选择"文件"→"另存为/导出"→"PNG 图片"命令,进入图 7-5 所示的"导出为 PNG 图片"对话框,确定保存目录及文件名,取消勾选"透明背景"复选框,单击"导出"按钮。

导出后的"信息技术五次革命时间轴流程图"效果图如图 7-6 所示。

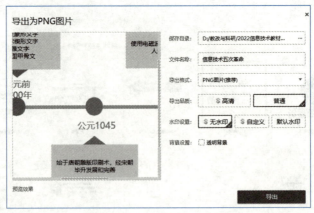

图 7-5 "导出为 PNG 图片"对话框

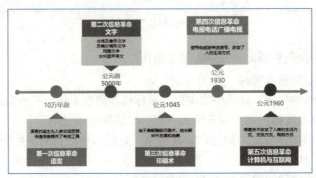

图 7-6 信息技术五次革命时间轴流程图

技巧与提高

1. 分子计算机

研究人员正在开发与目前使用的电子计算机截然不同的新计算机，分子计算机就是其中之一。分子计算机体积小、耗电少、运算快、存储量大。分子计算机的运行是吸收分子晶体上以电荷形式存在的信息，并以更有效的方式进行组织排列。

2. 量子计算机

量子计算机，简单地说，它是一种可以实现量子计算的机器，是一种通过量子力学规律以实现数学和逻辑运算，处理和存储信息能力的系统。它以量子态为记忆单元和信息存储形式，以量子动力学演化为信息传递与加工基础的量子通信与量子计算，在量子计算机中其硬件的各种元件的尺寸达到原子或分子的量级。量子计算机是一个物理系统，它能存储和处理用量子比特表示的信息。

3. 光子计算机

1990 年初，美国贝尔实验室制成世界上第一台光子计算机。光子计算机是一种由光信号进行数字运算、逻辑操作、信息存储和处理的新型计算机。光子计算机的基本组成部件是集成光路，要有激光器、透镜和核镜。由于光子比电子速度快，光子计算机的运行速度可高达一万亿次。它的存储量是现代计算机的几万倍，还可以对语言、图形和手势进行识别与合成。

4. 纳米计算机

纳米计算机是用纳米技术研发的新型高性能计算机。纳米管元件尺寸在几到几十纳米范围，质地坚固，有着极强的导电性，能代替硅芯片制造计算机。

5. 生物计算机

20 世纪 80 年代以来，生物工程学家对人脑、神经元和感受器的研究倾注了很大精力，以期研制出可以模拟人脑思维、低耗、高效的第六代计算机——生物计算机。用蛋白质制造的计算机芯片，存储量可以达到普通计算机的 10 亿倍。生物计算机元件的密度比大脑神经元的密度高 100 万倍，传递信息的速度也比人脑思维的速度快 100 万倍。

测　　评

1. 知识测评

1）填空题

（1）美国伯克利加州大学的语言学家约翰娜·尼科尔斯（Johanna Nichols）运用统计学的方法推算出，人类语言产生于_____年前。

（2）公元前 5000 多年，古埃及人发明了最初的_____文字，经过几百年的发展，演变成了一种比较完备的文字——圣书体。

（3）_____是中国古代劳动人民的四大发明之一。它开始于唐朝的雕版印刷术，大约在 1045 年，经宋仁宗时期的毕昇发展、完善，产生了_____。

（4）_____是一种最早用电的方式来传送信息的、可靠的即时远距离通信方式，它是 19 世纪 30 年代在英国和美国发展起来的。

（5）_____年，世界上第一台电子计算机"电子数字积分计算机"（electronic numerical integrator and computer，ENIAC）在美国宾夕法尼亚大学问世。

（6）真正成为计算机网络里程碑的是建于 1969 年的_____，即美国国防部高级研究计划局网络，初建时只连接了 4 台计算机，1973 年发展到 40 台，1983 年已有 100 多台不同型号的计算机接入该网络。

（7）广域网的英文缩写是_____，局域网的英文缩写是_____。

2）简答题

（1）简述信息技术的五次革命。

（2）简述计算机发展的四个阶段。

2. 能力测评

按表 7-2 中所列的操作要求，对自己完成的任务进行检查，操作完成得满分，未完成或错误得 0 分。

表 7-2　技能测评表

序号	操作要求（具体见任务实现）	分值	完成情况	自评分
1	能基于 WPS 流程图模板创建文件	10		
2	能对信息技术五次革命进行归纳、总结	20		
3	能使用模板创建信息技术五次革命的时间轴	60		
4	能将流程图导出成图片并保存流程图	10		
总　　分				

3. 素质测评

针对表 7-3 中所列出的素质与素养观察点，反思任务实现的过程，思考总结相关项目，做到即得分，未做到得 0 分。

表 7-3 素质测评表

序号	素质与素养	分值	总结与反思	得分
1	信息意识——理解信息技术发展对人类文明发展的重要意义，对信息具有较强的敏感度，充分认识信息系统在人们生活、学习和工作中的重要性	50		
2	数字化创新与发展——能清晰描述信息技术五次革命，理解信息技术创新与发展对推动人类文明进步的重要意义	50		
总 分				

拓展训练

使用 WPS 思维导图，完成计算机发展史和网络发展史思维导图的设计与制作。

任务 2　寻找生活中的人工智能——引领未来的人工智能

人工智能（artificial intelligence，AI）是研究、开发用于模拟、延伸和扩展人的智能的理论、方法、技术及应用系统的一门新的技术科学。

经过 60 多年的演进，特别是在移动互联网、大数据、超级计算、传感网、脑科学等新理论新技术以及经济社会发展强烈需求的共同驱动下，人工智能加速发展，呈现出跨界融合、人机协同、群智开发、自主操控等新特征。与工业时代的蒸汽机和信息时代的互联网一样，人工智能在智慧时代扮演着关键角色，是支撑引领人类社会从信息时代走向智慧时代的基础。

任务描述

本阶段的任务是结合所学的人工智能的知识，寻找生活中的人工智能典型应用场景，使用手机拍摄视频和照片或者使用网络搜索相关信息进行收集、记录。

知识准备

一、人工智能的定义

广义的人工智能，是创造出能像人类一样思考的机器。而狭义的人工智能，是怎样获得知识、怎样表示知识并使用知识的学科。

从人工智能实现的功能来定义，是指智能机器所执行的通常与人类智能有关功能，如判断、证明、识别、学习和问题求解等思维活动。这些反映了人工智能学科的基本思想和基本内容，即研究人类智能活动的规律。

二、人工智能的产生和发展

1956 年 8 月，在美国汉诺斯镇达特茅斯学院的会议上，科学家们通过集中讨论，引出了人工智能这个概念，这一年又称为了人工智能的元年。

从 1956 年至今，人工智能的发展经历了三次浪潮。

1956—1976 年——第一次人工智能浪潮。这个阶段主要是符号主义、推理、专家系统等领域发展很快。1964—1966 年，约瑟夫·维森鲍姆（Joseph Weizenbaum）教授建立了世界上第一个自然语言对话程序 ELIZA，可以通过简单的模式匹配和对话规则与人聊天。第一次浪潮的高峰在 1970 年，当时由于机器能够自动证明数学原理中的大部分原理，人们认为第一代人工智能机器甚至可以在 5～10 年达到人类智慧水平。20 年以后，大家当时设计的理想目标很多都没有实现，由此进入第一个低潮期，符号主义和连接主义由此消沉。

1976—2006 年——第二次人工智能浪潮。20 世纪 80 年代，由于专家系统和人工神经网络的新进展，人工智能浪潮再度兴起。1980 年，卡耐基·梅隆大学为迪吉多公司开发了一套名为 XCON 的专家系统，这套系统当时每年可为迪吉多公司节省 4 000 万美元。XCON 的巨大价值激发了工业界对人工智能尤其专家系统的热情。1982 年，约翰·霍普菲尔德提出了一种新型的网络形式，即霍普菲尔德神经网络，其中引入了相关存储（associative memory）的机制。1986 年，《通过误差反向传播学习表示》论文的发表，使反向传播算法被广泛用于人工神经网络的训练。20 世纪 80 年代后期，由于专家系统开发与维护的成本高昂，而商业价值有限，人工智能的发展再度步入冬天。

2006 年至今——第三次人工智能浪潮。21 世纪，人类迈入了"大数据"时代，此时计算机芯片的计算能力高速增长，人工智能算法也因此取得重大突破。研究人工智能的学者开始引入不同学科的数学工具，为人工智能打造更坚实的数学基础。在数学的驱动下，一大批新的数学模型和算法被发展起来，逐步被应用于解决实际问题，让科学家看到了人工智能再度兴起的曙光。2012 年全球的图像识别算法竞赛 ILSVRC（又称 ImageNet 挑战赛）中，多伦多大学开发的多层神经网络 Alex Net 取得了冠军，且大幅超越传统算法的亚军，引起了人工智能学界的震动。从此，多层神经网络为基础的深度学习被推广到多个应用领域。2016 年 AlphaGo（阿尔法围棋）通过深度学习训练战胜围棋世界冠军李世石。

三、人工智能的实现方式

人工智能通过以下两种方式实现：一是采用传统的编程技术，使系统呈现智能的效果，而不考虑所用方法是否与人或动物机体所用的方法相同。这种方法称为工程学方法，它已在一些领域内作出了成果，如文字识别，计算机下棋等。二是模拟法，它不仅要看效果，还要求实现方法也和人类或生物机体所用的方法相同或相似。遗传算法和人工神经网络均属于模拟法。

1. 机器学习

机器学习是研究怎样使用计算机模拟或实现人类学习活动的科学，是人工智能中最具智能特征，最前沿的研究领域之一。自 20 世纪 80 年代以来，机器学习作为实现人工智能的途径，在人工智能界引起了广泛的兴趣，特别是近十几年来，机器学习领域的研究工作发展很快，它已成为人工智能的重要课题之一。

2. 深度学习

深度学习是学习样本数据的内在规律和表示层次，这些学习过程中获得的信息对诸如文字、图像和声音等数据的解释有很大的帮助。它的最终目标是让机器能够像人一样具有分析学习能力，能够识别文字、图像和声音等数据。深度学习是一个复杂的机器学习算法，在语音和图像识别方面取得的效果，远远超过先前相关技术。

3. 强化学习

强化学习（reinforcement learning, RL）又称再励学习、评价学习或增强学习，是机器学习的范式和方法论之一，用于描述和解决智能体（agent）在与环境的交互过程中通过学习策略以达成回报最大化或实现特定目标的问题。

4. 迁移学习

迁移学习是一种机器学习方法，就是把为任务 A 开发的模型作为初始点，重新使用在为任务 B 开发模型的过程中。

5. 知识共享

布朗大学、加利福尼亚大学伯克利分校、德国达姆施达特工业大学等知名高校的机器人项目，目的是使世界各地研究型机器人学习如何发现和处理简单的物品，并将数据上传至云端，允许其他机器人分析和使用这些信息。2016 年，布朗大学教授斯蒂芬妮·泰勒斯（Stefanie Tellex）团队已经收集了大约 200 个物品的数据，并且开始共享这些数据。她希望能建立一个信息库，让机器人能够很容易地获取它们所需要的信息。

上面提到的就是知识分享型机器人，它是可以学习任务，并同时将知识传送到云端，以供其他机器人学习的机器人。当机器人执行任务时，它们能下载数据，并寻求其他机器人的帮助，更快地在新环境下工作。

任务实现

子任务一：了解人工智能典型应用场景

人工智能应用（applications of artificial intelligence）的范围很广，包括医药、诊断、金融贸易、机器人控制、科学发现和玩具。

1. 人工智能在图像识别领域的应用

一般而言，传统图像识别系统主要由图像分割、图像特征提取以及图像识别分类构成。图像分割将图像划分为多个有意义的区域，然后将每个区域的图像进行特征提取，最后根据提取的图像特征对图像进行分类。高性能芯片、摄像头和深度学习算法的进步都为图像识别技术发展提供了源源不断的动力，日渐成熟的图像识别技术已开始探索在各类行业中的应用。

1) 人脸识别

人脸识别又称人像识别、面部识别，是基于人的脸部特征信息进行身份识别的一种生物识别技术。人脸识别涉及的技术主要包括计算机视觉、图像处理等。人脸识别系统的研究始于 20 世纪 60 年代，之后，随着计算机技术和光学成像技术的发展，人脸识别技术水平在 20 世纪 80 年代得到不断提高。在 20 世纪 90 年代后期，人脸识别技术进入初级应用阶段。目前，人脸识别技术已广泛应用于多个领域，如金融、司法、公安、边检、航天、电力、教育、医疗等。图 7-7 所示为人脸识别在天眼系统中的应用。

2) 交通系统

图像识别技术被广泛应用于交通运输领域，如图 7-8 所示。车牌识别、交通违章监测、交通拥堵检测、信号灯识别可提高交通管理者的工作效率，更好地解决城市交通问题。

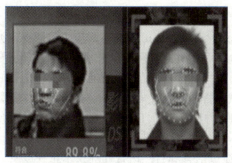
图 7-7 人脸识别在天眼系统中的应用

图 7-8 图像识别在交通系统中的应用

3）医学图像处理

医学图像处理是目前人工智能在医疗领域的典型应用,如在临床医学中广泛使用的核磁共振成像、超声成像等生成的医学影像。传统的医学影像诊断,主要通过观察二维切片图去发现病变体,这往往需要依靠医生的经验来判断。而利用计算机图像处理技术,可以对医学影像进行图像分割、特征提取、定量分析和对比分析等工作,进而完成病灶识别与标注,针对肿瘤放疗环节的影像的靶区自动勾画,以及手术环节的三维影像重建。该应用可以辅助医生对病变体及其他目标区域进行定性甚至定量分析,从而大大提高医疗诊断的准确性和可靠性。另外,医学图像处理在医疗教学、手术规划、手术仿真、各类医学研究、医学二维影像重建中也起到重要的辅助作用。图 7-9 所示为"腾讯觅影"筛查 AI 系统。

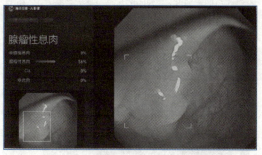
图 7-9 "腾讯觅影"筛查 AI 系统

2. 人工智能在自动驾驶领域的应用

无人驾驶汽车是智能汽车的一种,主要依靠车内以计算机系统为主的智能驾驶控制器来实现无人驾驶。无人驾驶中涉及的技术包含多个方面,如计算机视觉、自动控制技术等。美国、英国、德国等发达国家从 20 世纪 70 年代开始就投入无人驾驶汽车的研究中,中国从 20 世纪 80 年代起也开始了无人驾驶汽车的研究。近年来,伴随着人工智能浪潮的兴起,无人驾驶成为人们热议的话题,国内外许多公司都纷纷投入到自动驾驶和无人驾驶的研究中。

2018 年 2 月,小马智行第一支无人驾驶车队(见图 7-10)正式在广州南沙上路。百度与金龙客车合作打造的 L4 级自动驾驶巴士"阿波龙"量产下线。2020 年,百度宣布在黄埔区、广州开发区开启中国首个数字交通运营商模式及自动驾驶示范运营模式,全球最大的自动驾驶 MaaS 平台正式启动,形成中国智能网联应用的"广州模式"。2021 年,小马智行于 12 月 8 日获颁深圳市智能网联汽车道路测试牌照。取得牌照后,小马智行自动驾驶车队随即开启在深圳市公开道路的道路测试及技术验证。

截至 2023 年 8 月,全国累计开放测试道路超过 2 万公里,小马智行、蔚来、理想等一批搭载自动驾驶功能的智能网联汽车产品开展大量研发测试验证。2023 年 11 月,工业和信息化部联合多部门发布了《关于开展智能网联汽车准入和上路通行试点工作的通知》,助力智能网联汽车产业协同创新与高质量发展。

3. 人工智能在语音识别领域的应用

语音识别技术又称自动语音识别（automatic speech recognition, ASR），其目标是将人类语音中的词汇内容转换为相应的文字。语音识别技术广泛应用于工业、家电、通信、汽车电子、医疗、虚拟现实和家庭服务等多个领域。Siri、小度、小爱同学都是人工智能在语音识别领域的典型应用，可用在个人移动、智能家庭、智能穿戴、智能办公、儿童娱乐、智能出行、智慧酒店、智慧学习等多种应用场景中。在语音识别领域，科大讯飞（Flytek）已占有中文语音技术市场 70% 以上的市场份额。

文心一言、讯飞星火、ChatGPT 等大模型工具通过语音和自然语言处理技术正在改变人机交互方式，在文本创作、智能问答、知识检索、商业文案生成等诸多场景中展现出巨大潜力。

4. 人工智能在制造业领域的应用

目前制造企业中应用的人工智能技术，主要围绕在智能语音交互产品、人脸识别、图像识别、图像搜索、声纹识别、文字识别、机器翻译、机器学习、大数据计算、数据可视化等方面。在智能分拣（见图 7-11）、设备健康管理、基于视觉的表面缺陷检测、基于声纹的产品质量检测与故障判断、智能决策、数字孪生、创成式设计、需求预测、供应链优化等方面有非常广泛的应用。

图 7-10　小马智行车队

图 7-11　智能分拣机器人

子任务二：寻找生活中的人工智能

1. 通过网络检索

根据子任务一介绍的人工智能典型应用场景，使用模块 6 中介绍的"网络检索方法"，检索人工智能典型应用的案例，搜集相关视频、文本、图片信息，并进行整理。

2. 利用手机记录生活中的人工智能

使用手机拍照和视频功能，记录生活中的人工智能典型应用场景，比如公寓智慧宿管的"人脸识别"、车站的"身份证识别"、校园大门的"车牌识别"、"无人售货超市"、小度、小爱的应用等场景。

技巧与提高

世界主要制造业大国都看到新一代信息技术对制造业的颠覆性影响，不约而同地将智能制造作为制造业转型升级的重点，纷纷出台发展人工智能的国家战略和产业政策，产业界也加快在智能制造领域的布局。

从国务院在《关于积极推进"互联网+"行动的指导意见》中将人工智能推上国家战略层

面,到"科技创新2030重点项目"中将智能制造和机器人列为重大工程之一,人工智能在中国掀起了新一轮技术创新的浪潮。一切都预示着:人工智能正在成为产业革命的新风口,人类历史上最好的"人工智能+"时代已经到来。

测评

1. 知识测评

1)填空题

(1)人工智能的英文缩写为_____。它是研究、开发用于模拟、延伸和扩展人的智能的理论、方法、技术及应用系统的一门新的技术科学。

(2)_____年,在美国汉诺斯镇达特茅斯学院的会议上,科学家们通过集中讨论,引出了人工智能这个概念,这一年又称为了人工智能的元年。

(3)从1956年至今,人工智能的发展经历了_____次浪潮。

(4)人工智能技术总体来说可分为两层,即_____层和_____层。

(5)2016年_____通过深度学习训练战胜围棋世界冠军李世石。

(6)智慧公寓的门禁系统是人工智能在_____中的应用。

(7)校园的车牌识别系统是人工智能在_____中的应用。

(8)使用语音唤醒小爱智能音箱,是人工智能在_____中的应用。

2)简答题

(1)简述人工智能发展过程中的三次浪潮。

(2)简述人工智能实现的方法。

2. 能力测评

按表7-4中所列的操作要求,对自己完成的任务进行检查,操作完成得满分,未完成或错误得0分。

表7-4 技能测评表

序号	操作要求(具体见任务实现)	分值	完成情况	自评分
1	能使用网络或手机采集人工智能在图像识别领域中的典型应用场景	25		
2	能使用网络或手机采集人工智能在语音识别领域中的典型应用场景	25		
3	能使用网络或手机采集人工智能在自动驾驶领域中的典型应用场景	25		
4	能使用网络或手机采集人工智能在制造业领域中的典型应用场景	25		
	总 分			

3. 素质测评

针对表7-5中所列出的素质与素养观察点,反思任务实现的过程,思考总结相关项目,做到即得分,未做到得0分。

表 7-5 素质测评表

序号	素质与素养	分值	总结与反思	得分
1	信息社会责任——能辨析人工智能在社会应用中面临的伦理、道德和法律问题	25		
2	数字化创新与发展——了解人工智能发展历程,理解人工智能引领的数字化革命对社会生活的巨大影响	25		
3	计算思维——理解人工智能实现方式,初步了解解决问题过程中的形式化、模型化、自动化、系统化概念和方法	25		
4	树立建设创新型国家、制造强国、网络强国、数字中国、智慧社会的信心	25		
	总　　分			

拓展训练

完成对本任务搜集到的"生活中的人工智能"文本、图片、视频等材料的整理,使用短视频制作工具——剪影,完成短视频的制作,具体要求如下:

1. 短视频时长在 2～3 min;
2. 可采用微电影、综合视频短片等形式,要求为 MP4 格式,像素为 1 920×1 080。
3. 必须原创,图像清晰稳定、构图合理、声音清楚,视频片头应写上标题、作者和班级。

任务 3　寻找生活中的量子科技——改变世界的量子科技

党的二十大报告在回顾新时代十年来我国取得的历史性成就、发生的历史性变革时指出:"基础研究和原始创新不断加强,一些关键核心技术实现突破,战略性新兴产业发展壮大,载人航天、探月探火、深海深地探测、超级计算机、卫星导航、量子信息、核电技术、新能源技术、大飞机制造、生物医药等取得重大成果,进入创新型国家行列。"

从顶层设计、战略投资再到人才培养等,全球各国近年来在量子科技领域持续投入。量子信息技术是量子力学的最新发展领域,代表了正在兴起的"第二次量子革命"。量子科技是量子物理与信息技术相结合发展起来的新学科,主要包括量子通信、量子计算、量子测量三个领域。

任务描述

如果通过百度搜索"量子产品",会看到"量子护肤品、量子美容仪、量子鞋垫、量子水杯、量子阅读"等量子产品,同时也会看到有些科普文章会提醒我们,这些所谓的"量子产品"都是伪科技,那么,到底什么是量子?量子有哪些特性?生活中到底有没有产品使用量子科技?未来的量子科技革命可能发生在哪些领域?本任务将在介绍量子的基本概念、量子特征的基础上,带领读者一起寻找生活中的量子科技,展望未来的量子科技革命发生的重要领域。

知识准备

一、量子的定义

要说清楚什么叫量子,首先要从量子力学说起。量子力学起源于 20 世纪初,是研究物质世界微观粒子运动的物理学分支。我们知道构成物质的最小单元是基本粒子,而量子是质量、体积、能量等各种物理量的最小单位，也就是说如果一个物理量存在最小的不可分割的单位，那么这个物理量是量子化的，而这个最小的不可分割的单元，就是量子，量子的本质是离散变化的最小单位。量子这个词在不同的语境下对应不同的粒子（如果它对应粒子的话）。并没有某种粒子专门称为"量子"。

什么叫"离散变化"？一般统计人数时，可以有一个人、两个人，但不可能有半个人、1/3 个人。我们上台阶时，只能上一个台阶、两个台阶，而不能上半个台阶、1/3 个台阶，这些就是"离散变化"。对于统计人数来说，一个人就是一个量子。对于上台阶来说，一个台阶就是一个量子。如果某个东西只能离散变化，就说它是"量子化"的。离散变化是微观世界的一个本质特征，微观世界中的离散变化包括两类，一类是物质组成的离散变化，一类是物理量的离散变化。

说到量子物理，必须要提到物理学中的第一神兽"薛定谔的猫"，这是奥地利著名物理学家薛定谔（Erwin Schrödinger，1887 年 8 月 12 日—1961 年 1 月 4 日）提出的一个思想实验，是指将一只猫关在装有少量镭和氰化物的密闭容器里（见图 7-12），镭的衰变存在概率，如果镭发生衰变，会触发机关打碎装有氰化物的瓶子，猫就会死；如果镭不发生衰变，猫就存活。根据量子力学理论，放射性的镭处于衰变和没有衰变两种状态的叠加，猫就理应处于死猫和活猫的叠加状态，也就是说打开盒子的一瞬间，猫可能处于既活着又死去的状态。

图 7-12　薛定谔的猫

这个看起来非常违反我们直觉经验的结论，正说明了量子力学的一个特征，就是量子力学所描述的微观物理世界，不同于我们所处的宏观世界。我们不能用现实生活中的很多经验去理解和衡量量子世界。

二、量子科技的重要性

首先，量子力学建立以后，就成为整个微观物理学的理论框架。让我们来看看量子力学都影响了哪些领域。

1. 化学

量子力学解释了化学。元素周期表、化学反应、化学键、分子的稳定性等，都是量子力学规律所致。

2. 天体力学

量子力学帮助我们理解宇宙。从光到基本粒子，到原子核，到原子、分子以及大量原子构成的凝聚态物质，对这些物质的认识，量子力学起到了非常重要的作用。很多天文现象，例如恒星发光、白矮星和脉冲星、太阳中微子的震荡、宇宙背景辐射等，量子力学规律都在起作用。

3. 能源和材料学

很多材料性质，比如导体、绝缘体、磁体、超导体，都源于电子的量子行为。更重要的是，量子力学的研究让我们拥有了来自原子核能量这一新的能源。核弹影响了世界历史，核电则是核能的和平利用。

4. 信息学

量子力学为信息革命提供了硬件基础。激光、半导体晶体管、芯片的原理都源于量子力学。量子力学也使得磁盘和光盘的信息存储、发光二极管、卫星定位导航等新技术成为可能。

没有量子力学，互联网和智能手机也不会存在。

5. 哲学

量子力学带来的新世界观冲击着 19 世纪以来形成的哲学体系，以波尔为代表的"哥本哈根诠释"颠覆了传统的世界观。

（1）世界的本质是概率的，而非决定论的；

（2）在观测前，被观测物的状态是不确定的，通过观测才能被确定；

（3）物理过程是非定域的，相隔很远的物体可以通过量子纠缠瞬间发生作用。

20 世纪 90 年代，诺贝尔奖得主莱德曼指出，量子力学贡献了当时美国国内生产总值的三分之一。现在的比例还要高出很多，很难找到与量子无关的新技术。更重要的是，量子力学正深刻地改变我们看世界的方法和观点，因此，量子力学是当代文明的一个重要基础。

任务实现

子任务一：了解量子科技典型应用场景

1. LED

LED 的工作原理是使用半导体，即在铜线等良导体和玻璃等绝缘体之间导电的材料。这些半导体设计有孔，当电子通过电流穿过电子空穴时，它们会通过光子或光粒子释放能量。这种光的颜色由半导体内孔的大小决定，只有部分 LED 使用了量子技术。

2. 激光

与 LED 一样，激光（lasers）也利用了量子物理学的特性。当具有高能级的原子与具有精确波长的光子相互作用时，激光就会工作，然后使原子发射与第一个光子完全相同的第二个光子。在这里，原子的量子态随着它们发射光子而降低。如此循环，便会产生激光。

虽然激光在演讲厅中很常见，但激光还有许多其他应用。从军用武器、枪支瞄准器到显微镜，激光无处不在。无论是扫描杂货、在宠物的项圈上刻标签、玩激光游戏，都在使用激光，科学家还会使用高功率激光来诱发降雨和闪电风暴。

3. 全球定位系统

GNSS 以原子钟（atomic clocks）的形式使用量子技术。原子钟通过量子物理学的特性工作。使用铯或铷原子，这些时钟"滴答作响"，因为特定微波的振荡会驱动这些原子的两个量子态之间的跃迁。因此，原子钟非常精确。

GNSS 的工作原理是使用来自多个原子钟的信号，查看来自不同卫星的不同到达时间，然后从原子钟和卫星获取数据以确定你的距离和目的地有多远。每次需要导航时，GNSS 都会使用光速将原子钟给出的时间转换为距离，从而为人们提供精确的导航。

4. 核磁共振

核磁共振（magnetic resonance imaging, MRI）是一种众所周知的医生和其他专业人员进行人体成像的方法。MRI 机器使用氢原子工作，像所有原子一样，氢原子的原子核在自旋上具有特定的排列。MRI 机器使用精心布置的磁场翻转这些氢原子的自旋。这些自旋翻转是氢原子量子态的一部分，可以在量子水平上改变这些原子之间的相互作用。使用这些翻转旋转，医生可以查看体内不同浓度的氢，看到 X 射线上看不到的东西。

5. 晶体管

晶体管是微处理器中的基本硬件，它由半导体构成，其中仅允许携带电荷的电子占据某些离散的能级，这基于量子物理学。随着更多电子的加入，它们会以规定的方式形成允许的"能带"。所产生的能量"能带结构"可以通过向连接到设备的导线施加电压来修改，从而产生了构建成基本的电器元件的开关行为。

目前我们生活中所用的这些量子产品，可以说是第一次量子科技革命的结果。进入 21 世纪，量子科技迎来了第二次科技革命，在这场科技革命中，量子计算、量子通信、量子测绘成为最重要的三个领域。

子任务二：寻找生活中的量子科技

1. 通过网络检索

根据子任务一介绍的量子科技典型应用场景，使用模块 6 中介绍的"网络检索方法"，检索量子科技典型应用的案例，搜集相关视频、文本、图片信息，并进行整理。

2. 利用手机记录生活中的量子科技

使用手机拍照和视频功能，记录生活中的量子科技典型应用场景，比如 GPS 导航、手机和计算机芯片、LED 灯、激光、核电、核磁共振等。

技巧与提高

第二次量子科技革命，主要发生在三个领域，分别是量子计算、量子通信、量子测量。

1. 量子计算

量子计算机以量子比特或者说量子二进制数字的形式存储数据。电子计算机处理信息的基本单位是比特，用"0""1"组成的二进制信息对数据进行存储和计算。量子计算机存储信息的基本单位是量子比特，量子比特可能是"0""1"，也可能是"0"和"1"的叠加，其处理的信息量相比电子计算机呈指数级上升。还可以做一个比喻：经典比特是"开关"，只有开和关两个状态（0 和 1），而量子比特是"旋钮"，就像收音机上调频的旋钮那样，有无穷多个状态，显然，旋钮的信息量比开关大得多。

2020 年我国研制的量子计算机"九章"使中国成为全球除美国之外的第二个证明"量子优越性"的国家。2021 年，中国科学技术大学成功研制 113 个光子 144 模式的量子计算原型机"九章二号"（见图 7-13），并实现了相位可编程功能，完成了对用于演示"量子计算优越性"的高斯玻色取样任务的快速求解。2023 年 11 月 11 日，中国科研团队宣布成功构建量子计算原型机"九章三号"，再度刷新光量子信息技术世界纪录。"九章三号"求解高斯玻色取样数学问题的速度比当前全球最快的超级计算机快一亿亿倍，使中国成为全球第二个实现"量子优越性"的国家。

2. 量子通信

量子通信是利用量子叠加态和纠缠效应进行信息传递的新型通信方式，基于量子力学中的不确定性、测量坍缩和不可克隆三大原理提供了无法被窃听和计算破解的绝对安全性保证，主要分为量子隐形传态和量子密钥分发两种。

2016 年 8 月 16 日，酒泉卫星发射中心用长征二号丁载运火箭成功发射世界首颗量子科学实验卫星"墨子号"（见图 7-14）。2017 年，"墨子号"圆满完成既定科学目标，在国际上率先实现了千公里级星地双向量子纠缠分发、千公里级星地高速量子密钥分发和千公里级量子隐形传态。

图7-13 "九章三号"量子计算原型机

图7-14 "墨子号"科学实验卫星

2017年，我国正式开通全球首个远距离量子保密通信骨干网"京沪干线"，贯穿济南、合肥，满足上万用户的密钥分发业务需求，可为沿线金融机构、政府部门等提供高安全等级的量子保密通信业务支持。

3. 量子测量

通过测量量子，就可以了解量子的物理状态，了解它的性质，从而更好地去应用它。但是量子测量不同于一般经典力学中的测量，量子测量会对被测量子系统产生影响，被测系统会产生一种"波包坍缩"的现象，即变成一种本征态；处于相同状态的量子系统被测量后可能得到完全不同的结果，这些结果符合一定的概率分布，测量结果具有概率性。

量子精密测量技术（见图7-15）将在下一代时间基准、精确导航、基本物理常数测量、粒子探测、核磁共振成像、远程目标识别、全球地形测绘、引力波或暗物质的感应探测等广泛领域发挥重要作用。

图7-15 量子精密测量

测评

1. 知识测评

1）填空题

（1）量子力学起源于_____，是研究物质世界微观粒子运动的物理学分支。

（2）量子的本质是_____。

（3）GNSS以_____（atomic clocks）的形式使用量子技术。

（4）第二次量子科技革命，主要发生在三个领域，分别是_____、_____、_____。

（5）量子计算机存储信息的基本单位是量子比特，量子比特可能是_____、_____，也可能是_____。

（6）2017年，我国正式开通全球首个远距离量子保密通信骨干网_____，贯穿济南、合肥，满足上万用户的密钥分发业务需求，可为沿线金融机构、政府部门等提供高安全等级的量子保密通信业务支持。

（7）2016年8月16日，酒泉卫星发射中心用长征二号丁载运火箭成功发射世界首颗量子科学实验卫星_____。

（8）2021年，中国科学技术大学成功研制113个光子144模式的量子计算原型机_____，并实现了相位可编程功能，完成了对用于演示"量子计算优越性"的高斯玻色取样任务的快速求解。

2）简答题

（1）什么是量子？

（2）量子力学影响了哪些领域？

2. 能力测评

按表 7-6 中所列的操作要求，对自己完成的任务进行检查，操作完成得满分，未完成或错误得 0 分。

表 7-6　技能测评表

序号	操作要求（具体见任务实现）	分值	完成情况	自评分
1	能使用网络或手机采集 LED 的应用场景	20		
2	能使用网络或手机采集激光的应用场景	20		
3	能使用网络或手机采集 GNSS 的应用场景	20		
4	能使用网络或手机采集核磁共振的应用场景	20		
5	能使用网络或手机采集晶体管的应用场景	20		
	总　分			

3. 素质测评

针对表 7-7 中所列出的素质与素养观察点，反思任务实现的过程，思考总结相关项目，做到即得分，未做到得 0 分。

表 7-7　素质测评表

序号	素质与素养	分值	总结与反思	得分
1	信息意识——了解量子第一次科技革命和第二次科技革命对各个领域的影响，理解量子科技的重要性	30		
2	树立建设创新型国家、制造强国、网络强国、数字中国、智慧社会的信心	30		
3	信息社会责任——了解量子科技革命中的量子密钥分发技术对有效维护信息活动中个人、他人的合法权益和公共信息安全的重要意义	40		
	总　分			

拓展训练

完成对本任务搜集到的"生活中的量子科技"文本、图片、视频等材料的整理，使用短视频制作工具——剪影，完成短视频的制作，具体要求如下：

1. 短视频时长为 2～3 min。

2. 可采用微电影、综合视频短片等形式，要求为 MP4 格式，分辨率为 1 920 像素 × 1 080 像素。

3. 必须原创，图像清晰稳定、构图合理、声音清楚，视频片头应写上标题、作者和班级。

任务 4　寻找生活中的移动通信——改变生活的移动通信

科学技术是社会文明进步的原动力，是人类创造未来的金钥匙。进入 21 世纪以来，现代信息技术的发展突飞猛进，给我们的经济结构、社会生活、思维方式、想象边界等都带来了天翻地覆的变化。其中，移动通信的发展的"中国模式""中国速度"令全球瞩目，让世界惊叹。如果要列举新中国成立以来，我国在全球化竞争中核心技术实力提升最快、受益人群最广、市场竞争力最强、全球知名度最高的行业，毫无疑问，移动通信行业必定榜上有名。

任务描述

我们的日常生活越来越离不开移动通信技术。本任务要求大家寻找我们身边的移动通信技术，在吃穿住行中发现移动通信技术。

知识准备

一、移动通信的概念

通信，简单地说，就是传递信息。信息传递依赖于通信系统，任何一个通信系统包括3个要素：信源、信道和信宿。

通信技术的发展过程，其实就是研究如何在更短时间内传输更大信息量的过程。为了达到这个目的，信源需要不断升级自己的发送设备，信宿需要不断升级自己的接收设备，而信道的介质更需要不断升级。

我们常说的有线通信和无线通信的所谓的"线"其实就是信道。信道有很多种介质，同轴电缆、光缆、双绞线这类属于有线介质，而空气属于无线介质。

手机通信，是典型的无线通信系统，又称蜂窝通信系统，因为手机的通信依赖于基站，而基站小区的覆盖区看上去有点像蜂窝，所以手机通信系统被称为蜂窝通信系统。图7-16所示为基站覆盖区示意图。

图7-16 基站覆盖区示意图

二、移动通信的发展历程

1. 第一代移动通信技术

1978年，美国AT&T公司把网络和终端结合起来，建成开通了世界上第一个面向公众的多蜂窝移动通信系统，标志着世界通信史正式进入1G时代。第一代移动通信系统（1G）是基于模拟信号传输的，其特点是业务量小，信号质量差，安全性差，速度低。作为第一代移动通信，手机的开发成本很高，但是用户很少。基站的费用高，少则几十万元，多则几百万，研发和维护的成本非常高。1G时代，移动通信没有统一的标准，导致国家与国家之间无法形成互通。基于以上原因，到90年代初，全球的移动用户数量约1 000万。

中国第一代移动通信技术发展是滞后于欧美国家的，直到1987年11月，广州第一个移动通信网络建成，中国才正式进入1G时代。1G的建网成本、设备成本很昂贵，技术难度又大，移动通信一开始被定义为豪华的、小众的通信工具，手机终端费用一般为2万～3万元，入网费接近1万元，昂贵的费用将一般消费者挡在了移动通信的门外。当时我国香港地区把手机称为"大哥大"（见图7-17），只有少数人才能承担得起手机通话的费用，直到1992年底，中国移动电话网的用户不到20万。

图7-17 第一代手机——大哥大

2. 第二代移动通信技术

1991年，爱立信和诺基亚率先在欧洲大陆上架设了第一个GSM（global system for mobile communications）网络，标志着移动通信技术正式进入2G时代，数字通信技术逐步取代饱受诟病的模拟通信技术。短短十年内，全世界有160多个国家和地区建成了GSM网络，使用人数超过1亿、市场占有率高达75%。最主要的技术标准有两个，一是欧洲的GSM（global system for mobile communications），二是美国的CDMA（code division multiple access，码分多址）。2G移动通信时代全面提升了通信质量，这个时期的移动通信技术，基本保证了移动通话质量，同时还可以发送手机短信。

1992年，原邮电部批准建设了浙江嘉兴地区GSM试验网。1993年9月，嘉兴GSM网正式向公众开放使用，成为我国第一个数字移动通信网（2G），迈出了数字时代的第一步。2001年5月，中国移动在全国启动了模拟网转网工作，并于12月31日正式关闭了模拟移动电话网（1G），从此中国的移动通信进入了全数字的大发展时期（2G），图7-18所示为第二代手机。

图7-18 第二代手机

3. 第三代移动通信技术

第三代移动通信系统（3G）把移动通信带入宽带移动通信时代，传输声音和数据的速度大幅提升，能够在全球范围内更好地实现无缝漫游，并处理图像、音乐、视频流等多种媒体形式，提供包括网页浏览、电话会议、电子商务等多种信息服务。国际电联联盟（ITU）制定的第三代移动通信的正式国际标准（IMT-2000），包含由中国制定的TD-SCDMA、美国制定的CDMA 2000和欧洲制定的WCDM三种主流标准，图7-19所示为第三代移动手机。

4. 第四代移动通信技术

对3G的挑战，首先来自由IEEE（institute of electrical and electronics engineers）提出的宽带无线接入技术WiMAX（world interoperability of microwave access，全球微波接入互操作性），是IEEE 802.16标准系列的总称，紧接着2004年12月，3GPP正式设立了LTE（long term evolution，长期演进）项目，由欧洲主导。同时，3GPP2推出UMB（ultra mobile broadband，超移动宽带）标准。

2012年1月，在世界无线电通信大会上，我国主导的TD-LTE-Advanced方案被正式确立为4G国际标准。4G网络把WLAN（wireless local area network，无线局域网）与手机网络相结合，到2015年，峰值下载速率可达300 Mbit/s，有时甚至可以超过1 Gbit/s，是3G网络的近百倍。图7-20所示为第四代移动手机。

图7-19 第三代手机

图7-20 第四代手机

2013年12月4日,工信部向中国移动、中国电信和中国联通颁发"LTE/第四代数字蜂窝移动通信业务(TD-LTE)"经营许可证,标志着中国正式进入4G时代。2014年12月,4G牌照发放一周年之际,中国移动建成了全球最大的4G网络,4G基站数突破70万个,占全球4G基站总数的60%,4G用户数突破9 000万。截至2019年底,全国建成4G基站544万个,中国互联网络信息中心(CNNIC)发布的第49次《中国互联网络发展状况统计报告》显示,截至2021年12月,我国网民规模达10.32亿,4G时代,中国抓住了稍纵即逝的时代机遇,实现了移动通信发展与世界的同步。

5. 第五代移动通信技术

5G(5th Generation Mobile Network,第5代移动通信网络)是4G的下一代演进技术,法定名称为IMT-2020,这个名称是2015年10月在瑞士日内瓦举办的ITU无线电通信全会上,由ITE正式确定的。2015年9月,ITU正式确认了5G的三大应用场景(见表7-8),分别是eMBB(enhanced mobile broadband,增强型移动宽带)、uRLLC(ultra reliable & low latency communication,低时延、高可靠通信)、mMTC(massive machine type communication,海量机器类通信)。

表7-8 5G的三种应用场景

场景名称	应用领域
eMBB:增强型移动宽带	服务于消费互联网,是4G移动宽带的升级
uRLLC:低时延、高可靠通信	服务于物联网场景,如车联网、无人机、工业互联网等对网络的时延和可靠性有很高要求的场景
mMTC:海量机器类通信	服务于物联网应用场景,如智能井盖、智能路灯、智能水表、智能电表等场景

5G标准的制定分为两个阶段。第一阶段,发布的是3GPP Release 15(简称R15)版本,重点是确定eMBB场景的相关技术标准。2019年上半年,R15正式发布。第二阶段,发布3GPP Release 16(简称R16)版本,也就是完整的5G标准。这一标准将包括uRLLC和mMTC场景相关的技术规范。2020年7月4日,国际标准组织3GPP宣布R16标准冻结,标志着5G第一个演进版本标准完成。

2015年10月,在瑞士日内瓦召开了ITU 2015年无线电通信全会。我国提出的"5G之花"中,9个技术指标有8个被ITU采纳。根据2019年5月德国专利数据公司IPlytics发布的5G专利报告《谁在5G专利竞赛中领先?》,截至2019年4月,中国企业申请的5G SEP(Standards-Essential Patents,标准必要专利)件数位居全球第一,占比34%。其中,华为名列第一,拥有15%的5G SEP。

任务实现

子任务一:了解5G典型应用场景

1. 5G+XR,沉浸式体验

4G时代,短视频业务爆发展示了视频业务的旺盛生命力和发展潜力。借助5G的超高带宽,短视频、长视频以及视频社交将会有更为广阔的应用场景,这就是5G最热门的应用:5G+XR。

VR(virtual reality,虚拟现实)的实现过程,是利用计算机模拟产生一个虚拟空间,提供视觉、听觉、触觉等感官的模拟,让使用者可以即时地、没有限制地观察虚拟空间内的事物,并与之交互。图 7-21 所示为虚拟现实的应用场景。

AR（augmented reality，增强现实）则通过计算机技术，将虚拟的信息应用到现实世界中，真实环境和虚拟物体实时叠加到同一个画面或者空间。图 7-22 所示为增强现实场景。

图 7-21　虚拟现实场景

图 7-22　增强现实场景

除了 VR、AR 之外，还有 MR（mixed reality，混合现实），所有这些，合称为 XR。

2. 5G+ 车联网

车联网（internet of vehicles, IoV）不仅把车与车连接在一起，它还把车与人、车与路、车与基础设施（如信号灯）、车与网络、车与云连接在一起。

在车联网中，时延是优先级很高的一个指标。5G 三大应用场景之一的 uRLLC 场景，也就是低时延、高可靠通信场景，专门满足像车联网的需求指标，5G 的时延为 10 ms 以内，甚至可以达到 1 ms，拥有更高带宽，支持更大数量的连接，支持终端以更高的速度移动。有了 5G 的支持，车辆内所有传感器的数据都将被联网，所有关于车辆运行状态的信息都会实时传送到云计算中心或者边缘中心。围绕这些信息数据，可以挖掘出海量的商业应用。图 7-23 所示为 5G+ 车联网应用场景。

3. 5G+ 无人机

5G 在农业、电力、环保等领域的很多应用场景都和无人机有着密切的关系。5G 所具有的高带宽、低时延、高精度、宽空域、高安全等优势可以帮助无人机解锁更多的应用场景，满足更多的用户需求，经济效益和社会效益都非常可观。图 7-24 所示为一款 5G 无人机。表 7-9 展示的是无人机应用场景。

图 7-23　5G+ 车联网应用场景

图 7-24　5G 无人机

表 7-9　无人机应用场景

领　域	方　向
公共服务	边境巡逻、森林防火、河道监测、交通管理
能源通信	电力巡线、石油管道巡线、天然气管道巡线、基站巡检

续表

领　域	方　向
国土资源	城镇规划、铁路建设、线路测绘、考古调查、矿产开采
商业娱乐	新闻采集、商业表演、电影拍摄、三维建模、物流运输
农林牧渔	农药喷洒、辅助授粉、农情监测
防灾救灾	灾害救援、应急通信保障
个人用户	航拍娱乐

4．5G+工业互联网

工业互联网的本质是："通过开放的、全球化的通信网络平台，把设备、生产线、员工、工厂、仓库、供应商、产品和客户紧密地连接起来，共享工业生产全流程的各种要素资源，使其数字化、网络化、自动化、智能化，从而实现效率提升和成本降低。"

5G可在工业互联网接入层发挥重要作用。它高连接速率、超低网络时延、海量终端接入、高可靠性的特点非常有利于5G替代现有的厂区互联网通信技术，尤其是Wi-Fi、蓝牙等短距离传输技术，甚至可以替换PON（passive optical network，无源光纤网络）这样的固网有线宽带接入技术。一些以往受限于网络接入而不能实现的场景，在5G网络环境下将变得可行。例如，高精度机械臂加工，如果采用5G对机械臂进行远程控制，时延将缩短到1 ms，可以很好地满足加工精度的要求。除接入层以外，5G的网络切片、移动边缘计算都可以在工业互联网领域找到不错的落地场景，满足用户多样化需求。图7-25所示为5G在工业互联网领域的应用。

图7-25　5G+工业互联网领域的应用

5G作为新一代移动通信技术，并不是4G的简单升级，其功能定位、架构设计、应用场景等都发生了巨大变化。5G将与众多行业深度融合，对百业千行进行数字化、智能化赋能，颠覆现有的生产模式、商业模式，乃至社会运行模式。

子任务二：寻找生活中的5G移动应用

1．通过网络检索

根据子任务一介绍的5G典型应用场景，使用模块6中介绍的"网络检索方法"检索5G典型应用的案例，搜集相关视频、文本、图片信息，并进行整理。

2．利用手机记录生活中的5G应用

使用手机拍照和视频功能，记录生活中的5G应用场景，比如网络会议、远程医疗、智慧交通、智慧校园、VR虚拟现实、无人机等。

技巧与提高

5G关键技术主要来源于无线技术和网络技术两方面。在网络技术领域方面，基于软件定义网络（SDN）和网络功能虚拟化（NFV）的新型网络架构已取得广泛共识。在无线技术领域，大规模天线阵列（MIMO）、超密集组网、新型多址和全频谱接入等技术已成为业界关注的焦点，基于滤波的正交频分复用（F-OFDM）、滤波器组多载波（FBMC）、全双工、灵活双工、终端直通（D2D）、多元低密度奇偶校验码、网络编码、极化码等也被认为是 5G 重要的潜在无线关键技术。

测 评

1. 知识测评

1）填空题

（1）信道有很多种介质，_____、_____、_____属于有线介质。

（2）手机通信，是典型的无线通信系统，又称_____。

（3）5G，就是 5th Generation Mobile Network 即_____。

（4）2015 年 9 月，ITU 正式确认了 5G 的三大应用场景，分别是 eMBB（enhanced mobile broadband）即_____、uRLLC（ultra reliable & low latency communication）即_____、mMTC（massive machine type communication）即_____。

（5）_____的实现过程，是利用计算机模拟产生一个虚拟空间，提供视觉、听觉、触觉等感官的模拟，让使用者可以即时地、没有限制地观察虚拟空间内的事物，并与之交互。

2）简答题

（1）简述 5G 移动应用场景。

（2）简述移动通信发展的历程。

2. 能力测评

按表 7-10 中所列的操作要求，对自己完成的任务进行检查，操作完成得满分，未完成或错误得 0 分。

表 7-10 技能测评表

序号	操作要求（具体见任务实现）	分值	完成情况	自评分
1	能使用手机采集 5G 应用的典型场景	50		
2	能使用网络搜索 5G 应用的典型场景	50		
	总 分			

3. 素质测评

针对表 7-11 中所列出的素质与素养观察点，反思任务实现的过程，思考总结相关项目，做到即得分，未做到得 0 分。

表 7-11 素质测评表

序号	素质与素养	分值	总结与反思	得分
1	信息意识——请通过网络搜索，检索我国 5G 移动通信现阶段的发展成果	20		
2	数字化创新与发展——请结合自己和家人使用手机通信的经历，描述移动通信发展对个人生活的影响	20		
3	信息社会责任——移动通信的发展影响着社会生活的方方面面，请结合个人手机应用的经历，描述手机使用过程中应该注意的事项	20		
4	信息安全意识——请结合自己或者周边人的经历，描述手机应用过程中如何保障个人隐私安全、财务安全、信息安全	20		

序号	素质与素养	分值	总结与反思	得分
5	树立建设创新型国家、制造强国、网络强国、数字中国、智慧社会的信心	20		
	总　分			

拓展训练

完成对本任务搜集到的"生活中的移动通信"文本、图片、视频等材料的整理，使用短视频制作工具——剪影，完成短视频的制作，具体要求如下：

1. 短视频时长为 2～3 min。
2. 可采用微电影、综合视频短片等形式，要求为 MP4 格式，分辨率为 1 920 像素 × 1 080 像素。
3. 必须原创，图像清晰稳定、构图合理、声音清楚，视频片头应写上标题、作者和班级。

任务 5　寻找生活中的物联网技术——万物相联的物联网

物联网（internet of things, IoT）即"万物相连的互联网"，是互联网基础上的延伸和扩展的网络，将各种信息传感设备与网络结合起来而形成的一个巨大网络，实现在任何时间、任何地点，人、机、物的互联互通。

党的二十大报告指出："加快发展物联网，建设高效顺畅的流通体系，降低物流成本。"物联网是一个基于互联网、传统电信网等信息承载体，让所有能够被独立寻址的普通物理对象形成互联互通的网络。物联网技术在工业、农业、环境、交通、物流、安保等基础设施领域的应用，有效地推动了这些方面的智能化发展，使得有限的资源更加合理地使用分配，从而提高了行业效率、效益。在家居、医疗健康、教育、金融与服务业、旅游业等与生活息息相关的领域的应用，从服务范围、服务方式到服务的质量等方面都有了极大的改进，大大地提高了人们的生活质量。

任务描述

本任务要求大家寻找我们身边的物联网技术应用场景，了解物联网技术的特点和典型应用，了解移动通信技术对产业和人们日常生活的影响。

知识准备

一、物联网的概念

1999 年，麻省理工学院自动识别中心（MIT Auto-ID Center）的凯文·阿什顿（Kevin Ashton）教授在研究射频识别技术 RFID 时最早提出了"物联网"的概念。

2005 年 11 月 17 日，在突尼斯信息社会世界峰会（WSISZ）上，国际电信联盟（ITU）发布了《ITU 互联网报告：物联网》指出，无所不在的"物联网"通信时代即将来临，世界上所有的物体从轮胎到牙刷，从房屋到纸巾都可以通过互联网进行信息交换。

物联网是通过射频识别（RFID）、红外感应器、全球定位系统、激光扫描器等信息传感设备，按约定的协议，把物品与互联网连接起来，进行信息交换和通信，以实现智能化识别、定位、跟踪、监控和管理的一种网络。

物联网的核心和基础仍然是互联网，但用户端延伸和扩展到了任何物品之间。物联网主要解决物品与物品（things to things, T2T）、人与物品（human to things, H2T）、人与人（human to human, H2H）之间的互联。

二、物联网的架构

物联网技术体系可以分成四层：终端层（又称感知层）、网络层、平台层和应用层。每一层都担任了不同的职责，这种分层管理的架构体系，可以提高工作质量和工作效率。图 7-26 所示为物联网的架构图。

1．终端层

终端层功能就是采集物理世界的数据，是人类世界与物理世界进行交流的关键桥梁。终端层的数据来源主要有两种：一种就是主动采集生成信息，比如传感器、多媒体信息采集、GPS 等，这种方式都需要主动去记录或跟目标物体进行交互才能拿到数据，存在一个采集数据的过程，且信息实时性高。另一种是接受外部指令被动保存信息，比如射频识别（RFID）、IC 卡识别技术、条形码、二维码技术等，这种方式一般都是通过事先将信息保存起来，等待被直接读取。

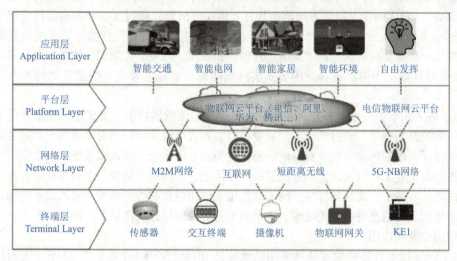

图 7-26　物联网架构图

2．网络层

网络层的主要功能是传输信息，将感知层获得的数据传送至指定目的地。网络层由各种私有网络、互联网、有线和无线通信网、网络管理系统等组成，在物联网中起到信息传输的作用，该层主要用于对感知层和平台层之间的数据进行传递，它是连接感知层和平台层的桥梁。

3．平台层

物联网平台可为设备提供安全可靠的连接通信能力，向下连接海量设备，支撑数据上报至云端，向上提供云端 API，服务端通过调用云端 API 将指令下发至设备端，实现远程控制。物联网平台主要包含设备接入、设备管理、安全管理、消息通信、监控运维以及数据应用等。

4．应用层

应用层是物联网的最终目的，其主要是将设备端收集来的数据进行处理，从而给不同的行业提供智能服务。目前物联网涉及的行业众多，比如电力、物流、环保、农业、工业、城市管理、家居生活等。

通过这些层面，物联网具有了全面感知、可靠传输、智能处理三大特征。

三、物联网的关键技术

在物联网应用中有四项关键技术。

（1）传感器技术：是计算机应用中的关键技术。目前，绝大部分计算机处理的都是数字信号。自从有计算机以来就需要传感器把模拟信号转换成数字信号进行处理。传感器技术可以感知周围环境或者特殊物质，比如气体感知、光线感知、温湿度感知、人体感知等，把模拟信号转化成数字信号，给中央处理器处理。最终结果形成气体浓度参数、光线强度参数、范围内是否有人探测、温度湿度数据等显示出来。

（2）射频识别技术（radio frequency identification，RFID）：也是一种传感器技术，是自动识别技术的一种。物联网通过无线射频方式进行非接触双向数据通信，利用无线射频方式对记录媒体（电子标签或射频卡）进行读写，从而达到识别目标和数据交换的目的，RFID射频识别技术被认为是21世纪最具发展潜力的信息技术之一。RFID技术是物联网中非常重要的组成部分。RFID标签中存储着规范而具有互用性的信息，通过无线数据通信网络把它们自动采集到中央信息系统，实现物品（商品）的识别，进而通过开放性的计算机网络实现信息交换和共享，从而实现对物品的"透明"管理。和必须"看见"才能识读的条形码技术不同，RFID技术的优点在于可以无接触的方式实现远距离、多标签甚至在快速移动的状态下自动识别。

（3）嵌入式系统技术：是综合了计算机软硬件、传感器技术、集成电路技术、电子应用技术为一体的复杂技术。经过几十年的演变，以嵌入式系统为特征的智能终端产品随处可见：从日常生活中常用的冰箱、洗衣机、电风扇、空调到卫星系统，嵌入式系统正在改变着人们的生活，推动着工业生产以及国防工业的发展。如果把物联网用人体做一个简单比喻，传感器相当于人的眼睛、鼻子、皮肤等感官，网络就是用来传递信息的神经系统，嵌入式系统则是人的大脑，对接收到的信息进行分类处理。这个例子很形象地描述了传感器、网络、嵌入式系统在物联网中的位置和作用。

（4）IPv6技术：传统的互联网采用的地址是IPv4，使用4个字节共32个二进制位进行编址。IPv4地址空间有限，对于未来物联网社会中大量智能设备对网络地址的需求，显得有些力不从心。同时，IPv4还存在路由选择效率不高、自身缺乏安全机制，安全性差、服务质量不高等缺点。与IPv4相比，IPv6协议具有很多优点，主要如下：

① 巨大的地址空间。IPv6协议采用128位的地址，理论上地址数量可以达到2^{128}个，其地址数量远远大于IPv4。

② 全新的报头结构。IPv6对报头做了简化，取消了原IPv4的部分报头字段，如选项字段，采用40字节的固定报头。不仅减小了报头长度，而且由于报头长度固定，在路由器上处理起来也更加便捷。另外，IPv6还采用了扩展报头机制，更便于协议自身的功能扩展。

③ 地址自动配置。IPv6采用无状态地址配置技术，由路由器进行地址的自动配置，最终用户无须手工配置地址。

④ 更好的安全性。IPsec安全协议已经成为IPv6的一个必要组成，这样在IPv6中指定了对身份认证和加密的支持，增强了网络层数据安全性。

⑤ 更好的服务质量（QoS）支持。IPv6报头中增加了流标签字段，使用流标签功能可以

更好地实现 QoS 支持。数据发送者可以使用流标签对属于同一传输流的数据进行标记，在传输过程中可以根据流标签，对整个流提供相应的服务质量。

任务实现

子任务一：了解物联网典型应用场景

物联网的应用领域非常广泛，涉及社会生活的方方面面，下面介绍物联网应用的典型场景。

（1）智能物流：智能物流是新技术应用于物流行业的一种总称，它是指以物联网、大数据、人工智能等信息技术为支持，在物流运输、仓储、包装、装卸、配送等环节实现系统感知、分析和处理等功能。实现智能物流，可以大大降低各个行业的运输成本，提高运输效率，提升整个物流行业的智能化和自动化水平。物联网在物流行业的应用，主要体现在三个方面，即仓库管理、运输监控和智能快递柜。

（2）智能交通：在物联网中，交通系统被认为是最有前景的应用领域之一。智能交通是物联网的具体表现形式，它利用先进的信息技术、数据传输技术、计算机处理技术等，将人、车、路有机结合起来，实现人、车、路的紧密结合，改善交通运输环境，保障交通安全，提高资源利用率。智能运输包括智能公交车、共享单车、汽车联网、智能停车、智能交通灯等多种场景和领域。

（3）智能安防：智能安防系统主要包括门禁、报警和监控三大部分。安全是物联网应用的一个很大的市场，传统安全系统对人的依赖程度较高，而智能安防可以通过设备来实现智能判断。当前，智能安防最核心的部分是智能安防系统，它是将采集到的图像进行传输、存储、分析和处理。集成化的智能安全系统主要由三大部分组成：门禁、报警和监控，行业内主要以视频监控为主。

（4）智能能源：在能源领域，物联网可以用来实现水、电、气等仪表和路灯的遥控。智能能源是智慧城市的一个组成部分，目前，将物联网技术应用于能源领域，主要用于水、电、气等表中，并根据外界气候条件对路灯的遥控控制等，以环境和设备为基础进行感知，通过监测，提高利用效率，减少能源损耗。

（5）智慧医疗：英文简称 WITMED，是最近兴起的专有医疗名词，通过打造健康档案区域医疗信息平台，利用最先进的物联网技术，实现患者与医务人员、医疗机构、医疗设备之间的互动，逐步达到信息化。智能化医疗主要应用领域有两个：穿戴式医疗和数字医院。

（6）智慧建筑：建筑领域中，物联网的应用主要体现在电力照明、消防监控、建筑物控制等方面。建筑物是城市的基石，科技的进步推动着智能建筑的发展，物联网技术的应用使建筑朝着智慧建筑方向迈进。智能建筑作为一种集感知、传输、记忆、判断、决策为一体的综合性智能解决方案，正日益受到重视。目前智慧建筑主要体现在电力照明、消防监控、楼宇控制等方面。

（7）智能生产：通过物联网技术，赋予制造业以数字化、智能化改造。制造业领域庞大的市场规模，是物联网的一个重要应用领域，它体现在数字化以及工厂智能化改造方面，包括工厂机械设备监测与工厂环境监测。通过增加物联网设备，使设备厂商可以随时随地远程监测、升级、维护等操作，加深对产品使用情况的理解，并对产品生命周期进行信息收集，对产品设计及售后服务进行指导；而工厂环境监测主要包括空气温度、湿度、感烟等。其核心特征是：产品的智能化、生产的自动化、信息流与物料流一体化。

（8）智能家居：是以住宅为平台，利用综合布线技术、网络通信技术、安全防范技术、自动控制技术、音视频技术将家居生活有关的设施集成，构建高效的住宅设施与家庭日程事务的管理系统，提升家居安全性、便利性、舒适性、艺术性，并实现环保节能的居住环境。智能家居包括智能家电控制、智能灯光控制、电动窗帘控制、防盗报警、门禁对讲、煤气泄漏等，同时还可以拓展诸如三表抄送、视频点播等服务增值功能。对很多个性化智能家居的控制方式很丰富多样，比如：本地控制、遥控控制、集中控制、手机远程控制、感应控制、网络控制、定时控制等。

（9）智慧零售：智慧零售是指运用互联网、物联网技术，感知消费习惯，预测消费趋势，引导生产制造，为消费者提供多样化、个性化的产品和服务。24小时不打烊的无人智能货柜，网上选品预定的品牌小程序，无须导购和收银员的无人售货超市，这些场景都是物联网技术在零售行业中的应用。

（10）智慧农业：就是将物联网技术运用到传统农业中去，运用传感器和软件通过移动平台或者计算机平台对农业生产进行控制，使传统农业更具有"智慧"。除了精准感知、控制与决策管理外，从广泛意义上讲，智慧农业还包括农业电子商务、食品溯源防伪、农业休闲旅游、农业信息服务等方面的内容。"智慧农业"能够有效改善农业生态环境，彻底转变农业生产者、消费者观念和组织体系结构。

子任务二：寻找生活中的物联网应用场景

1. 通过网络检索

根据子任务一介绍的物联网典型应用场景，使用模块6中介绍的"网络检索方法"，检索物联网典型应用的案例，搜集相关视频、文本、图片信息，并进行整理。

2. 利用手机记录生活中的物联网应用场景

使用手机拍照和视频功能，记录生活中的物联网应用场景，比如校园门禁系统、无人超市、无人售货机、自动送货车、智慧公交、共享单车等场景。

技巧与提高

1.《物联网新型基础设施建设三年行动计划（2021—2023年）》

2021年，工业和信息化部联合中央网络安全和信息化委员会办公室、科学技术部、生态环境部、住房和城乡建设部、农业农村部、国家卫生健康委员会、国家能源局印发《物联网新型基础设施建设三年行动计划（2021—2023年）》。

《行动计划》提出，到2023年底，在国内主要城市初步建成物联网新型基础设施，社会现代化治理、产业数字化转型和民生消费升级的基础更加稳固。具体发展目标体现为"五个一"，突破一批制约物联网发展的关键共性技术，培育一批示范带动作用强的物联网建设主体和运营主体，催生一批可复制、可推广、可持续的运营服务模式，导出一批赋能作用显著、综合效益优良的行业应用，构建一套健全完善的物联网标准和安全保障体系。此外，《行动计划》对物联网龙头企业培育数量、物联网连接数以及标准制修订数量提出了量化指标。

2. 无线组网技术

目前市场上组网技术非常多，下面简单比较一下各种组网技术的特点。

（1）Wi-Fi：又称"热点"，是Wi-Fi联盟制造商的商标作为产品的品牌认证，是一个创建于IEEE 802.11标准的无线局域网技术。优点：设备可以接入互联网、避免布线；缺点：距离近（50 m）、功耗大、必须有热点。

（2）蓝牙（Bluetooth）技术：是世界著名的五家大公司——爱立信（Ericsson）、诺基亚（Nokia）、东芝（Toshiba）、国际商用机器公司（IBM）和英特尔（Intel），于 1998 年 5 月联合宣布的一种无线通信新技术。缺点：功耗高、安全性低、距离近（50 m）、不可直接接入互联网。

（3）ZigBee：是一种低速短距离传输的无线网上协议，底层是采用 IEEE 802.15.4 标准规范的媒体访问层与物理层。主要特色有低速、低耗电、低成本、支持大量网上节点、支持多种网上拓扑、低复杂度、快速、可靠、安全。缺点：短距离、不能接入互联网。

（4）2G/4G/5G 技术：主要应用在设备上网的场景。适合单个设备或者少量设备在无人值守或者偏远地区，没有有线网络宽带但是数据又需要传输到互联网的场景。例如，街边的无人售货机、蜂巢储物柜等。优点：远距离（10 km）、可接入互联网、移动性强。缺点：4G/5G 成本高，功耗大。

（5）NB-IoT：针对 2G/4G/5G 的缺点，一种新的技术诞生了，NB-IoT 窄带物联网（Narrow Band Internet of Things, NB-IoT）可直接部署于 GSM 网络、UMTS 网络或 LTE 网络，以降低部署成本、实现平滑升级。优点：远距离（10 km）、低功耗、可接入互联网（可插手机卡）、移动性强。缺点：数据传输能力较弱，成本相对较高，技术还不完全成熟。

测评

1. 知识测评

1）填空题

（1）"物联网"的概念，即 internet of things，简称_____。

（2）物联网技术体系可以分成四层：_____、_____、_____ 和_____。

（3）传感器技术可以把_____信号转化成_____信号。

（4）射频识别技术也是一种传感器技术，是自动识别技术的一种，简称_____。

（5）IPv6 协议采用_____位的地址，其地址数量远远大于 IPv4。

（6）物联网主要解决_____（things to things, T2T）、_____（human to things, H2T）、_____（human to human, H2H）之间的互联。

（7）物联网的核心和基础仍然是_____。

（8）物联网具有_____、_____、_____三大特征。

2）简答题

简述物联网应用的典型场景。

2. 能力测评

按表 7-12 中所列的操作要求，对自己完成的任务进行检查，操作完成得满分，未完成或错误得 0 分。

表 7-12 技能测评表

序号	操作要求（具体见任务实现）	分值	完成情况	自评分
1	能使用手机采集物联网应用的典型场景	50		
2	能使用网络搜索物联网应用的典型场景	50		
	总　分			

3. 素质测评

针对表 7-13 中所列出的素质与素养观察点，反思任务实现的过程，思考总结相关项目，做到即得分，未做到得 0 分。

表 7-13 素质测评表

序号	素质与素养	分值	总结与反思	得分
1	信息意识——请通过网络搜索，检索我国物联网现阶段的发展现状	20		
2	数字化创新与发展——通过网络搜索物联网应用的典型案例	20		
3	信息社会责任——在物物相联的时代，请描述如何保护个人和他人隐私	20		
4	信息安全意识——请结合自己的生活经历，描述物联网发展对个人生活的影响	20		
5	树立建设创新型国家、制造强国、网络强国、数字中国、智慧社会的信心	20		
总 分				

拓展训练

完成对本任务搜集到的"生活中的物联网应用"文本、图片、视频等材料的整理，使用短视频制作工具——剪影，完成短视频的制作，具体要求如下：

1. 短视频时长为 2～3 min。
2. 可采用微电影、综合视频短片等形式，要求为 MP4 格式，分辨率为 1 920 像素 × 1 080 像素。
3. 必须原创，图像清晰稳定、构图合理、声音清楚，视频片头应写上标题、作者和班级。

任务 6　寻找生活中的区块链技术——打造信任共同体的区块链技术

区块链作为分布式数据存储、点对点传输、共识机制、加密算法等技术的集成应用，被认为是继蒸汽机、电力、互联网之后的下一代颠覆性技术。近年来已成为联合国、国际货币基金组织等国际组织以及许多国家政府研究讨论的热点，产业界也纷纷加大投入力度。

目前，区块链的应用已延伸到物联网、智能制造、供应链管理、数字资产交易等领域，将为云计算、大数据、移动互联网等新一代信息技术的发展带来新的机遇，有能力引发新一轮的技术创新和产业变革。

任务描述

区块链技术在金融领域、物联网和物流领域、公共服务领域、数字版权领域、保险领域、公益领域等都有广泛的应用。

本任务要求大家寻找我们身边的区块链技术应用场景，了解区块链技术的发展、技术特点和典型应用，了解区块链技术对产业和人们日常生活的影响。

知识准备

一、区块链的定义

狭义来讲，区块链（block chain）是一种按照时间顺序将数据区块以顺序相连的方式组合成链式数据结构，是以密码学方式保证的不可篡改和不可伪造的分布式账本，以去中心化和去信任化的方式，集体维护一个可靠数据库的技术方案。

广义来讲，区块链技术是一种革新和颠覆性的思维理念，去中介化，建立信任社会，实现共享。

区块链的大体运行机制如下：当网络中的任意两点进行数据交换时，该数据都会对应一个发送者和接收者，而当一个节点的数据交换积累到一定大小或条目数量之后，区块链就会自动将其打包，形成一个"块"（block），并附上一串具有"时间戳"作用的计算机密码。发送者和接收者具有匿名性（通常也由一串代码表示），也只有交易双方能够立刻知道彼此之间发生的交易，从而使区块链具有保密性强的特性。由于解开"时间戳"密码需要进行大量而复杂的计算机运算，因此当最终网络中有一台计算机解开该密码时，其所付出的工作量是不可伪造的，从而使区块链具有不可篡改的特性。再加上每个区块的"时间戳"包含紧邻上一个区块的信息（术语为哈希值），因此整个网络中的块将按照顺序自动排列，形成最长的唯一链条，称为"链"(chain)。网络中所有节点都会寻找最长的链并与之同步，在这一过程中，网络中的所有节点都会同步到该链，也就是说网络中所有的节点具有平等的权限，整个过程不需要任何中央节点或中心数据库的运算处理，通过云计算分布式完成，杜绝了任何中心节点监控、封锁某一节点的可能，从而使区块链具有去中心化的特性。

从定义及特性可以看出，作为一种保密性强、不可篡改、去中心化的技术，区块链最适合承担"货币"或"账本"的职能，这也是迄今为止，区块链与经济和金融如此紧密的原因。

二、区块链的分类

随着技术与应用的不断发展，区块链由最初狭义的"去中心化分布式验证网络"，衍生出了三种不同的类型，按照实现方式不同，可以分为公有链、联盟链和私有链。

公有链即公共区块链，是所有人都可平等参与的区块链，接近于区块链原始设计样本。链上的所有人都可以自由地访问、发送、接收和认证交易，是"去中心化"的区块链。

联盟链即由数量有限的公司或组织机构组成的联盟内部可以访问的区块链，每个联盟成员内部仍旧采用中心化的形式，而联盟成员之间则以区块链的形式实现数据共验共享，是"部分去中心化"的区块链。R3组成的银行区块链联盟要构建的就是典型的联盟链。

私有链即私有区块链，是完全为一个商业实体所有的区块链，其链上所有成员都需要将数据提交给一个中心机构或中央服务器来处理，自身只有交易的发起权而没有验证权，是"中心化"的区块链。

三、区块链的核心技术

区块链从本质上来看就是一个数据库，在其中存储的数据具备了"不可伪造，全程留痕，公开可追溯"等特性，这也使得它可以创造更为可靠的合作，被广泛研究和运用。

那么区块链的核心技术是什么呢？

（1）分布式账本：首先，分布式账本构建了区块链的框架，它本质上是一个分布式数据库，当一笔数据产生后，经大家处理，就会存储在这个数据库中，所以分布式账本在区块链中起到了数据存储的作用。

（2）共识机制：因为分布式账本去中心化的特点，决定了区块链网络是一个分布式的结构，每个人都可以自由地加入其中，共同参与数据的记录，但与此同时，就衍生出来令人头疼的"拜占庭将军"问题，即网络中参与的人数越多，全网就越难以达成统一，于是就需要另一套机制来协调全节点账目保持一致，共识机制就制定了一套规则，明确每个人处理数据的途径，并通过争夺记账权的方式完成节点间的意见统一，最后谁取得记账权，全网就用谁处理的数据。所以共识机制在区块链中起到了统筹节点的行为，明确数据处理的作用。

共识机制主要有如下四种：① PoW（proof of work）工作量证明；② PoS（proof of stake）权益证明；③ DPoS（delegated proof-of-stake）股份授权证明；④ Pool 验证池——私有链专用。

（3）对称加密和授权技术：存储在区块链上的交易信息是公开的，但是账户身份信息是高度加密的，只有在数据拥有者授权的情况下才能访问到，从而保证了数据的安全和个人的隐私。

（4）智能合约：基于可信的不可篡改的数据，可以自动化地执行一些预定义好的规则和条款。以保险为例，如果说每个人的信息（包括医疗信息和风险发生的信息）都是真实可信的，那就很容易地在一些标准化的保险产品中进行自动化的理赔。

任务实现

子任务一：了解区块链典型应用场景

从全球区块链发展形势来看，联合国、国际货币基金组织以及多个国家政府先后发布了有关区块链的系列报告，探索区块链技术及其应用。与此同时，参与区块链技术创新和应用的创新企业也在快速增长，全球范围内的投融资活动仍然十分活跃。

区块链不仅用于比特币，还可以和其他行业相结合，通过"区块链+"，对行业产生重大影响，甚至是颠覆性的变革。目前，区块链的应用已从单一的数字货币应用（如比特币）延伸到经济社会的各个领域，如金融服务、供应链管理、文化娱乐、智能制造、社会公益、教育就业等，其中只有金融服务行业的应用相对成熟，而其他行业的应用均处于探索起步阶段。区块链的应用领域如图 7-27 所示。

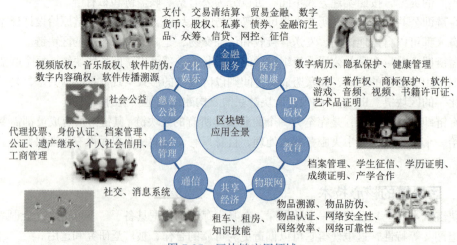

图 7-27　区块链应用领域

自问世以来，随着技术的发展和实际需求的推动，区块链在各领域应用落地的步伐不断加快，现已在金融、农业、社会公共服务、司法存证、供应链、网络安全等多个领域成功实现应用落地，并涌现出一些极具参考价值的案例。

1. 数字货币

区块链技术最广泛、最成功的运用就是以比特币为代表的数字货币。近年来数字货币发展很快，由于去中心化信用和频繁交易的特点，使其具有较高交易流通价值，并能够通过开发对冲性质的金融衍生品作为准超主权货币，保持相对稳定的价格。

自从有了比特币之后，已经陆续出现了数百种的数字货币，围绕数字货币生成、存储、交易形成了较为庞大的产业链生态。以比特币为例，参与机构主要可分为基础设施、交易平台、ICO融资服务、区块链综合服务等四类。

CBDC又称数字法定货币或数字基础货币，它将作为一个国家法定货币的数字代表，并由适当数量的货币储备（如黄金或外汇储备）提供支持。迄今为止，还没有一个国家正式推出由央行支持的数字货币。然而，许多中央银行已经启动了旨在确定CBDC的可行性和可用性的试点计划。英国央行（BOE）是启动CBDC提案的先锋，其后，中国人民银行、加拿大银行、乌拉圭、泰国、委内瑞拉、瑞典、新加坡等央行正在研究引入中央银行发行的数字货币和研究项目。

2. 金融领域

在金融领域，除去数字货币应用，区块链也逐渐在跨境支付、供应链金融、保险、数字票据、资产证券化、银行征信等领域开始应用。

（1）保险业务：随着区块链技术的发展，未来关于个人健康状况、事故记录等信息可能会上传至区块链中，使保险公司在客户投保时可以更加及时、准确地获得风险信息，从而降低核保成本、提升效率。

（2）资产证券化：这一领域业务的痛点在于底层资产真假无法保证；参与主体多、操作环节多、交易透明度低、信息不对称等问题，造成风险难以把控。数据痛点在于各参与方之前流转效率不高、各方交易系统间资金清算和对账往往需要大量人力物力、资金回款方式有线上线下多种渠道，无法监控资产的真实情况，还存在资产包形成后，交易链条中各方机构对底层数据真实性和准确性的信任问题。

区块链技术增加数据的流转效率，减少成本，实时监控资产的真实情况，保证交易链条各方机构对底层资产的信任问题。

（3）数字票据：这个领域由于系统中心化，一旦中心服务器出现故障，整个市场瘫痪。而区块链的去中心化、系统稳定性、共识机制、不可篡改的特点，减少传统中心化系统中的操作风险，市场风险和道德风险。

（4）跨境支付：此领域问题在于到账周期长、费用高、交易透明度低。以第三方支付公司为中心，完成支付流程中的记账、结算和清算，到账周期长，比如跨境支付的到账周期是三天以上，费用还很高。而区块链的去中心化、交易公开透明和不可篡改的特点，没有第三方支付机构介入，缩短了支付周期，减轻了费用，增加了交易透明度。

3. 政府和公共部门

区块链可以在防止政府腐败方面发挥独特的作用。其技术提供了永久和防篡改记录保存、实时交易透明度和可审计性以及自动化智能合约功能的独特组合。在政府公共采购领域，基于区块链的流程可以促进第三方对防篡改交易的监督，并通过自动化智能合约实现更高的客观性和统一性，从而提高交易和参与者的透明度和问责制，从而直接解决采购的腐败风险因素。在土地所有权登记领域，基于区块链的土地登记可以提供一个安全、分散、可公开验证和不可变的记录系统，个人可以通过该系统明确证明他们的土地权利。这些品质减少了操纵土地权利的机会，并更普遍地提高了土地所有权的弹性。

4. 医疗保健和生命科学

基于区块链的医疗保健解决方案将实现更快、更高效、更安全的医疗数据管理和医疗供应跟踪。这可以显著改善患者护理，促进医学发现的进步，并确保全球市场流通的药物的真实性。区块链技术已被用于从安全加密患者数据到管理有害疾病的暴发等方方面面。例如，保护患者数据、根除处方药的滥用、简化护理并防止代价高昂的错误等。

5. 工业互联网

2021年1月13日，工业和信息化部对外发布了关于印发《工业互联网创新发展行动计划（2021—2023年）》的通知。在通知中，直接包含区块链内容的共有五处、七个关键字匹配，在完善标识解析体系建设、工业互联网标识解析体系增强工程、平台体系壮大行动、新型模式培育行动、技术能力提升行动等领域，区块链技术频繁出现，充分说明在工业互联网领域，区块链技术的重要性越来越突出。

6. 商品溯源

溯源是指对农产品、工业品等商品的生产、加工、运输、流通、零售等环节的追踪记录。其价值在于，若某地暴发流行性疾病，通过溯源体系可以快速锁定传染源或污染源，从而控制传播源。区块链不可篡改、分布式存储等技术为溯源行业的信任缺失提供了解决方案，而公开透明性又为信息流、物流和资金流提供了透明机制。

7. 房地产

在房地产领域，可以将房产信息保留在区块链中，这样买家可以快速、简单、低成本地核实房主的真实信息。而在现阶段这个过程中基本上是由人工完成的。这不仅带来较高的成本也更容易产生失误从而进一步增加成本。而区块链技术的使用则可以显著地减少失误，降低人工成本。

8. 媒体

数字项目的盗版、欺诈和知识产权盗窃每年给娱乐业造成的损失估计为710亿美元。区块链技术可以跟踪任何内容的生命周期，包括保护数字内容并促进真实数字收藏品或NFT（不可替代的代币）的分发。

媒体和娱乐非常重视知识产权的保护和货币化。对于媒体公司而言，区块链具有行业范围的应用程序，可以改变内容的创建、消费和保护方式。

子任务二：寻找生活中的区块链应用场景

1. 通过网络检索

根据子任务一介绍的区块链典型应用场景，使用模块6中介绍的"网络检索方法"检索区块链典型应用的案例，搜集相关视频、文本、图片信息，并进行整理。

2. 利用手机记录生活中的区块链应用场景

使用手机拍照和视频功能，记录生活中的区块链应用场景。

技巧与提高

2021年11月16日，工业和信息化部发布了《"十四五"信息通信行业发展规划》（以下简称《规划》）。《规划》对5G、千兆光网、算力网络、移动物联网、工业互联网等领域指明了未来五年的发展方向，"区块链"在文件中被提及12次，区块链将成为"十四五"期间拓展数字化发展空间的重要基础设施。

1. 区块链成为新型基础设施的重要组成部分

《规划》提出要全面部署新一代通信网络基础设施，包括如5G、千兆光纤网络、移动物联网等；部署绿色智能的数据与算力设施，包括如数据中心、云计算、区块链等；积极发展高效协同的融合基础设施，包括如工业互联网、车联网等。区块链基础设施主要包括区块链基础设施网络和区块链服务平台，作为信任工具起到价值传递的作用，为数据共享、数据安全、数据可信提供底层技术支撑，有利于促进数据要素化和要素数据化，推动数字资产价值化，是数据与算力设施的重要组成部分。

2. 区块链是数据要素流动和应用创新的关键技术

《规划》提出要加快推进数据要素流通和应用创新，推进大数据与云计算、人工智能、区块链等技术的深度整合应用。随着数据资源价值认可度上升和大数据产业链日趋完善，数据要素已成为数字经济的关键生产要素，数据资产化、资产数据化的趋势开始逐渐蔓延。随着信息通信技术与社会经济各领域深度融合，推动数据开放共享、加速数据流通有助于拓展数字化发展空间，是信息通信行业高质量发展的必经之路。此次规划提出深化数据要素流动，支持数据开放合作，鼓励依法开展数据交易。区块链能够利用数字签名、共识机制和智能合约等技术实现数据确权，有助于加快数据要素的开放共享，加快构建数据要素市场。利用隐私计算实现数据要素的隐私保护，通过溯源机制为数据要素传输提供保障，推动数据安全交易。由此可见，区块链是促进数据开放，推进数据要素流通的重要技术手段。

3. 区块链助力探索数字化发展新空间

《规划》提出要拓展数字化生活、生产和社会公共治理领域新应用，加快数字化服务应用产业生态建设，提升公共服务、社会治理等数字化智能化水平，推动数字经济和经济社会深度融合。区块链技术去中心化、透明可信、隐私安全保护等技术特性有助于铸造可靠的数据传输途径和牢固的数据安全屏障，在推动产业、企业数字化转型方面必将发挥巨大作用，成为探索数字化新空间的有力工具。

测 评

1. 知识测评

1）填空题

（1）狭义来讲，区块链（block chain）是一种按照时间顺序将数据区块以顺序相连的方式组合成一种_____，是以密码学方式保证的不可篡改和不可伪造的_____账本，以去中心化和去信任化的方式，集体维护一个可靠数据库的技术方案。

（2）按照实现方式不同，区块链可以分为_____、_____和_____。比特币属于典型的_____，区块链财团R3 CEV属于_____。

(3）区块链由众多节点共同组成一个_____的网络，不存在中心化的设备和管理机构。
(4）区块链最大的特点是_____。
(5）_____是比特币的底层技术。
(6）区块链共识算法使用最多的就是_____。比特币和以太坊都是这种共识机制。
(7）按照《"十四五"信息通信行业发展规划》，区块链将成为"十四五"期间拓展数字化发展空间的重要_____设施。

2）简答题
简述区块链应用的典型场景。

2. 能力测评

按表 7-14 中所列的操作要求，对自己完成的任务进行检查，操作完成得满分，未完成或错误得 0 分。

表 7-14　技能测评表

序号	操作要求（具体见任务实现）	分值	完成情况	自评分
1	能使用手机采集区块链应用的典型场景	50		
2	能使用网络搜索区块链应用的典型场景	50		
	总　分			

3. 素质测评

针对表 7-15 中所列出的素质与素养观察点，反思任务实现的过程，思考总结相关项目，做到即得分，未做到得 0 分。

表 7-15　素质测评表

序号	素质与素养	分值	总结与反思	得分
1	信息意识——请通过网络搜索，检索我国区块链现阶段的发展现状	20		
2	数字化创新与发展——通过网络搜索区块链应用的典型案例	20		
3	信息社会责任——请描述区块链在保护个人和他人隐私方面的应用案例	20		
4	信息安全意识——请结合自己的生活经历，描述区块链发展对个人生活的影响	20		
5	树立建设创新型国家、制造强国、网络强国、数字中国、智慧社会的信心	20		
	总　分			

拓展训练

完成对本任务搜集到的"生活中的区块链应用"文本、图片、视频等材料的整理，使用短视频制作工具——剪影，完成短视频的制作，具体要求如下：
1. 短视频时长为 2～3 min。
2. 可采用微电影、综合视频短片等形式，要求为 MP4 格式，分辨率为 1 920 像素 × 1 080 像素。
3. 必须原创，图像清晰稳定、构图合理、声音清楚，视频片头应写上标题、作者和班级。